高职高专"十一五"规划教材

计算机应用基础

（第 5 版）

主　编　梅灿华

副主编　张兴元　刘竞杰　王志宏

编　委　（以姓氏笔画为序）

王志宏　王德兵　许兆华

李　颖　张兴元　周德仁

金　莹　梅灿华

主　审　胡学钢

U0246416

合肥工业大学出版社

内 容 提 要

本书围绕《全国高等学校(安徽考区)计算机基础教育教学(考试)大纲》的要求,组织省内长期从事一线教学的教师编写而成。

本书内容包括:计算机基础知识,Windows XP 操作系统,Word 2003 文字处理,Excel 2003 电子表格处理,PowerPoint 2003 演示文稿的制作,Access 数据库设计,多媒体技术,计算机网络基础与 Internet 应用,网页制作,信息安全与职业道德。基本上包括了教育部高等学校非计算机专业基础课程教学指导分委员会提出的课程体系和教学基本要求。

本书有配套的《计算机应用基础实训教程——上机实验指导》,由孟林树老师主编,内容包括详细的操作步骤和操作提示。

本书适合普通高等院校各专业计算机文化基础课程教学用书,也可供参加计算机等级(一级)的考生复习参考。

本书是全国高等学校(安徽考区)计算机水平考试(一级)计算机文化基础指定的参考书。

图书在版编目(CIP)数据

计算机应用基础/梅灿华主编 . —5 版 . —合肥:合肥工业大学出版社,2013.8
ISBN 978 - 7 - 5650 - 1495 - 6

Ⅰ.①计… Ⅱ.①梅… Ⅲ.①电子计算机—高等职业教育—教材 Ⅳ.TP3

中国版本图书馆 CIP 数据核字(2013)第 202632 号

计算机应用基础(第 5 版)

主编 梅灿华 　　　　　　　　　责任编辑 陆向军

出　版	合肥工业大学出版社	版　次	2005 年 6 月第 1 版	
地　址	合肥市屯溪路 193 号		2013 年 8 月第 5 版	
邮　编	230009	印　次	2013 年 8 月第 12 次印刷	
电　话	综合编辑部:0551 - 62903028	开　本	787 毫米×1092 毫米　1/16	
	市场营销部:0551 - 62903198	印　张	20　字　数　486 千字	
网　址	www.hfutpress.com.cn	发　行	全国新华书店	
E-mail	hfutpress@163.com	印　刷	合肥现代印务有限公司	

ISBN 978 - 7 - 5650 - 1495 - 6 　　　　　　　　　定价:29.80 元

如果有影响阅读的印装质量问题,请与出版社市场营销部联系调换

计算机系列教材编委会

前　言

（第 5 版）

　　本书是高职高专计算机基础课应用教材，适合计算机专业和非计算机专业的计算机基础课程使用。

　　本书在多位长期从事一线教学、教师的共同研讨和基础上，围绕全国高等学校（安徽考区）计算机基础教学考试大纲的要求，针对当前高职高专学生应用计算机水平的现状，以实用、够用为指导思想，合理安排理论与应用、深度与广度方面的内容，使之能最大限度地满足现阶段社会对高职高专生应具备计算机知识的要求。

　　本书共分 10 章，第 1 章介绍了计算机的基础知识，包括计算机的诞生与发展，计算机的应用与分类，计算机的组成和冯·诺伊曼模型，微型和常用的外部设备。第 2 章介绍了 Windows XP 操作系统，包括基本知识，基本操作，中文 Windows 的文件管理，中文 Windows XP 控制面板的使用等。第 3 章介绍了 Word 2003 文字处理，包括基本操作，文档的排版，表格的制作等。第 4 章介绍了 Excel 2003 电子表格处理，包括电子表格的输入、编辑、数据统计、排序、制作图表等。第 5 章介绍了 PowerPoint 2003 演示文稿的制作，包括创建演示文稿，编辑幻灯片，制作一个多媒体演示文稿，修饰演示文稿，幻灯片的放映，页面设计与输出等。第 6 章介绍了 Access 数据库设计，包括 Access 基础知识，用表向导建立数据表，Access 的高级应用等。第 7 章介绍了多媒体技术，包括多媒体计算机系统的组成，多媒体信息在计算机中的表示，多媒体的应用等。第 8 章介绍了计算机网络基础与 Internet 应用，使学生掌握 Internet 应用的实际知识。第 9 章介绍了网页制作，包括使用 FrontPage 制作网页，网页的发布等。第 10 章信息安全与职业道德介绍了计算机网络安全技术，计算机病毒及其防治。

　　第 3 章及以后各章均是在 Windows 精典桌面下运行的。

　　每章前均有本章要点、关键词，每章后附有一定的练习题，便于学生掌握和应用。

　　本书配有《计算机应用基础实训教程——上机实验指导》，便于学生掌握所学的知识点。

　　由于编者水平有限，错误和不足之处在所难免，衷心希望读者不吝指正。

编　者

2013 年 8 月

目　　录

第 1 章　计算机基础知识

【本章要点】

本章主要介绍了有关计算机的一些最基础的知识,如:计算机的定义、硬件系统、软件系统的概念等,介绍了一些常见的计算机外部设备,为今后各章的学习打好理论基础。

【核心概念】

计算机　计算机的发展　计算机的分类　硬件系统　软件系统　计算机的外部设备编码技术

1.1　计算机的诞生与发展

1.1.1　什么是计算机

计算机被称为"智力工具",因为计算机能增强人们执行智能任务的能力。计算机擅长于执行如快速运算、大型信息数据库中的信息检索、控制火箭和飞船的发射回收等工作,这些工作人类都能够做,但计算机可以做得更快、更精确。那么,什么是计算机呢?

计算机是一种能对各种信息及数据进行存储和快速处理的电子设备。它具有存储功能且无需人工干预就能按程序的引导自动存取和处理数据,是一种用来帮助和加强人类脑力劳动的工具。

1.1.2　计算机的诞生

早在 1936 年,24 岁的著名的英国数学家图灵发表了有关"理想计算机"的论文,直到 1946 年 2 月,世界上才出现了第一台电子数字积分计算机 ENIAC(Electronic Numerical Integrator and Calculator),如图 1-1 所示。它是由美国宾夕法尼亚大学的物理学家 John Mauchly 和工程师 J. P. Eckert 为第二次世界大战中精确、快速地计算弹道的轨迹问题而研制的。在当时,这台计算机具有强大的计算功能,一秒钟可以进行 5000 次的加法;但是也有明显的缺点:它由 18000 只电子管组成,占地 170 平方米,重达 30 吨,耗电 150 千瓦/小时。尽管这台计算机的性能、体积等方面无法与今天的计算机相提并论,但它对计算机科学的发展产生了极其深远的影响,开创了一个新的时代。

1946 年,美籍匈牙利数学家冯·诺伊曼[Von Neumann(1903~1957)]领导的研制小组开始研制一种"基于程序存储和程序控制"的计算机,即信息在计算机内部以二进制数表示,除了要将运算所需的数据输入计算机以外,还要将运算的步骤事先编成指令,然后将指令输入到计算机内存储起来,这就是"存储程序"的概念。计算机将根据人们事先存储在计算机里面的程序指令一步一步地进行操作,分步对数据进行加工处理以及输入输出。这台计算机 1950 年研制成功并投入使用,称为电子离散变量计算机 EDVAC(Electronic Discrete Variable Automatic Computer)。这种"基于程序存储和程序控制"体系结构的计算机称为冯·诺伊曼原理计算机,并一直延续至今。

图 1-1　第一台计算机 ENIAC

1.1.3　计算机发展简史

自第一台电子计算机诞生以来,已逾半个世纪,其发展之迅猛、影响之深远、应用之广泛,是其他技术难以匹敌的。根据计算机所使用的电子元器件,计算机的发展可分为几个时代:

(1)第一代计算机(1946~1955)

第一代计算机是电子管计算机。其基本特征是采用电子管作为计算机的逻辑器件,数据表示主要是定点数,用机器语言或者汇编语言编写程序。运算速度每秒几千~几万次,内存容量仅几 KB。因此,第一代计算机体积庞大,造价很高,仅限于军事和科学研究工作。

(2)第二代计算机(1955~1964)

第二代计算机是晶体管计算机。其基本特征是采用晶体管作为计算机的逻辑器件,内存使用磁芯存储器。外存储器有磁盘、磁带,外部设备的种类也有所增加。运算速度每秒几万~几十万次,内存容量几十 KB。计算机软件也有了较大的发展,出现了 FORTRAN、ALGOL、COBOL 等高级语言。与第一代计算机相比,晶体管计算机体积小、成本低、功能强、可靠性大大提高。除科学计算外,还用于数据处理和事务处理。

(3)第三代计算机(1964~1971)

第三代计算机是集成电路计算机。其基本特征是计算机逻辑器件采用小规模集成电路和中规模集成电路。运算速度每秒几十万~几百万次,内存采用半导体存储器。计算机体积更小,功耗、价格进一步降低,可靠性更高。随着高级语言的进一步发展,出现了操作系统和会话式语言。计算机系统向标准化、多样化、通用化和系列化发展,其应用扩展到工业控制等领域。

（4）第四代计算机（1971～至今）

第四代计算机是大规模集成电路计算机。其基本特征是计算机逻辑器件采用大规模集成电路和超大规模集成电路。运算速度每秒几千万次～十万亿次。随着操作系统不断完善，软件成为现代工业的重要部分，形成软件产业。近 20 年来计算机发展进入了以计算机网络为特征的时代。

以上四代计算机基于同一个基本原理，就是以二进制数和存储程序控制为基础的结构思想，统称为冯·诺伊曼体系计算机。

目前，正在研制的"第五代计算机"是一种非冯·诺伊曼型计算机。它将采用全新的工作原理和结构体系，更接近于人们思考问题的方式，即"推理"方式。第五代计算机不仅采用的技术与以前的不同，而且在概念和功能方面也不同于前四代计算机。这种新型的计算机称为"知识信息处理系统"，其功能从目前的数据处理发展到知识的智能处理。人们预测这样的计算机将是一台像人一样能看、能听、能思考的智能化的计算机。

总而言之，现代计算机的发展正朝着巨型化、微型化的方向发展，计算机的传输和应用正朝着网络化、智能化的方向发展，并越来越广泛地应用于我们的工作、生活和学习中，对社会和生活起到不可估量的影响。

我国在计算机研制开发上也取得了举世瞩目的成就。1983 年，国防科技大学成功研制的"银河 I"巨型计算机，运行速度达每秒一亿次；1992 年研制的"银河 II"巨型计算机通过鉴定，运行速度为每秒 10 亿次，而"银河 III"巨型计算机，运行速度达到每秒 130 亿次；2002年，我国联想公司发布高性能服务器 iCluster1800，运行速度达到每秒万亿次，这也是我国企业首次推出万亿次级别的计算机，其系统的综合技术达到当前国际先进水平，标志着我国计算机的研制技术进入世界先进行列。

1.2　计算机的应用与分类

1.2.1　计算机的应用领域

计算机的应用已经渗透到社会的各个领域，正在改变人们的工作、学习和生活方式，推动社会的发展。其主要表现在以下几个方面。

（1）科学计算

科学计算也称数值计算，是计算机最基本的应用领域之一，也是最早的应用目的。计算机最开始是为了解决科学研究和工程设计中遇到的大量数学问题的数值计算而研制的计算工具。随着现代科学技术的进一步发展，数值计算在现代科学研究中的地位不断提高，在尖端科学领域中，显得尤为重要。例如，人造卫星轨迹，房屋抗震强度，火箭、宇宙飞船的研究设计，人们每天收听收看的天气预报等都离不开计算机的精确计算。

（2）数据处理

数据处理也称信息处理，是计算机应用中最广泛的领域，是指用计算机对社会和科学研究中的大量信息进行收集、转换、分类、排序、统计、传输、制表和存储等操作。与科学计算相比，数据处理的特点是数据输入输出量大，而计算则相对较为简单。

目前，计算机的信息处理应用已经非常普遍，如：人事管理、库存管理、财务管理、图书资料管理、商业数据交流、情报检索和经济管理等。信息处理已成为当代计算机的主要任务，是现代化管理的基础。

（3）计算机控制

计算机控制是指通过计算机对某一过程进行自动操作，能按人们规定的目标和预定的状态进行过程控制，它不需要人工干预。所谓过程控制是指对操作数据进行实时采集、检测、处理和判断，按最佳值进行调节的过程。目前已被广泛用于操作复杂的钢铁工业、石油化工业和医药工业等生产中。

使用计算机进行自动控制可大大提高控制的实时性和准确性，提高劳动效率和产品质量，降低成本，缩短生产周期。计算机自动控制还在国防和航空航天领域中起着决定性的作用。例如，无人驾驶飞机、导弹、人造卫星和宇宙飞船等飞行器的控制，都是靠计算机实现的。可以说，计算机在现代国防和航空航天领域已必不可少。

（4）计算机辅助设计和辅助教育

计算机辅助设计（computer aided design，简称 CAD）是指借助计算机的帮助，人们可以自动或半自动地完成各类工程设计。目前 CAD 技术已应用于飞机设计、船舶设计、建筑设计、机械设计和大规模集成电路设计等。采用计算机辅助设计，可以缩短设计时间，提高工作效率，节省人力、物力和财力，更重要的是提高了设计质量。

CAD 已经得到各国工程技术人员的高度重视，有些国家甚至把 CAD 和计算机辅助制造（computer aided manufacturing，简称 CAM）、计算机辅助测试（computer aided test，简称 CAT）及计算机辅助工程（computer aided engineering，简称 CAE）组成一个集成系统，使设计、制造、测试和管理有机地成为一体，形成高度的自动化系统，因此产生了自动化生产线和"无人工厂"。

计算机辅助教育包括：计算机辅助教学 CAI、计算机辅助测试 CAT 和计算机管理教学 CMI。从校园网到 Internet，从 CAI 课件制作到远程教学，从辅助儿童智力开发到中小学教学以及大学的教学，从辅助学生自学到辅助教师授课，从计算机辅助实验室到学校的教学管理等，都可以在计算机的辅助下进行，从而可以提高教学质量和学校管理水平与工作效率。

（5）人工智能

人工智能（artificial intelligence，简称 AI）是利用计算机模拟人类某些智力行为的理论、技术和应用。

人工智能是指用计算机模拟人脑进行演绎推理和采取决策的思维过程。人们通过编写程序，将人类的部分知识和运用这些知识的规则放到计算机中，计算机就可以运用这些知识来解决特定的问题。人工智能的主要应用有：自然语言理解、专家系统、机器人、定理自动证明等。

机器人是计算机在人工智能领域的典型应用，其核心是计算机。第一代机器人是机械手；第二代机器人对外界信息能够反馈，有一定的触觉、视觉和听觉；第三代机器人是智能机器人，具有感知和理解周围环境，使用语言、推理、规划和操纵工具的技能，能模仿人完成某些动作。机器人不怕疲劳，精确度高，适应力强，现已开始用于搬运、喷漆、焊接、装配等工作中。机器人还能代替人类在危险工作中进行繁重的劳动，如在有放射线、污染有毒、高温、低温、高压、水下等环境中工作。

（6）多媒体技术应用

随着电子技术特别是通信和计算机技术的发展，人们已经有能力把文本、动画、图形、图像、音频、视频等媒体综合起来,构成一种全新的概念——多媒体(Multimedia)。在医疗、教育、商业、银行、保险、行政管理、军事、工业、广播和出版等领域中,多媒体的应用发展很快。

(7)计算机网络

计算机网络是现代计算机技术与通信技术高度发展和密切结合的产物,它是利用通信设备和线路将地理位置不同、功能独立的多个计算机系统互连起来,以功能完善的网络软件实现网络中的资源共享和信息传递的系统。

人类已经进入信息社会,处理信息的计算机和传输信息的计算机网络组成了信息社会的基础。目前,各种各样的计算机局域网在企业、学校、政府机关甚至家庭中起着举足轻重的作用,全世界最大的计算机网络 Internet(国际互联网)把整个地球变成了一个小小的村落。人们通过计算机网络实现数据与信息的查询、高速通信服务(电子邮件、电视电话、电视会议、文档传输)、电子教育、电子娱乐、电子商务、远程医疗和会诊、交通信息管理等。

计算机网络的蓬勃发展使人们普遍感觉到网络已经成为信息社会的主体设施,而计算机只是为网络服务的工具。

1.2.2 计算机的分类

传统上,计算机根据其技术、功能、体积大小、价格和性能进行划分。而且这些分类方法也随着技术的发展而变化着。不同种类计算机之间的分界线非常模糊,随着更多高性能计算机的出现,它们之间相互渗透。

计算机的分类有以下几种方法:

(1)按处理信息的表示形式划分

①电子模拟计算机

它以模拟量(如电流、电压等)为处理对象,处理方式采用模拟方式。

②电子数字计算机

它以数字化信息为处理对象,通常的计算机即为此种计算机。

③数字模拟混合计算机

它是把模拟技术和数字技术结合起来的混合式计算机,吸取了模拟计算机和数字计算机两者的优点。目前正处于探索阶段的新一代计算机——神经网络计算机即属此类。

(2)按制造计算机使用的元器件划分

第一代电子管计算机;第二代晶体管计算机;第三代集成电路计算机;第四代大规模集成电路和超大规模集成电路计算机。

(3)按用途划分

可分为专用计算机和通用计算机两大类。专用机是最有效、最经济、最快速的计算机,但它的功能单一、适应性较差;通用机功能齐全,适应性较强,但其效率、速度和经济性相对要低些。一般使用的计算机都是通用计算机。

(4)按计算机系统规模的大小和功能划分

①微型计算机

微型计算机也称为个人计算机,是家庭、学校和小企业中最常见的计算机。可分为台式机、便携机(笔记本)、掌上型微机等,如图 1-2 所示。微型计算机可以独立存在,也可以与其他计算机相连,通常只用于处理一个用户的任务。

图 1-2　微型计算机

②工作站

工作站是为了某种特殊用途由高性能微型计算机系统、输入输出设备以及专用的软件组成。例如,图形工作站包括有高性能主机、扫描仪、绘图仪、数字化仪、高精度的屏幕显示器、其他通用的输入输出设备以及图形处理软件,它对图形图像具有很强的输入、处理、输出和存储的能力,在工程设计以及多媒体信息处理中有着广泛的应用。

③小型机

小型机计算机比微型机稍大并可以为多个用户执行任务。小型机系统作为集中式应用时,多个用户可用终端来输入处理请求并观察结果。终端是一种具有输入和输出功能,但不能用于处理的设备,如键盘和显示器。另外,小型机系统在计算机网络中可作为服务器为各网络结点提供诸如文件服务、数据库服务、WEB 服务等功能。图 1-3 为一种小型机型。

图 1-3　小型机　　　　　　　　　　图 1-4　大型机

④大型机

大型机一般作为在必须要求高可靠、高数据安全性和中心控制等情况下的候选。使用大型机时,处理请求从终端传送到计算机中。同时,其他用户可能也在传送请求。计算机轮流处理每个请求,并将结果传送回来。图 1-4 为一种大型机型。

⑤巨型机

巨型机是最快也是最昂贵的计算机。巨型机主要应用复杂的科学计算和军事等专门领域。如用于天气预报、分子模型、密码破译等,在大型商业应用市场目前也有应用。同时,巨型机也是国家科技水平和综合国力的一个象征。图 1-5 为一种巨型机型。

图 1-5　巨型机

1.3　计算机的组成与冯·诺伊曼模型

1.3.1　冯·诺伊曼模型

冯·诺伊曼体系结构指明了计算机的基本组成、信息表示方法以及工作原理。如图 1-6所示,其基本内容可以描述为以下几点:

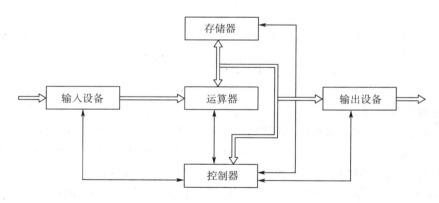

图 1-6　计算机原理结构框图

(1)计算机的硬件由运算器、控制器、存储器、输入设备和输出设备组成。

(2)计算机采用存储程序的方式,程序和数据存放在存储器中,内部信息用二进制表示。

(3)计算机自动执行通过输入装置输入并存放在存储器中的程序。

其中,运算器实现数字逻辑运算,存储器存放正在运行的程序以及输入的数据、中间结果和最终结果,输入输出设备是计算机和人交流的桥梁,控制器是保证计算机自动运行程序的装置,正是有了控制器才实现了计算机的自动运行。

由于现代的集成电路技术将控制器和运算器集成到一个芯片中,芯片的整体称为中央处理器(central processing unit,简称 CPU)。一般将 CPU 和存储器称为主机,输入输出设备统称为外部设备。

由硬件组成的计算机无法完成任何工作,硬件只有运行软件才能实现各项任务。

1.3.2　计算机系统组成

一个完整的计算机系统包括硬件系统和软件系统两大部分。

硬件是可以看得见、摸得着的,是组成一台计算机的各种物理装置,也是计算机系统进行工作的物质基础;软件是指在硬件设备上运行的各种程序和文档,是计算机系统正常运转所需要的指令和数据的集合。如果计算机不配置任何软件,计算机硬件是无法发挥其作用的;当然,没有硬件的支持,软件同样不能发挥其作用。整个计算机系统组成如图 1-7 所示。

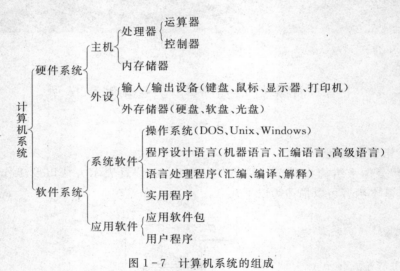

图 1-7　计算机系统的组成

1.3.3　计算机硬件系统

计算机硬件系统包括构成计算机的各种部件和外部设备。尽管近几十年来计算机技术不断发展,出现了功能各异、种类繁多的计算机,但就基本结构和工作原理来说,都是采用冯·诺伊曼提出的"存储程序式计算机"结构思想,即一台完整的计算机系统由运算器、控制器、存储器、输入设备和输出设备五大部分组成。如前图 1-6 所示,图中"⇒"表示数据信息,"→"表示控制信息。

(1)运算器(arithmetic logical unit,简称 ALU)

运算器是计算机中进行算术运算和逻辑运算的部件,因此也称为算术逻辑单元。它由算术逻辑单元(ALU)、累加器和通用寄存器、程序计数器(PC)、指令寄存器(IR)和译码器等组成。

(2)控制器(control unit,简称 CU)

控制器是统一控制和指挥计算机的各个部件协调工作的部件。在控制器的控制下,计算机能够自动按照程序设定的步骤进行一系列操作，以完成特定的任务。

控制器和运算器通常集成在一块集成电路芯片上，它们合在一起称为中央处理单元。

（3）存储器

存储器是用来存储程序和数据的部件。存储器可以在控制器的控制下对数据进行存取操作。数据从存储器中取出的过程又称为"读"，数据存入存储器的过程又称为"写"。存储器的存储容量用 B、KB、MB、GB、TB 等存储容量单位表示。它们之间的关系是：

$$1KB=1024B,1MB=1024KB,1GB=1024MB,1TB=1024GB$$

根据功能的不同，存储器一般可分为内（主）存储器和外（辅助）存储器两种。

内存储器又称为主存储器，一般由半导体器件构成，可以与运算器及控制器交换信息，存取速度快，但存储容量相对于外存较小。内存储器被分为一个个存储单元，每个单元存放一组二进制代码（数据或指令），为了便于数据的存取操作，每个存储单元都有唯一的编号，称为地址。

内存根据性能和特点的不同又分为只读存储器和随机存取存储器两类。

①只读存储器（read only memory，简称 ROM）在工作中只能读出其中数据，但不能再向其中写入新数据。并且即使中断电源，ROM 中数据也不会丢失。ROM 一般用来存放固定的、控制计算机的系统程序和参数表等。

②随机存取存储器（random access memory，简称 RAM）在工作过程中既可以读出其中的数据，也可以修改其中的数据或写入新的数据。但是一旦中断电源，所存放的数据将全部丢失。

（4）输入/输出设备（input/output device，简称 I/O 设备）

输入/输出设备又称为外部设备，它是计算机与外部交换信息的渠道。

输入设备是用来向计算机主机输入程序和数据的设备。计算机常用的输入设备有键盘、鼠标等。

输出设备是将计算机主机对数据处理后的结果进行显示、打印或存储的设备。计算机常用的输出设备有显示器、打印机等。

在 I/O 设备中，外存储器起着非常重要的作用。外存储器又称为辅助存储器，一般由磁性或光性材料构成，例如，软磁盘、硬磁盘、磁带、光盘等。外存的存取速度慢，但存储容量相对于内存大，并且不会因断电而丢失数据，可长久保存大量的信息。外存中的程序和数据必须先装入内存，CPU 才可以进行处理。

（5）总线

计算机系统的硬件由中央处理器、存储器、输入/输出接口电路等组成，它们之间采用总线结构连接并与外部设备实现信息传送，总线必须有选择部件单元的能力。总线必须提供数据的传输通道，必须对所选择的单元进行读或写的控制。总线一般有三类：地址总线、数据总线和控制总线。

①数据总线（data bus，简称 DB）是 CPU 与内存储器、I/O 接口传送数据的通道。它的宽度（总线的根数）决定了 CPU 能与内存并行传输的二进制位数。

②地址总线（address bus，简称 AB）是 CPU 向内存和 I/O 接口传递地址信息的通道。它的宽度决定了计算机的直接寻址能力。386 以上的 CPU 有 32 根地址线，最大寻址空间可达 2^{32} 即 4GB。

③控制总线(control bus,简称 CB)是 CPU 向内存和 I/O 接口传递控制信号以及接收来自外设向 CPU 传送状态信号的通道。

目前微型机采用的系统总线标准有 ISA、扩展工业标准结构 EISA、外部设备互连 PCI 和加速图像端口 AGP 总线。PCI 总线由于其高性能、低成本、不受处理器限制,且有进一步发展空间等优点而被广泛采用。

1.3.4　计算机软件系统

（1）指令和程序

①指令和程序的概念

◆指令

指令是由二进制代码表示的、能使计算机完成某一基本操作的命令。某种计算机所能识别并执行的全部指令的集合称为这种计算机的指令系统。例如,加、减、乘、除、存数、取数等都是基本操作,可以分别用一条指令来实现。

计算机指令一般由操作码和操作数两部分组成,操作码表示该指令要计算机执行的基本操作(如加、减、传送等),操作数是指参与操作的具体数据(如相加的两数、传送的数等)。指令的一般格式如下：

操作码	操作数

◆程序

程序是指能使计算机完成某一特定任务的一组有序的指令集合。程序中的每一条指令必须是计算机指令系统中的指令,不同类型的计算机其指令系统并不相同。为了完成某一特定的任务,首先将编写好的程序以及程序运行所需的数据通过输入/输出设备输入到计算机中并存储在存储器中,然后在程序的控制下逐条执行程序中的每条指令。

②计算机执行指令的过程

计算机执行指令一般分为三个阶段：第一阶段,将要执行的指令从内存取到 CPU 中;第二阶段,CPU 对取入的该条指令进行分析译码,判断该条指令要完成的操作;第三阶段向各部件发出完成该操作的控制信号,完成该指令的功能。即取出指令,分析指令,执行指令。

③程序的执行过程

程序执行的过程就是计算机按程序规定的执行顺序,将存储在内存中的程序指令集的指令读到 CPU 中执行,直至完成。为提高 CPU 的效率,可在前一条指令开始执行的同时取下一条指令进行分析译码。

（2）软件的概念及分类

软件是指计算机运行时所需的程序、数据及相关资料的总和。计算机是依靠硬件和软件的协同工作来完成某一给定任务的。"裸机"与软件相结合才能构成一台完整的、可以进行正常工作的计算机系统。软件的发展依赖于硬件做基础,但软件的发展反过来又能促进硬件的发展,它们之间是相互依存、相互支持,在一定条件下又可以相互转化的关系。

从计算机系统角度来看,软件可以分为系统软件和应用软件两大类。

①系统软件

系统软件是指控制和协调计算机硬件及其外部设备、支持应用软件的开发和运行的软件。其主要功能是对整个计算机系统进行调度、管理、监视和服务，并支持应用软件的运行。系统软件为用户的应用系统开发、运行提供了一个软件平台。常用的系统软件有操作系统、程序设计语言及处理语言、数据库管理系统、各种服务性程序等。

◆操作系统

操作系统(operating system,简称 OS)是用以控制和管理计算机硬件和软件资源、合理地组织计算机工作流程并方便用户充分且有效地使用计算机资源的程序集合。操作系统是系统软件的核心,操作系统如同飞机控制盘一样协调计算机内部的各项活动。

操作系统的主要功能是控制和管理计算机系统资源,一般功能比较完善的操作系统都提供有:处理机管理、存储管理、设备管理、作业管理和文件管理五大功能模块。操作系统一般可分为:多道批处理系统、分时系统、实时系统、网络操作系统等。

多道批处理系统负责把用户作业成批地接收进外存储器,形成作业队列,然后按一定的顺序将作业队列中的用户作业调入主存储器,并使这些作业按其优先级轮流占用 CPU 和外部设备等系统资源。多道批处理系统可以提高系统设备的利用率,一般适用于大型计算机。

分时操作系统是指多个终端用户共享一台计算机,即把 CPU 时间分割成一个个小的时间段(称为时间片),从而将 CPU 的工作时间分别提供给各个终端用户。由于计算机高速的运算,使每个用户都感觉自己独占这个计算机。

实时操作系统是指对外来的作用和信号,在限定时间范围内做出响应的系统。实时操作系统一般应用于专门的应用系统,并且强调对外部时间响应的及时性和快捷性。

网络操作系统实际上是使连接在网络上的计算机能够方便而有效地共享网络资源,为网络用户提供各种服务的软件和有关协议的集合。网络操作系统除一般操作系统所具有的功能外,还应该能够提供高效、可靠的网络通信以及多种网络服务功能。

目前在微型计算机上适用的操作系统主要有 DOS、Windows、Unix、Linux 等,其中基于图形界面、多任务的 Windows 操作系统使用最为广泛。

◆语言处理程序

编写计算机程序所用的语言是人与计算机之间交流的工具,一般分为机器语言、汇编语言和高级语言。

机器语言是计算机的中央处理器可以直接识别并执行的语言,机器语言是以 0 和 1 二进制代码表示的指令集合,通常随计算机类型不同而不同。其特点是执行效率高,但通用性差,直观性差,并且难懂易错。

汇编语言是面向机器的符号化的程序设计语言,汇编语言是用较直观、容易记忆和书写的助记符表示二进制指令的操作码及操作数,又称为符号语言。与机器语言一样,不同类型计算机具有不同的汇编语言。由于计算机只能直接理解并执行用机器语言编写的程序,因此用汇编语言编写的源程序是不能直接在计算机上运行的,而必须通过被称为"汇编程序"的翻译,将其翻译成机器语言程序(目标程序)后才能使计算机接收并执行。汇编语言相对机器语言较易理解和记忆,且能直接对计算机硬件操作,因此在实时控制、实时监测等领域仍有较多的应用。

机器语言和汇编语言都是面向机器的语言,因此人们称之为"低级语言"。高级语言出现于 20 世纪 50 年代中期,且面向人的程序设计语言;是一种独立具体的计算机硬件、接近人类的自然语言(英语)和数学语言符号的程序设计语言。高级语言通用性和可移植性好,而且易读、易维护。用高级语言编写的程序称为源程序,计算机不能直接识别和执行,必须经过语言处理程序翻译成机器语言程序(又称为目标程序),才能为计算机所执行(如图 1 - 8 所示),或者通过解释程序边解释边执行。

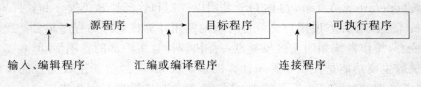

图 1 - 8　源程序编辑运行过程

◆数据库管理系统

数据库系统主要是面向大量数据处理的问题,是计算机科学中发展最快的领域之一。通常所说的数据库系统是由硬件、操作系统、数据库管理系统(Data Base Management System,简称 DBMS)、数据库和应用程序组成。目前主要用于档案管理、财务管理、图书资料管理及仓库管理等方面的数据处理。这类数据的特点是数据量大,数据处理的主要内容为数据的存储、查询、修改、排序、分类、统计等。

◆服务性程序

服务性程序是支持和维护计算机正常处理工作的系统软件,主要包括错误诊断、程序检查、自动纠错、测试程序和软硬件的调试程序等。

②应用软件

应用软件是指利用计算机及其提供的系统软件,为解决某一专门的应用问题而编制的程序集合。由于计算机应用领域广泛,应用软件的种类也特别多,常见的有科学计算程序、文字处理软件、计算机辅助教学软件、计算机辅助设计软件包(CAD)等。常见的应用软件分为以下几大类。

◆文档制作软件

文档制作软件可以帮助用户写作、编辑、设计和打印文档。常见的文字处理软件有 Microsoft Word,WPS 等,目前我国应用最广泛的书版排版软件是北大方正。网页创作软件主要有 Macromedia Dreamweaver、Flash 和 Fireworks,以及 Microsoft FrontPage 等。

◆图形图像软件

图形图像软件可以为用户编辑和操作图片提供一个平台。

◆互联网软件

互联网软件将世界范围的计算机连接在一起,实现了信息资源共享。

◆数值分析软件

数值分析软件包括电子表格软件、图表软件和统计软件包。

◆教育和娱乐软件

教育软件帮助用户学习和完善技能,如外语教学软件、儿童启蒙教育软件和测试软件等。娱乐软件包括游戏、软件玩具、模拟软件以及设计用来享受乐趣的软件。

1.4　微型机常用的外部设备

1.4.1　常用外部设备

（1）显示器

显示器又称监视器，是计算机最常见的输出设备之一（图 1 - 9）。显示器按颜色可分为单显和彩显两种；按显示器件可分为有阴极射线管（CRT）和液晶（LCD）两种；按大小分为15 英寸、17 英寸、19 英寸等几种。

（a）CRT　　　　　　　　　　　　　（b）LCD

图 1 - 9　显示器

描述显示器性能的指标主要是分辨率（每英寸的像素数或扫描点数）。一般用横向点数×纵向点数表示。分辨率越高，其清晰度越高，显示效果越好。常用的显示器的分辨率有640×480，600×800，1024×768，1280×1024 等几种。

（2）键盘

键盘是用户向计算机发布命令和输入数据的设备。常用的键盘是 101 或 104 键盘，它由打字键、功能键和控制键等部分组成。Windows 系列普遍采用 104 键的通用扩展键盘，其外观如图 1 - 10 所示。

图 1 - 10　键盘平面图

键盘上键位的排列有一定的规律，其排列按用途可分为：基本键区、功能键区、编辑键区、数字键区。

键盘上按键分为三类：

◆功能键:F1~F12 键,其功能由所运行的软件定义。

◆控制键:Esc,Capslock,Tab,Ctrl,Alt,Shift,回车键,退格键,光标控制键等。

◆字符键:字母键、数字键及各种符号键等。

(3)鼠标

鼠标(mouse)是用来定位光标或完成某种特定的操作的输入设备。常用的鼠标有两种:机械式和光电式。现在使用较多的鼠标为两键(MS)鼠标和三键(PC)鼠标。如图 1-11 所示。

鼠标表面上的左键一般用于输入内容或进行选择,右键一般用来察看项目的属性。鼠标有 5 中基本操作:指向、单击、双击、拖动和右键单击。

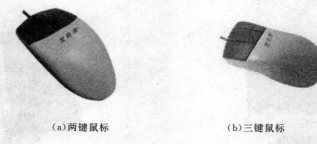

(a)两键鼠标   (b)三键鼠标

图 1-11　鼠标

(4)磁盘存储器

①硬盘与硬盘驱动器

硬盘(hard disk)如图 1-12 所示,具有容量大、读写快、使用方面、可靠性高等特点。硬盘与其读取装置(硬盘驱动器)一般放在主机箱中,硬盘内多层磁性盘片被逻辑划分为若干同心柱面(Cylinder),每一个柱面又被分为若干个等分的扇区。

图 1-12　硬盘驱动器

②软盘和软盘驱动器

软盘存储器包括软盘驱动器和软盘,如图 1-13 所示。软盘驱动器(简称软驱)是软盘读取装置。软盘与硬盘不同,软盘可以和软驱分离。计算机通过软盘驱动器对软盘进行读写。软盘体积小,便于携带和保存。软盘存储信息是按照磁道和扇区来存储的,磁道是由外向内的一个个同心圆,磁道编号从外向内越来越大;每个磁道又等分成若干个扇区,扇区绕着磁道依次编号,扇区数由系统的格式化程序决定。每个扇区可以存储若干字节,字节数也是由格式化程序决定的。现在普遍使用的是 3.5 英寸的软盘,它的存储容量是 1.44MB,它有两面,每面 80 个磁道,每个磁道有 18 个扇区,每个扇区存储 512 个字节。

（a）软盘　　　　　　　　　　　（b）软驱

图 1-13　软盘和软盘驱动器

③光盘存储器

光盘存储器包括光盘驱动器（简称光驱）和光盘（图 1-14）。光盘驱动器是多媒体计算机中最基本的硬件，它采用激光扫描的方法从光盘上读取信息。光盘驱动器分为两种：CD型和 DVD 型。光盘存储容量大，常用的盘片可以存储 650MB 的信息。光盘读取速度快，可靠性高，使用寿命长，携带方便，现在大量的软件、数据、图片、影像资料等都是利用光盘来存储的。

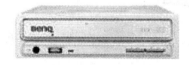

（a）光盘　　　　　　　　　　　（b）光驱

图 1-14　光盘和光盘驱动器

④U 盘存储器

U 盘（图 1-15）是一种可以直接插在通用串行总线 USB 端口上的能读写的外存储器。其存储体由半导体材料制成。U 盘的最大优点是体积小、容量大（数十 MB 到几百 MB，相当于几百个 3.5 英寸软盘）和保存信息可靠，受到越来越多用户的青睐。

图 1-15　U 盘存储器

（5）打印机

打印机是计算机系统中常用的输出设备。打印机的种类很多，按输出方式分为串行式和并行式两种，按打印原理分为击打式和非击打式。常见的打印机有：针式打印机、喷墨打印机和激光打印机。如图 1-16 所示，第一种是击打式，后两种都是非击打式。

（a）针式打印机　　　　　（b）喷墨打印机　　　　　（c）激光打印机

图 1-16　打印机

（6）其他硬件设备

其他硬件设备包括机箱和电源等,还有调制解调器、网卡、刻录机、扫描仪、音箱等等(图
1-17)。

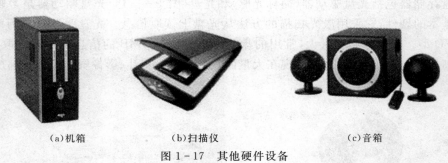

（a）机箱　　　　　　　　（b）扫描仪　　　　　　　（c）音箱

图 1-17　其他硬件设备

1.4.2　计算机的主要技术指标

计算机性能是由体系结构、所用器件、配置外设以及软件资源等多方面因素决定的。同
时还需考虑系统快速传输和处理图像、声、文等多媒体信息的能力。

决定计算机性能的因素包括 CPU 的性能,存储器的容量和速度,以及外设的配置、软
件配置等综合因素,主要的指标包括以下几个方面。

（1）字长

字长是指计算机数据总线的宽度,即计算机 CPU 内部运算器和寄存器的位数。字长
越长,运算精度就越高。

（2）主频

主频是时钟脉冲发生器所产生的时钟信号频率,用于同步 CPU 运算的各种操作,如
486DX/66、586/133 中的 66,133 就是 CPU 的时钟频率,单位是兆赫(MHz)。它用于协调
计算机操作的节拍,同时也决定了计算机处理信息的速度,频率越高速度越快。

（3）存储容量

存储容量是指计算机系统配备的内存总字节(Byte)数。字节是内存访问的基本单元,8
个二进位为一个字节。它决定计算机能否运行较大程序,并直接影响运行速度,在系统中直
接与 CPU 交换数据,向 CPU 提供程序和原始数据,并接受 CPU 产生的处理结果数据。

（4）运算速度

运算速度可用每秒所能执行指令的条数表示,单位是条/秒,也常用 MIPS(Million In-
struction Per Second)表示,即每秒执行百万条指令。

（5）软件配置

选择先进的软件可以充分发挥计算机硬件功能,因此,软件配置也是决定计算机指标的重要因素。

（6）外设配置

由于总线技术、计算机体系结构和网络技术的发展,外部设备的配置也成为衡量微机系统性能的重要指标。

除以上这些指标以外,还要考虑机器的兼容性、可靠性、可维护性以及性能价格比(简称性价比)等,应当根据实际需要综合加以考虑。

1.5　信息编码与数据表示

计算机加工的对象是数据。在计算机中数据的含义十分广泛,除了数学中的数值(如整数、实数)外,文字、声音、图像、图形等都是数据。而计算机只能处理二进制码,因此各种数据都必须经过数字化编码才能被传送、存储和处理。

1.5.1　信息化编码的概念

所谓编码,就是采用少量的基本符号,选用一定的组合原则,来表示大量复杂多样的信息。计算机中采用的是只有"0"和"1"两个基本符号的二进制码。

1.5.2　数制

（1）数制的基本概念

数制(全称进位计数制)是按进位的原则进行计数的方式。在日常生活中,人们习惯的是十进制,但计算机中,各种信息都是以二进制代码形式表示,设计研究计算机时大都使用十六进制数。在计算机中常用的进制数有:二进制、八进制、十进制、十六进制。

可以把 P 进制数用统一的一般表达式来表示:

$$N = N_{n-1} \times P^{n-1} + N_{n-2} \times P^{n-2} + \cdots + N_1 \times P^1 + N_0 \times P^0 + N_{-1} \times P^{-1} + \cdots + N_{-m} \times P^{-m}$$

式中:N_i——第 i 位的数码(系数);

$\quad$ P——进位基数,即数码的个数,进位制不同,数码的个数不同;

$\quad$ P^i——位权;

$\quad$ n——整数部分位数,为正整数;

$\quad$ m——小数部分位数,为正整数。

（2）十进制（Decimal Notation）

十进制是使用数字 0、1、2、3、4、5、6、7、8、9 等十个符号来表示数值,且采用"逢十进一"的进位计数制。处于不同位置上的数字代表不同的值,与它所在位置的权值有关,这称为权位表示法。对于十进制,每个数字的权值由 10 的幂次决定的,这个 10 称为是十进制的基数。例如十进制数 638.79 可表示为:

$$638.79 = 6 \times 10^2 + 3 \times 10^1 + 8 \times 10^0 + 7 \times 10^{-1} + 9 \times 10^{-2}$$

（3）二进制（Binary Notation）

二进制是使用数字 0、1 两个符号来表示数值,且采用"逢二进一"的进位计数制。对于二进制,每个数字的权值是由 2 的幂次决定的,二进制的基数是 2。例如,二进制数 $(11011.101)_2$ 可表示为:

$$(11011.101)_2 = 1 \times 2^4 + 1 \times 2^3 + 0 \times 2^2 + 1 \times 2^1 + 1 \times 2^0 + 1 \times 2^{-1} + 0 \times 2^{-2} + 1 \times 2^{-3}$$

二进制加法和乘法的运算规则如下:

①加法运算规则:

$$0 + 0 = 0$$
$$0 + 1 = 1$$
$$1 + 0 = 1$$
$$1 + 1 = 10$$

②乘法运算规则:

$$0 \times 0 = 0$$
$$0 \times 1 = 0$$
$$1 \times 0 = 0$$
$$1 \times 1 = 1$$

【例 1-1】

$$
\begin{array}{r}
1011 \quad (11)_{10} \\
\times \quad 101 \quad (5)_{10} \\
\hline
1011 \\
0000 \\
+1011 \\
\hline
110111 \quad (55)_{10}
\end{array}
$$

(4)八进制(Octal Notation)

八进制是使用数字 0、1、2、3、4、5、6、7 等八个符号来表示数值,采用"逢八进一"的进位计数制。对于八进制,每个数字的权值是由 8 的幂次决定的,八进制的基数是 8。例如,八进制数 $(576.123)_8$ 可以表示为:

$$(576.123)_8 = 5 \times 8^2 + 7 \times 8^1 + 6 \times 8^0 + 1 \times 8^{-1} + 2 \times 8^{-2} + 3 \times 8^{-3}$$

(5)十六进制(Hexadecimal Notation)

十六进制是使用数字 0、1、2、3、4、5、6、7、8、9 和 A、B、C、D、E、F 等十六个符号来表示数值,其中 A、B、C、D、E、F 分别表示数字 10、11、12、13、14、15。十六进制采用"逢十六进一"的进位计数制,每个数字的权值是由 16 的幂次决定的,十六进制的基数是 16。例如,十六进制数 $(A5C9)_{16}$ 可表示为:

$$(A5C9)_{16} = 10 \times 16^3 + 5 \times 16^2 + 12 \times 16^1 + 9 \times 16^0$$

(6)不同进位基数之间的转换

①任意 P 进制转换为十进制数

任意 P 进制数转换为十进制数采用"按权展开相加"的方法即可。

【例 1-2】

$$(1101.01)_2 = 1 \times 2^3 + 1 \times 2^2 + 0 \times 2^1 + 1 \times 2^0 + 0 \times 2^{-1} + 1 \times 2^{-2}$$
$$= 8 + 4 + 0 + 1 + 0 + 0.25 = (13.25)_{10}$$

$$(136)_8 = 1 \times 8^2 + 3 \times 8^1 + 6 \times 8^0 = 64 + 24 + 6 = (94)_{10}$$

$(35A)_{16}=3\times16^2+5\times16^1+10\times16^0=768+80+10=(858)_{10}$

②十进制数转换为二进制数、八进制数或十六进制数

转换原则：整数　除 2(8,16)取余数

　　　　　小数　乘 2(8,16)取整数

【例 1-3】　将十进制数 38.25 转换成二进制数。

余数

```
2|38          0     最低位
 2|19         1
  2|9         1
   2|4        0
    2|2       0
     2|1      1     最高位
      0
```

$0.25\times2=0.5$　　取整 0　最高位

$0.5\times2=1.0$　　取整 1　最低位

所以$(38.25)_{10}=(100110.01)_2$

注意：整数部分第一位余数是低位，最后一位余数是高位。

【例 1-4】　将十进制数 38.625 转换为八进制数。

余数

```
8|38          6     最低位
 8|4          4     最高位
  0
```

$0.625\times8=5$　　取整 5

所以：$(38.625)_{10}=(46.5)_8$

【例 1-5】　将十进制数 245.5 转换为十六进制数。

余数

```
16|245        5     最低位
 16|15        15    最高位
   0
```

$0.5\times16=8.0$　　取整 8

所以$(245.5)_{10}=(F5.8)_{16}$

③二进制与八进制、十六进制的相互转换

◆二进制转换为八进制

转换规则：三位一组前端补 0。

【例 1-6】　将二进制数 11011010110 转换为八进制数。

```
011    011    010    110
 ↓      ↓      ↓      ↓
 3      3      2      6
```

$(11011010110)_2=(3326)_8$

◆二进制转换为十六进制

转换规则：四位一组前端补 0。

【例 1-7】　将二进制数 110011010110 转换成十六进制数。

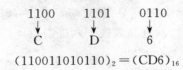

$$(110011010110)_2 = (CD6)_{16}$$

◆八进制转换为二进制

◆十六进制转换为二进制

在程序设计中,为区分各种进位制的数制,采用下面的表示法:

◆十进制数　在数字后面加字母 D 或不加字母,如 315D 或 315

◆二进制数　在数字后面加字母 B,如 1011B

◆八进制数　在数字后面加字母 O,如 417O

◆十六进制数　在数字后面加字母 H,如 35BH

1.5.3　常见的信息编码

由于计算机是通过两个稳定状态来表示 0 和 1,因此在计算机内部,正号、负号、数值字符和汉字都必须用 0 和 1 的组合来实现,这种利用 0 和 1 的各种组合来表示信息的方法统称为编码。

组成信息的基本符号有数字、字母、运算符、标点符号等,可粗略地分为两类——数值和符号,所以编码也可以分为两类:

(1)数值型信息的编码

数值型数据分为有符号型和无符号型。在计算机中,通常在二进制数据的绝对值前面加上一位二进制位作为符号位,此位为 0 表示此数为正数,此位为 1 则表示为负数,从而形成了数值型数据的机内表示形式。同时为了方便运算,对有符号数常采用三种表示形式,即原码、反码和补码。

①原码

正数的符号位为 0,负数的符号位为 1,其他位用数的绝对值表示,即为数的原码。

②反码

正数的反码与原码相同,负数的反码的符号位为 1,其他各位对原码按位取反。

③补码

正数的补码与原码相同,负数的补码的符号位为 1,其他各位为反码并在最低位加 1。引入补码后,可以简化运算,使减法统一变成加法。

【例 1-8】　(+103)D,其原码=01100111;其反码=01100111;其补码=01100111。

　　　　　　(-102)D,其原码=11100110;其反码=10011001;其补码=10011010。

(2)字符型信息的编码

①BCD 码

BCD 是一种二进制和十进制间的编码,每位十进制数用 4 位二进制数编码表示。BCD 码的编码方法很多,有 8421 码、2421 码、5421 码、余 3 码、格雷码等。其中 8421 码是最常见的一种,它的四位二进制数的位权分别是:2^3、2^2、2^1、2^0(即 8、4、2、1)。见表 1-1。

【例 1-9】　十进制数 235 的 BCD 码=0010　0011　0101

表 1-1　十进制数与 BCD 码对应关系

十进制数	BCD 码
0	0000
1	0001
2	0010
3	0011
4	0100
5	0101
6	0110
7	0111
8	1000
9	1001

②ASCII 码

ASCII(American Standard Code for Information Interchange)是美国标准信息交换码，它包括 10 个十进制数码、52 个英文大小写字母、34 个符号(如 $ 、% 、& 、♯ 等)和 32 个控制符号，共 128 个字符。

ASCII 码的每个字符用 7 位二进制表示，其排列次序为 $b_6 b_5 b_4 b_3 b_2 b_1 b_0$，$b_6$ 为高位，b_0 为低位。而一个字符在计算机内实际是用 8 位表示。正常情况下，最高位 b_7 为 0。要确定某个字符的 ASCII 码，可以在表 1-2 中，先查找它的位置，然后确定它所在的位置的相应的列和行，最后根据列确定高位码($b_6 b_5 b_4$)，根据行确定低位码($b_3 b_2 b_1 b_0$)，把高位码和低位码和在一起就是该字符的 ASCII 码，例如：字符 A 的 ASCII 码是 01000001。

表 1-2　7 位 ASCII 码

高 4 位 / 低 4 位	0000	0001	0010	0011	0100	0101	0110	0111
0000	NULL	DLE	空格	0	@	P	`	p
0001	SOH	DC1	!	1	A	Q	a	q
0010	STX	DC2	"	2	B	R	b	r
0011	ETX	DC3	♯	3	C	S	c	s
0100	EOT	DC4	$	4	D	T	d	t
0101	ENQ	NAK	%	5	E	U	e	u
0110	ACK	SYN	&	6	F	V	f	v
0111	BELL	ETB	'	7	G	W	g	w
1000	BS	CAN	(	8	H	X	h	x
1001	HT	EM	)	9	I	Y	I	y
1010	LF	SUB	*	:	J	Z	j	z
1011	VT	ESC	+	;	K	[	k	{
1100	FF	FS	,	<	L	\	l	|
1101	CR	GS	—	=	M	]	m	}
1110	SO	RS	.	>	N	ˆ	n	~
1111	SI	US	/	?	O	_	o	DEL

1.5.4　汉字编码

用计算机处理汉字的时候,必须对汉字进行编码。由于汉字本身的特点,它在输入、输出、存储和处理过程中所使用的汉字代码是不相同的。汉字信息处理系统在处理汉字和词语的时候,要进行一系列的汉字代码转换。汉字编码比 ASCII 码要复杂。下面介绍主要的汉字代码。

(1)汉字交换码

1981 年,我国颁布了《中华人民共和国国家标准信息交换用汉字编码》(GB2312－80)。它是汉字交换码的国家标准,又称为"国标码"。国标码规定,一个字符由一个 2 字节代码组成。每个字节的最高位恒为"0",其余 7 位用于组成各种不同的码值。该标准收入了 6763 个常用汉字(其中一级汉字 3755 个,二级汉字 3008 个),以及英、俄、日文字母与其他符号 687 个,共有 7000 多个符号。

为了不与 ASCII 码的控制字符相同,两个字节的代码中每个字节只用到了其中的 94 个码值,共可以表示 94×94＝8836 个符号。汉字是二位结构,第一个字节称为"区码",每个区有 94 个码。第二个字节称为"位码"。因此,国标码也称为"区位码"。

(2)汉字输入码

常用的汉字输入法有拼音法、智能 ABC 法和五笔字型法。

输入法必须将键盘所输入的字符序列转换成机器内部表示的内码存储和处理。输入码和内码之间的转换通过"键盘管理程序"实现。输入码仅是用户选用的编码,也称为"外码",而机内码则是计算机识别的"内码",其码值是唯一的。两者通过键盘管理程序来转换,如图 1-18 所示。

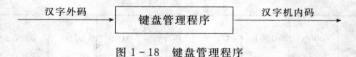

图 1-18　键盘管理程序

(3)汉字字形码

汉字字形码是在汉字显示或打印时使用的字形代码,它是汉字字形的数字化信息。显示、打印是将汉字的字形分解成点阵组成的图形。汉字是方块字,可以用横向点数和纵向点数来表示汉字。点阵有 16×16,24×24,32×32,48×48 等。点数越多,打印的字体越美观,但汉字库占用的存储空间也越大。例如:一个 24×24 的汉字占用空间为 72 个字节,一个 48×48 的汉字将占用 288 个字节。汉字的显示和打印可以通过汉字系统的输出处理程序将内码转换成汉字点阵输出,如图 1-19 所示。

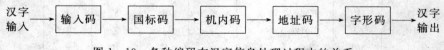

图 1-19　各种编码在汉字信息处理过程中的关系

(4)汉字机内码

汉字的机内码是指在计算机内部进行存储、传递和运算所使用的统一机内代码。计算机既要处理汉字,也要处理英文,为了实现中、英文兼容,内部处理时将最高位用于区分汉字和 ASCII。若最高位为"1"表示汉字,最高位为"0"表示 ASCII 字符。汉字机内码可在上述国标码的基础上,把两个字节的最高位一律由"0"改成"1"构成。例如:汉字"大"字的国标码为3473H,两个字节的最高位均为"0"。把两个最高位全改成"1"变成 B4F3H,就可得"大"字的机内码。

最后为了统一地表示世界各国的文字,1993 年国际标准化组织公布了"通用多八位编码字符集"的国际标准 ISO/IEC10646,简称 UCS(Universal Code Set)。UCS 包括了中、日、韩等国的文字,这一标准为包括汉字在内的各种正在使用的文字规定了统一的编码方案。该标准用四个 8 位码(4 个字节)共 32 位来表示每一个字符,足以包容世界上所有的字符。我国相应的国家标准是 GB13000。

练 习 题

一、单向选择题

1. 最先实现存储程序的计算机是_____。
   A. ENIAC　　　　　B. EDSAC　　　　　C. EDVAC　　　　　D. VNIVA

2. 计算机系统一般应该包括_____。
   A. 主机、键盘、显示器　　　　　　　B. 计算机及其外部设备
   C. 系统硬件与系统软件　　　　　　　D. 硬件系统和软件系统

3. 在计算机内部,一切信息存取,处理和传递的形式是_____。
   A. ASCII 码　　　　B. BCD 码　　　　C. 二进制　　　　D. 十六进制

4. 下列各种进制的数据中最小的数是_____。
   A. $(101001)_2$　　B. $(53)_8$　　　C. $(2B)_{16}$　　D. $(44)_{10}$

5. 计算机硬件由 5 个部分组成,下面不属于这 5 个部分的是_____。
   A. 运算器和控制器　　　　　　　　　B. 存储器
   C. 总线　　　　　　　　　　　　　　D. 输入设备和输出设备

6. 计算机软件通常分为_____。
   A. 系统软件和应用软件　　　　　　　B. 高级软件和一般软件
   C. 军用软件和民用软件　　　　　　　D. 管理软件和控制软件

7. CPU 指的是计算机的_____。
   A. 运算器　　　　　　　　　　　　　B. 控制器
   C. 运算器和控制器　　　　　　　　　D. 运算器、控制器和内存

8. 无需了解计算机内部构造的语言是_____。
   A. 汇编语言　　　　B. 机器语言　　　C. 操作系统　　　D. 高级语言

9. 标准接口的鼠标器一般连接在_____。
   A. 并行接口上　　　B. 串行接口上　　C. 显示器接口上　　D. 打印机接口上

10. 在汉字处理系统中,一级字库有 3755 个汉字,那么将占用_____个字节的存储容量。
    A. 3755×2　　　　B. 3755×16　　　C. 3755×32　　　D. 3755×16×16

11. 双面双密度"3.5 寸"软盘的存储容量为_____。
    A. 1.2MB　　　　B. 360KB　　　　C. 1.44MB　　　　D. 720KB

12. 二进制 101101.1001 与 11010.0101 之和的十进制数表示是_____。
  A. 67.125   B. 87.025   C. 71.875   D. 77.875

13. 二进制数 1111001010 减去 11100011 之差为_____。
  A. 1100010011 B. 1110010011 C. 1011100111 D. 1011100110

14. 当键盘处于大写状态时,按 Shift + A 键,输入的是_____。
  A. a   B. A   C. Aa   D. aA

15. 十进制数 99.125 的二进制表示是(1)_____,十六进制表示是(2)_____。
  (1)A. 1101101.101 B. 1110110.011 C. 1100011.001 D. 11011111
  (2)A. 5A.2   B. 63.2   C. 41.3   D. 19.C

16. 在 24×24 点阵的汉字库中,存储一个汉字的字模信息需要的字节数是_____。
  A. 576   B. 72   C. 192   D. 24

17. 下列存取速度最快的是_____。
  A. 软盘   B. RAM   C. 硬盘   D. Cache

18. 用 16×16 点阵表示的汉字"一"和用 24×24 点阵表示的汉字"繁"的机内码在内存中占用的字节数相比较,正确的叙述是_____。
  A. "一"字占用的多   B. "繁"字占用的多
  C. 相同   D. 无法确定,取决于使用的汉字输入法

二、简答题

 1. 计算机的发展经历了哪几代? 每一代的主要特征是什么?

 2. 简述计算机的基本工作原理。

 3. 简述计算机执行一条指令的过程。

 4. 在二进制的算术运算中,1+1 等于多少?

 5. 计算机是如何识别汉字的?

 6. 将十进制数 215 转换为二进制数,将二进制数 10110101110.11011 转换成八进制数。

 7. 常见的信息码标准有哪些?

 8. 微型计算机主要技术指标有哪些? 各项技术指标的含义是什么?

 9. 计算机主要应用在哪些领域?

 10. 简述计算机系统的组成。

第 2 章　Windows XP 操作系统

【本章要点】

本章主要介绍 Windows XP 操作系统的功能和使用方法。主要包括：操作系统基础知识；中文 Windows XP 的基本常识；中文 Windows XP 基本操作；中文 Windows XP 的文件管理；中文 Windows XP 控制面板的使用；中文 Windows XP 附件的使用。

【核心概念】

操作系统　文件　文件夹　管理　属性　快捷方式　控制面板　附件

2.1　操作系统基本知识

2.1.1　操作系统的概念及功能

（1）操作系统的概念

什么是操作系统呢？操作系统是用来控制和管理计算机的硬件和软件资源，合理地组织计算机流程，并方便用户有效地使用计算机各种程序的集合。它是计算机必备的系统软件，是计算机硬件与其他软件的接口，其他软件都是运行在操作系统之上的，它也是用户与计算机的接口。

（2）操作系统的功能

操作系统作为计算机系统的资源的管理者，它的主要功能是对系统所有的软硬件资源进行合理而有效的管理和调度，提高计算机系统的整体性能。具体地说，操作系统具有以下五大功能：

①中央处理器管理：负责管理计算机的处理器，为用户合理分配处理器的时间，以提高处理器的使用效率。

②存储器管理：负责管理主存储器，实现内存的分配与回收，内存的共享与扩充以及信息的保护等。

③文件管理：负责管理文件，实现用户信息的存储、共享和保护，为文件的"按名存取"提供技术支持，合理地分配和使用外存空间。

④设备管理：负责管理各种外部设备，实现外部设备的分配和回收，并控制外部设备的启动与运行。

⑤作业管理：负责实现作业调度并控制作业的执行。

2.1.2 操作系统的分类

操作系统多种多样,按照其功能通常可分为:

(1)批处理操作系统

在批处理系统中,用户可以把作业一批批地输入系统中,然后由 CPU 轮流地执行各个作业。

(2)分时操作系统

分时操作系统的主要特点是 CPU 将其时间划分为若干个时间片,一台主机上可挂多个终端,每个终端用户每次可以使用一个时间片,CPU 轮流为终端用户服务,若在一个时间片内没有完成,则等到下一个时间片,从而使得每个终端用户以交互方式使用一台计算机。典型的分时操作系统有 Unix、Linux 等。

(3)实时操作系统

实时操作系统是系统能及时响应外部事件的请求,保证对实时信息的处理速度比其进入系统的速度快。这种操作系统主要用于实时控制,一般是为专用机设计的,与前面两种系统相比,资源利用率较低。

(4)网络操作系统

网络操作系统是在单机操作系统的基础上发展起来的,它能够管理网络通信和网络上的共享资源,协调各个主机上任务的运行,并向用户提供统一、高效、方便易用的网络接口的一种操作系统。目前常用的网络操作系统有 Novell NetWare、Windows NT、Windows 2000 Server、Windows 2003 Server 等。

2.1.3 常用操作系统简介

(1)MS-DOS

MS-DOS 是磁盘操作系统(Disk Operating System)的简称,是 Microsoft 公司开发的配置在 PC 机上的单用户单任务命令行界面操作系统,它曾经广泛应用于 PC 机上,对计算机的应用普及可以说是功不可没。DOS 的特点是简单易学,对硬件要求低,但存储能力有限,用户应用程序通常只能使用 640KB 的常规内存。

(2)Windows

Windows 也是由 Microsoft 公司开发的一种基于图形窗口式的单用户多任务的操作系统。它代替了 DOS 环境下的命令行操作方式,代之以"对话"、"图标"、"菜单"等图形界面和符号等全新的操作方式。自从 Windows 3.0 推出之后,在世界计算机界掀起了 Windows 的浪潮。因其以生动形象的用户界面代替了 DOS 复杂的命令,使用户可以轻松自如地操作计算机,目前已经成为普及率最高的一种操作系统。

(3)Unix

Unix 是一种分时操作系统,其优点是具有较好的可移植性,可运行于许多不同类型的计算机上,具有较好的可靠性和安全性,支持多任务、多处理、多用户、网络管理和网络应用。缺点是缺乏统一的标准,应用程序不够丰富,并且不易学习,这些都限制了 Unix 的普及应用。

(4)Linux

Linux 是一种源代码开放的操作系统。用户可以通过 Internet 免费获取 Linux 及其生成工具的源代码,然后进行修改,建立一个自己的 Linux 开发平台,开发 Linux 软件。

Linux 是从 Unix 发展起来的,与 Unix 兼容,能够运行大多数的 Unix 工具软件、应用程序和网络协议。Linux 继承了 Unix 以网络为核心的设计思想,是一个性能稳定的多用户网络操作系统。同时它还支持多任务、多进程和多 CPU。

Linux 版本众多,厂商们利用 Linux 的核心程序,再加上外挂程序,就变成现在的各种版本的 Linux。现在流行的 Linux 主要版本有:Red Hat Linux、Turbo Linux 等。我国自行开发的 Linux 有:红旗 Linux、蓝点 Linux 等。

2.2　Windows XP 的基本知识

2.2.1　Windows 的发展简史

1983 年 11 月 10 日 Microsoft 公司首次推出了 Windows 1.0,但由于存在许多技术问题,用户对 Winodws 1.0 反应并不好。1987 年 12 月 9 日,Microsoft 公司又推出了 Windows 2.0,它使用了层叠式的窗口系统,并且附加了一个新的应用程序——Microsoft Excel。但是由于 Windows 2.0 在当时的 PC 机上性能并不佳,因此并没有得到用户广泛的接受。直到 1990 年 5 月 22 日,Microsoft 公司推出了具有划时代意义的 Windows 3.0 版,它提供了全新的用户窗口界面和方便的操作手段,突破了 640KB 常规内存的限制,可以在任何方式下使用扩展内存,具有运行多道程序、处理多任务的能力,在世界计算机的发展史上树立了一个丰碑。1992 年 4 月 6 日 Microsoft 公司推出了具有 TrueType 字体和对象链接与嵌入(OLE)功能的 Windows 3.1,更完善了其性能,进一步确立了 Windows 在 PC 系列微机操作系统中的主导地位。1993 年 10 月 Microsoft 公司正式推出了中文版 Windows 3.1。1995 年 8 月 24 日 Microsoft 公司推出了一个真正的 32 位操作系统——Microsoft Windows 95。严格地讲,在 Windows 95 以前,Windows 还不能算是一个真正的操作系统,而是一个基于 DOS 的具有图形用户界面的系统软件。Windows 95 在用户界面上比以前的版本有了较大的改进,每个文件、文件夹和应用程序都可以用图标来表示,并且增加了 TCP/IP 协议、拨号网络、支持长文件名等功能。1996 年,Microsoft 公司推出了 Windows 95 简体中文版。1998 年 6 月 25 日,Microsoft 公司又推出了 Microsoft Windows 98,它集成了 Internet Explorer 4.0,另外还支持多项程序和界面形态,包括 USB 和 ACPI 等。1998 年 8 月 31 日,Microsoft 公司又推出了 Windows 98 简体中文版。

2000 年 2 月 17 日,Microsoft 公司推出了一个具有划时代意义的产品——Microsoft Windows 2000。2000 年 3 月 20 日,Microsoft 公司又推出了 Windows 2000 中文版。

2001 年 10 月 25 日,Windows XP 发布。Windows XP 是微软把所有用户要求合成一个操作系统的尝试,和以前的 windows 桌面系统相比,稳定性有所提高,而为此付出的代价是丧失了对基于 DOS 程序的支持。由于微软把很多以前是由第三方提供的软件整合到操作系统中,XP 受到了猛烈的批评。这些软件包括防火墙、媒体播放器(Windows Media Player),即时通讯软件(Windows Messenger),以及它与 Microsoft Pasport 网络服务的紧密结合,这都被很多计算机专家认为是安全风险以及对个人隐私的潜在威胁。这些特性的增加被认为是微软继续其传统的垄断行为的持续。

　　Windows XP,或视窗 XP 是微软公司最新发布的一款视窗操作系统。Windows XP 于 2001 年 8 月 24 日正式发布(RTM,Release to Manufacturing)。它的零售版于 2001 年 10 月 25 日上市。Windows XP 原来的代号是 Whistler。字母 XP 表示英文单词的"体验"(experience)。Windows XP 的外部版本是 2002,内部版本是 5.1(即 Windows NT 5.1),正式版的 Build 是 5.1.2600。

　　微软主要发行了两个版本:

　　(1) Windows XP Home Edition。它是家庭版,也叫消费者版。针对的消费对象是家庭用户。是 Windows 2000 professional 的更新版本,新增了个性化的桌面、数字照片功能、强大而又全满的音乐工具和视频工具、简易的家庭网络连接功能、现金的通讯功能功能、专业的系统保护和修复功能等。

　　(2)Windows XP Professional。是商务型操作系统,主要针对商业用户。它在 Windows xp home 的基础上增加了适应商业用户的特殊功能。专业版除了包含家庭版的一切功能,还添加了新的为面向商业用户的设计的网络认证、双处理器支持等特性。

2.2.2　Windows XP 的运行环境和安装

　　(1)Windows XP 的运行环境

　　要运行 Windows XP 中文版,计算机系统必须具有如下的基本配置:

　　①Pentium 450MHz 及以上的 CPU;

　　②64MB 及以上内存(推荐 128MB,最高 4GB);

　　③4GB 硬盘,最少 1.5GB 的可用空间。

　　(2)Windows XP 中文版的安装

　　在 DOS 的基础上安装 Windows XP,其安装的一般步骤如下:

　　①将中文 Windows XP 的安装光盘放入 CD-ROM 驱动器中。

　　②若原操作系统支持光盘检测,就会直接进入 Windows XP 安装向导;若原操作系统不支持光盘检测,用户可以直接进入光盘,运行根目录下的 SETUP. EXE,也可以进入 Windows XP 安装向导,开始安装 Windows XP。

　　③然后按照安装向导的提示操作,通常按照默认选择"下一步"按钮,并进行几个简单的选择,就可完成整个安装过程。一般情况下,整个安装过程需要重新启动计算机三次。

2.2.3　Windows XP 的启动与退出

　　(1)中文 Windows XP 的启动

　　打开计算机的电源开关后,计算机会自动运行 Windows XP,片刻后屏幕上会出现登录提示,要求用户输入密码。

　　在安装 Windows XP 时,安装程序会自动创建一个名为 Administrator 的账户,使用该账户的用户可以完全控制计算机的软件、内容和配置,例如,创建用户账户、安装软件或完成影响所有用户的更改等,也可以重新创建一个用户账户,使用该用户账户和密码登录。若没有设置密码,则直接进入 Windows XP。

　　(2)Windows XP 的退出

　　在关闭或重新启动计算机之前,一定要先退出 Windows XP,否则可能会破坏一些没有保存的文件和正在运行的程序。用户可以按以下步骤安全地退出 Windows XP：

①关闭所有正在运行的应用程序；

②单击"开始"按钮，然后在弹出的"开始"菜单中单击"关闭计算机"，出现如图 2-1 所示的对话框；

③根据需要选定"待机"、"关闭"或"重新启动"；

④若选择"关闭"，然后单击对话框中的"确定"按钮就可以关闭计算机了。

图 2-1　Windows XP"关闭"对话框

2.2.4　Windows XP 的桌面

Windows XP 启动后，出现如图 2-2 所示的中文 Windows XP 的桌面，Windows XP 的所有操作都是从这里开始的。所谓桌面是指 Windows XP 所占据的屏幕空间，即整个屏幕背景。

图 2-2　中文 Windows XP 的桌面

桌面的底部是一个任务栏，在任务栏的最左边是"开始"按钮，"开始"按钮的右边是快速启动栏，在缺省情况下，它有 3 个快捷方式：Internet Explorer、Outlook Express 和桌面。任务栏的最右边是计划任务程序按钮、输入法状态和时钟。桌面左侧部分垂直排列的图案被称为"图标"，系统默认的图标有："我的文档"、"我的电脑"、"网上邻居"、"回收站"和"Internet Explorer"。通常情况下，用户把经常使用的程序和文档放在桌面上或在桌面上为它们建立快捷方式。

桌面上常见的各图标及其作用如下：

(1)我的电脑

利用"我的电脑"可以浏览计算机上的所有软件和硬件资源,对计算机的文件进行管理,修改和配置计算机上的软硬件。

(2)我的文档

"我的文档"是一个文件夹,用于存放用户在中文 Windows XP 中所创建的所有文档,这是中文 Windows XP 默认的存放位置,用户也可以将自己的文档存放到其他的文件夹中。将文档存放在"我的文档"中可以很方便地使用。

(3)网上邻居

利用此文件夹可以浏览计算机连接到的整个网络上的共享资源。曾访问过文档或程序的计算机、Web 服务器和 FTP 服务器的快捷方式在"网上邻居"中自动创建,也可以使用"添加网上邻居"向导创建到网络服务器、Web 服务器和 FTP 服务器的快捷方式。

(4)Internet Explorer(IE)

它是一个用来浏览 Internet(因特网)的程序,又称为浏览器。

(5)回收站

它是一个文件夹,如同办公室的废纸篓,用来收存被删除的文件、文件夹等,根据需要回收站中的内容可以被清空,也可以被还原。注意:回收站中的文件仍然占据磁盘空间。

2.3　Windows XP 的基本操作

2.3.1　鼠标的使用

鼠标是计算机中应用最为普遍的输入设备,常用于选中某对象。鼠标的常用操作有:

(1)单击:指按下鼠标左按键,然后立即松开,常用于选中某对象。通常情况下,单击都是指单击鼠标左键。

(2)单击右键(通常也叫右击):指按下鼠标右键,然后立即松开。单击鼠标右键后,通常会出现一个快捷菜单。

(3)双击:指快速且连续地按两次鼠标左键,然后立即松开,常用于打开某对象。

(4)指向:指在不按下任何鼠标按键的情况下,移动鼠标指针到某个位置。"指向"操作通常有两种作用:一是打开子菜单,例如,当用鼠标指针指向"开始"菜单中的"程序"菜单项时,就会弹出"程序"菜单项的下级子菜单;二是突出显示,当用鼠标指针指向某些按钮时会突出显示一些说明该按钮的功能。

(5)拖曳:在按住鼠标按键的同时移动鼠标指针。拖动前,先将鼠标指针指向需要拖动的对象,然后按住鼠标按键开始拖动,当达到指定的位置后,松开鼠标按键结束拖动操作,常用于移动或复制对象。一般情况下,拖曳时按住的是鼠标左键。

有些情况下,鼠标还可以与键盘进行组合操作。例如,当在某个文件夹中选定几个连续的文件时,可以在按住键盘上 Shift 键的同时,用鼠标单击第一个和最后一个文件。

2.3.2　窗口及其基本操作

窗口是 Windows XP 应用程序运行的基本框架,它限定了每一个应用程序或文档都必须在该区域内运行或显示,即无论做什么操作都是在窗口中进行的。

（1）窗口的基本组成

在 Windows XP 中,窗口主要由如图 2-3 中所示的基本元素组成。

图 2-3　中文 Windows XP 的窗口

①窗口边框　包围窗口周围的四条边,它将窗口与桌面分隔开。

②标题栏　标题栏位于窗口最上部,通常显示该窗口的应用程序、文档或文件夹的名称。当多个窗口同时显示时,呈蓝色显示的窗口是用户正在使用的程序窗口,该窗口称为活动窗口、当前窗口或激活窗口。

③控制菜单图标　位于标题栏最左边的小图标按钮,通过这个按钮可以控制当前活动窗口的状态。单击该图标或按 Alt＋空格键将打开该窗口的控制菜单,如图 2-4 所示,它包括控制窗口的各种菜单命令,如移动、最大化,关闭等。

④最小化按钮　标题栏最右端有三个小按钮,它们分别是最小化按钮、最大化（或还原）按钮和关闭按钮。单击最小化按钮,就可以将窗口收起来,这时窗口就变为任务栏上的一个图标按钮。虽然窗口已经最小化,但该窗口的程序仍在运行。若要恢复原来的窗口,只要用鼠标单击任务栏上该窗口的图标按钮即可。

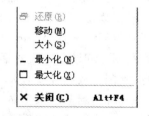

图 2-4　窗口的控制菜单

⑤最大化（或还原）按钮　单击它可以将窗口放到最大,窗口占满整个屏幕,此时最大化按钮就变为还原按钮。

⑥关闭按钮　这个按钮上有个"×",单击它就可以将该窗口关闭。

⑦菜单栏　菜单栏位于标题栏的下面,它提供操纵当前窗口或程序的菜单命令,不同的应用程序其菜单栏内的命令有很大的差别,但其位置一般不变。

⑧工具栏　通常将最常用的命令制作成一排图标按钮,放在菜单栏的下方,形成了工具栏,在工具栏上主要是提供用户用鼠标器控制窗口及其内容的快捷方法。用户可以用鼠标把工具栏拖放到窗口的任意位置,或改变排列方式。

⑨状态栏　状态栏一般位于窗口的最下边,它会显示一些和打开的应用程序有关的信息。

⑩水平及垂直滚动条　有时窗口太小,显示不了所有的内容,这时窗口工作区的右边或底部就会出现垂直滚动条或水平滚动条。用鼠标拖动滚动条中的滑块或是按住滚动条两端有三角形的控制按钮,窗口中的内容就会滚动,就可以很方便地找到所需要的内容,还可以通过在滚动条左右(或上下)的空白处单击实现快速滚动。

⑪工作区　又称窗体。是窗口的主要部分,它占据大部分的空间,通常用于显示和处理该区域内各工作对象的信息。

(2)窗口的基本操作

①移动窗口

将鼠标指针放在窗口的"标题栏"上,按住鼠标左键不放,移动鼠标(此时屏幕上会出现一个虚线框)到所需要的地方,松开鼠标左键即可。

②改变窗口大小

除了可以用最小化、最大化和关闭按钮来控制窗口大小以外,还可以用鼠标指针对准窗口的边框或角部,此时鼠标指针会自动变为双向箭头,按下鼠标左键进行拖曳,就可改变窗口的大小。

③切换窗口

切换窗口最简单的方法是用鼠标单击任务栏上的窗口图标,也可以用鼠标单击所需要的窗口的可见部分,或者用快捷键 Alt＋Esc 或 Alt＋Tab 切换窗口。

④排列窗口

窗口排列有层叠、横向平铺和纵向平铺三种方式。用鼠标右键单击任务栏空白处,弹出如图 2－5 所示的菜单,然后选择一种排列方式即可。

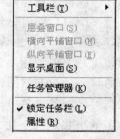

2.3.3　对话框及其基本操作

对话框是 Windows 系统和用户进行信息交流的一个界面。为了获得用户信息,Windows 会打开对话框向用户提问,用户可以通过回答问题来完成对话。Windows 也使用对话框显示附加信息和警告,或解释没有完成操作的原因。

图 2－5　任务栏的
　　　　快捷菜单

一般的,当某一菜单命令后有省略号(…)时,就表示 Windows 为执行此菜单命令需要提问用户,询问的方式就是通过对话框来提问,图 2－6 就是典型的对话框。对话框常含有下列内容。

(1)标题栏　标题栏上有对话框的名称、关闭按钮和"?"按钮。用鼠标拖动标题栏可以移动对话框;单击关闭按钮可以关闭对话框;"?"按钮是 Windows XP 帮助系统的一部分,单击这个按钮,鼠标将变成带"?"的求助状态的形状,这时用鼠标单击对话框的某一部分,就会出现关于该部分的提示信息。

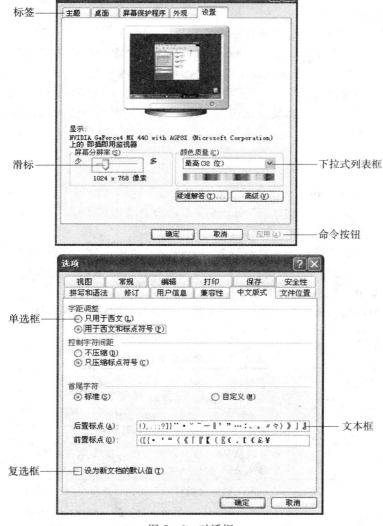

图 2-6　对话框

（2）标签　通过选择标签可以在对话框的几组功能中选择一个。

（3）列表框　列表框中显示多个选择项，由用户选择其中一项，当选择项一次不能全部显示在列表框中时，系统会自动提供滚动条帮助用户快速查看。

（4）下拉列表框　单击下拉列表框的向下箭头可以打开列表供用户选择，列表关闭时显示被选中的信息。

（5）复选框　又称复选按钮，复选框列出可以选择的任选项，可以根据需要选择一个或多个任选项。复选框被选中后，在框中会出现"√"，再单击被选中的复选框，就会取消该复选框的选中。

（6）单选按钮　形状为圆形，用来在一组选项中选择一个，且只能选择一个。被选中的按钮中会出现一个黑点，再次单击，则取消选中。

（7）文本框　用于输入文本信息的一块矩形区域。

（8）数值框　单击数值框右边的上下箭头可以改变数值的大小，也可以在数值框中直接输入一个数值。

（9）滑标　即滑动式按钮，用鼠标拖动滑标可以改变数值大小，一般用于调整参数。

（10）命令按钮　带文字的矩形按钮，用鼠标单击一个命令按钮可以立即执行一个命令。如果一个命令按钮呈灰色，表示该命令按钮是不可选的，或者说在当前状态下是不可用的。

注意对话框和窗口的区别：对话框和窗口都是可以移动、关闭的，但对话框没有应用程序图标、菜单栏、最大化按钮和最小化按钮；窗口的大小是可以调整的，而对话框的大小是不可调的。

2.3.4　菜单的使用

自从 1986 年 8 月 Microsoft 公司发布的 Windows 1.03 版以来，Windows 就一直提供完善的菜单系统。菜单使人们向 Windows 发布命令就像饭店点菜一样，再也不用记忆大量的操作系统的命令了。

在 Windows XP 系统中通常有以下几种菜单：按下"开始"按钮出现的"开始菜单"，单击鼠标右键出现的"快捷菜单"，单击标题栏最左端的控制图标按钮出现的"控制菜单"以及单击菜单栏中的菜单标题出现的"下拉菜单"。

一个菜单中通常含有若干个命令项，其中有些命令后面跟有省略号（…），有些命令项前有符号（√）。这些都有特定的含义，具体如表 2 - 1 所示。

表 2 - 1　菜单的命令项说明

命令项	说　　　明
呈灰色的	表示该命令项当前不可用
带省略号（…）	表示执行该命令后会打开一个对话框。
前面有符号（√）	表示该命令当前有效，若再次单击该命令，则删除该标记。
带符号（●）	在分组菜单中，有且只有一个选项前带有符号，当在分组菜单中选择某一项时，该项之前带有（●），表示选中。
带组合键（如 Ctrl＋C）	表示按下该组合键可以直接执行该命令，而不必通过菜单。
带符号（▶）	表示当鼠标指向该菜单时，会弹出一个下级子菜单。
向下的双向箭头	菜单有时是折叠的，还有许多命令没有显示，这时在菜单的最下边会出现一个双向箭头，此时用鼠标指向它时，会显示一个完整的菜单。

2.3.5　Windows XP 的中文输入

中文 Windows XP 提供了多种中文输入法，如微软拼音输入法、智能 ABC 输入法、全拼输入法等，用户也可以根据需要安装其他的中文输入法（本章第四节中将作介绍）。

在 Windows XP 中，用户可以用鼠标单击任务栏右边输入法状态显示图标，在弹出的菜单中选择一种中文输入法，或者随时使用组合键 Ctrl＋Space 键来启动或关闭中文输入法，也可以使用 Ctrl＋Shift 组合键在英文及各种中文输入法之间进行切换。

中文输入法选定以后，屏幕上会出现一个中文输入法的状态框，图 2 - 7 所示就是智能 ABC 输入法状态框两种不同设置。不同的中文输入法显示的状态框是不一样的。

图 2 - 7　智能 ABC 输入法

在智能 ABC 和智能五笔中文输入状态下,常用的中文标点符号输入方法如表 2 - 2 所示。

表 2 - 2　中文标点输入方法

中文标点		智能 ABC 键盘上对应的按键	智能五笔键盘上对应的按键
、	顿号	\	\
,		,	,
。	句号	.	.
'	左单引号	'(单数次)	'(单数次)
'	右单引号	'(偶数次)	'(偶数次)
"	左双引号	"(单数次)	"(单数次)
"	右双引号	"(偶数次)	"(偶数次)
《	左书名号	<	[(单数次)
》	右书名号	>	[(偶数次)
(	左小括号	(	(
)	右小括号	)	)
：	冒号	:	:
；	分号	;	;
〔	左大括号	{	{
〕	右大括号	}	}
「		[	](单数次)
」		]	](偶数次)
？		?	?
！		!	!

2.3.6　剪贴板的使用

剪贴板是一个用于在 Windows 应用程序和文件之间传递信息的临时存储区。使用剪贴板可以从文本文档中复制一个单词或一个短语,将一个文件从一个磁盘复制到另一个磁盘中,还可将一幅图像放到文档中,或者将一组文件从一个位置移动到另一个位置。

剪贴板的使用步骤是先将信息复制或剪切到剪贴板中,然后在目标文档中将插入点定位到需要放置信息的位置,使用应用程序中"编辑→粘贴"命令将剪贴板中的信息传递到目标文档中。

使用剪贴板还可以捕获屏幕信息,方法有两种:

(1)按键盘右上方的 Print Screen 功能键可以捕获整个屏幕(捕获的是整个屏幕图片),

然后在文档中需要插入屏幕图片的地方,单击"粘贴"按钮,即可将屏幕图片复制到文档中。

(2)按 Alt＋Print Screen 组合键可以捕获屏幕上的活动窗口(例如对话框等),此操作要注意的是,在捕获之前,一定要保证要捕获的窗口是活动窗口。

2.3.7　应用程序的运行与退出

(1)应用程序的运行

在 Windows XP 系统中启动应用程序有很多种方法,下面介绍几种最常用的方法:

①若应用程序被放置在桌面上,可以直接双击该应用程序图标。

②可以通过"开始"按钮,在开始菜单的"程序"项中选择要运行的应用程序并单击即可。

③在"我的电脑"或者"资源管理器"中直接双击应用程序图标或与之相关联的文档图标即可。

④使用"开始"菜单中的"运行"命令启动应用程序。具体方法是:单击"开始"菜单中的"运行"命令,在打开的"运行"对话框的输入框中直接输入要运行的应用程序文件名,或者通过"运行"对话框中的"浏览"按钮寻找要运行的应用程序,然后单击"确定"按钮即可。

(2)应用程序的退出

退出应用程序的方法也有多种,常用的方法有以下几种:

①单击应用程序的"文件"菜单,在其下拉菜单中选择"关闭"命令即可。

②单击应用程序窗口右上角的"关闭"按钮。

③通过应用程序窗口的控制菜单,单击控制菜单中的"关闭"命令。

④通过按"Alt＋F4"组合键退出应用程序。

⑤当某个应用程序不再响应用户的操作时,可以按"Ctrl＋Alt＋Del"组合键,这时屏幕上会显示如图 2－8 所示的"Windows 任务管理器"对话框。它显示了正在运行的所有应用程序清单,用户只要选择想要关闭的应用程序,然后单击"任务管理器"对话框上的"结束任务"按钮就可以退出该应用程序。

图 2－8　"Windows 任务管理器"对话框

2.3.8　快捷方式的创建和使用

快捷方式提供了一种简便的工作捷径。一个快捷方式实际上是一个扩展名为".LINK"的文件,它与 Windows XP 系统中的某个对象相关联。每一个快捷方式用一个左下角带有弧形箭头的图标表示,该图标称之为快捷方式图标,它与普通图标的区别是:快捷方式图标是一个连接对象的图标,它不是这个对象本身,而是指向这个对象的链接。当快捷方式图标被删除时,只是删除了快捷方式图标而不会删除它所指向的对象。如果删除了一个普通图标,则该图标和程序(或文档)就一起被删除了。

用户可以为任何一个对象创建快捷方式,并且可以在桌面、文件夹或"开始"菜单中为一个程序文件、文档、文件夹、控制面板、打印机或磁盘创建快捷方式。

(1)创建桌面快捷方式

在桌面上创建一个程序、文件或文件夹的快捷方式有两种常用的方法:

①在桌面的空白处单击鼠标右键,在弹出的快捷菜单中选择"新建",在"新建"项的下级子菜单中选择"快捷方式",弹出如图 2-9 所示的"创建快捷方式"对话框,然后在该对话框的文本框中输入程序、文件或文件夹的文件名(包括存储的完整路径),若不知道程序、文件或文件夹的存储位置,可以单击对话框中的"浏览"按钮进行查找,最后单击"下一步"→"完成"按钮,此时桌面上就会出现该程序、文件或文件夹的快捷方式图标了。

图 2-9　"创建快捷方式"对话框

②用鼠标拖放的方法。按住"Ctrl+Shift"不放,然后用鼠标将程序、文件或文件夹拖曳到桌面上,先松开鼠标,再松开"Ctrl+Shift"。或者先按住 Ctrl 键,将鼠标指针移到程序、文件或文件夹上,再按住鼠标右键将程序、文件或文件夹拖曳到桌面上,松开鼠标右键,在弹出的快捷菜单中选择"在当前位置创建快捷方式"命令,就可以在桌面上创建该程序、文件或文件夹的快捷方式了。

(2)更改快捷方式图标

虽然 Windows XP 系统提供了快捷方式的图标,但用户也通过使用另外一种图标来自定义快捷方式图标,具体方法如下:

在创建的快捷方式图标上单击鼠标右键,在弹出的快捷菜单中选择"属性"命令,在弹出的"属性"对话框(如图 2-10 所示)中选择"快捷方式"标签,再单击"更改图标"按钮,在弹出的"更改图标"对话框(如图 2-11 所示)的"当前图标"列表框中选择一种图标,然后单击"确定"按钮即可。

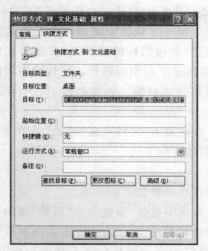

图 2-10　快捷方式的"属性"对话框

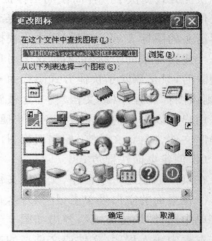

图 2-11　快捷方式的"更改图标"对话框

注意:快捷方式图标可以用这种方法更改,但普通图标不能用此方法,因为在普通图标上单击右键,再单击"属性"后,在弹出的"属性"对话框中没有"更改图标"按钮。

2.3.9　"开始"菜单的使用

(1)"开始"菜单

一般情况下,用户使用 Windows XP 都是从"开始"菜单开始的。从"开始"菜单中用户可以运行应用程序、打开文档、更改计算机的设置、查找文件、寻求帮助以及关闭计算机等。用鼠标单击任务栏左端的"开始"按钮,或者按 Ctrl+Esc 组合键,或者按键盘上空格键两边"Ctrl"和"Alt"之间的显示"开始"菜单的 Windows 键就可以打开"开始"菜单。以下介绍"开始"菜单中各菜单项,如图 2-12 所示。

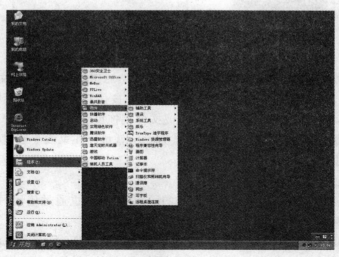

图 2-12　"开始"菜单中的各菜单项

①程序　此菜单项列出了安装在计算机上的应用程序以及程序项目的级联菜单。

②文档　使用此选项来选择一个最近打开过的文档,这个列表项最多可以显示 15 个文档名。

③设置　设置菜单提供了对控制面板、网络和拨号连接、打印机以及任务栏和开始菜单的访问。

④搜索　此项目将打开包含了几个不同搜索选项的子菜单,通过它可以查找一个特定的文件、一台计算机、甚至是因特网上的某个人。

⑤帮助和支持　选中它将提供 Windows XP 的帮助信息。

⑥运行　单击它将打开一个对话框,在对话框的文本框中输入应用程序的路径和文件名就可以启动该应用程序。

⑦关闭系统　当需要退出 Windows XP 系统时,单击它就可以执行 Windows XP 的正常关闭。

⑧注销　当需要切换用户时,或进行内存释放时,单击它就可以切换用户或释放内存。

(2)在"开始"菜单中添加菜单项

用户可以向"开始"菜单中添加其他的菜单项,具体操作方法如下:

方法一:①选择"开始→设置→任务栏和开始菜单"命令,将弹出"任务栏和开始菜单"的对话框(如图 2 - 13 所示),选择"开始菜单"标签。

②选择"经典开始菜单"单选按钮,单击"自定义"按钮。

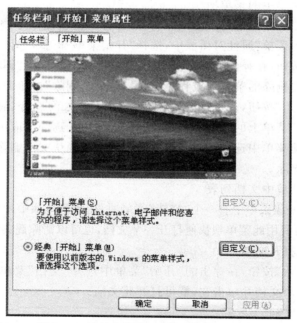

图 2 - 13　"任务栏和开始菜单"属性对话框

③在弹出的对话框中单击"添加"按钮,打开"创建快捷方式"对话框,在"请输入项目的位置"文本框中输入对象的位置和名称,或者通过"浏览"按钮选定对象。

④单击"下一步"按钮,弹出"选定程序文件夹"对话框(如图 2 - 14 所示),在这里可以确定快捷方式放置的位置,例如,选定"程序",则快捷方式就会放置在"程序"中。

图 2-14　"选定程序文件夹"对话框

⑤单击"下一步"按钮,为创建的快捷方式起一个名字。

⑥最后单击"完成"按钮即可。

注:若将快捷方式创建在"程序"项中的"启动"组中,则启动 Windows XP 时就会自动运行该快捷方式指向的程序。

方法二:将任一个文件、文件夹或应用程序直接用鼠标拖曳到"开始"按钮上,在"开始"菜单(一级菜单)中就会出现对应的菜单项。

(3)删除"开始"菜单中的菜单项

方法一:在任务栏上的空白处单击鼠标右键,在弹出的快捷菜单中选择"属性"命令,在弹出的"任务栏和开始菜单"属性对话框中,选择"开始菜单"标签,选择"经典开始菜单"单选按钮,单击"自定义"按钮,在弹出的对话框中单击"删除"按钮,弹出"删除快捷方式/文件夹"对话框,在其中选定要删除的菜单项或程序组,最后单击"删除"按钮即可。

方法二:单击"开始"按钮,选择"设置→任务栏和开始菜单"命令,后面操作同方法一。

方法三:在"开始"菜单上的菜单项上(包括级联菜单)任选一个应用程序或文件,单击鼠标右键,在弹出的快捷菜单中选择"删除"命令,在弹出的"确认文件删除"对话框中单击"是"按钮,此菜单项即被删除。

(4)使用"开始"菜单中文档列表

在"开始"菜单的一级菜单中有一个"文档"菜单项,在此菜单项中列出了最近访问过的最多 15 个文档。用户可利用此菜单项快速打开一个文档,也可以清除此菜单项中的所有文档。

①从文档列表中打开文档

方法是:单击"开始"按钮,在弹出的"开始"菜单中选择"文档"菜单项,在其下级子菜单(文档列表)中选择一个文档并单击它,就可打开此文档。

②从列表中删除文档

方法是:在任务栏的空白处单击鼠标右键,在弹出的快捷菜单中选择"属性"命令,再在弹出的"任务栏和开始菜单"属性对话框中选择"开始菜单"标签,选择"经典开始菜单"单选按钮,单击"自定义"按钮,在弹出的对话框中单击"清除按钮",即可将文档列表中的所有文档全部删除。或者单击"开始"按钮,选择"设置→任务栏和开始菜单",弹出"任务栏和开始菜单属性"对话框,重复以上步骤,也可删除文档列表中的所有文档。

2.3.10　Windows XP 的帮助系统

Windows XP 提供了功能强大的帮助系统,用户可以通过它获得任何项目的帮助信息。

(1)通过"开始"菜单中的"帮助和支持"命令获得帮助信息。

单击"开始"按钮,在弹出的"开始"菜单中选择"帮助和支持"命令,屏幕上出现如图 2 - 15 所示的 Windows XP 的帮助窗口,通过"设置搜索选项"、"选择一个帮助主题"等功能可以获得关于 Windows XP 系统的任何帮助信息。

图 2 - 15　Windows XP 帮助系统窗口

(2)从对话框获取帮助

Windows XP 有些对话框的标题栏上有一个称为"这是为什么"的"?"图标。通过这个图标可以直接获得帮助信息。操作步骤是:单击对话框右上角的"?"图标,再单击要了解的项目就可以获得此项目的帮助信息。

(3)通过应用程序的"帮助"菜单获取帮助信息

Windows XP 应用程序窗口一般都有"帮助"菜单,利用此菜单可以获得有关该应用程序的帮助信息。

2.4　Windows XP 的文件管理

"Windows 资源管理器"和"我的电脑"是 Windows XP 提供的用于管理文件和文件夹的两个应用程序,利用它们可以显示文件夹的结构和文件的详细信息、启动应用程序、打开文件、查找文件、复制文件以及直接访问 Internet 等等。用户可以根据自己的习惯和要求来选择这两种工具中的一种。本节将介绍文件和文件夹的概念以及"Windows 资源管理器"的使用。

2.4.1　文件和文件夹的概念

　　文件在计算机系统中有其特定的含义,它是指记录在存储介质上的一组相关信息的集合,它可以是程序、数据或其他信息。每个文件都有自己唯一的名字,计算机系统是按文件名进行存取的。一个磁盘上通常有大量的文件,Windows XP 将它们分门别类地组织在文件夹中,即 Windows XP 采用树型结构以文件夹的形式组织和管理文件。文件夹相当于DOS 中的目录。

　　Windows XP 系统支持长文件名,用户可以使用最长达 255 个字符的文件名或文件夹名,其中还可以包含空格。

　　中文 Windows XP 系统中,文件和文件夹的命名约定如下:

　　(1)支持长文件名,最多可以使用 255 个字符(包含空格)。但不推荐使用很长的文件名,因为大多数程序不能解释很长的文件名。

　　(2)不能出现以下字符:\　/　:　　　?　"　<　>　|

　　(3)不区分英文字母的大小写。例如 student. txt 和 STUDENT. TXT 表示同一个文件。

　　(4)可以使用汉字作为文件名。

　　(5)查找和显示时可以使用通配符"＊"和"?"。

　　(6)一般情况下,每个文件都有文件扩展名,通常由三个字符组成,与文件主名之间用"."隔开。文件扩展名是用来标识文件类型的。

2.4.2　Windows XP 的"资源管理器"窗口

　　启动 Windows XP 的"资源管理器"有两种方法:

　　方法一:单击"开始"按钮,在弹出的"开始"菜单中选择"程序"菜单项,在其下级子菜单中选择"附件"子菜单项,再在"附件"的下级子菜单中单击"Windows 资源管理器"命令。

　　方法二:用鼠标右键单击"开始"按钮,在弹出的快捷菜单中单击"Windows 资源管理器"。

　　启动"Windows 资源管理器"后,出现的窗口如图 2-16 所示。

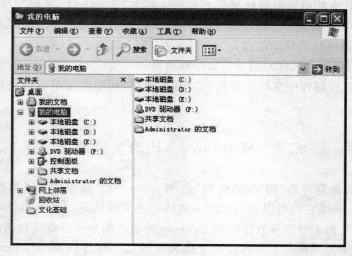

图 2-16　"Windows 资源管理器"窗口

"Windows 资源管理器"窗口上部是标题栏、菜单栏、工具栏和地址栏,中部分为左右两个区域:左窗格和右窗格。左窗格中有一棵树状结构的文件夹树,它显示出计算机中的所有资源及其组织结构,最上方是"桌面"图标,计算机中的所有资源都组织在这个图标上,也就是说,从桌面开始可以访问任何一个文件。右窗格中显示的是左窗格中选定的对象所包含的内容。左窗格和右窗格之间是一个分隔条,用鼠标拖曳分隔条可以改变左、右窗格的大小。窗口最底部是状态栏。

(1)显示或隐藏工具栏

工具栏是 Windows XP 系统提供给用户进行操作的一种简便快捷的途径,其中的命令按钮在菜单栏的相应菜单中都有等效的命令。用户可以通过单击菜单栏中的"查看"菜单,在其下拉菜单中选择"工具栏"菜单项,弹出如图 2 - 17 的下级子菜单。在这个子菜单中通常有"标准按钮"、"地址栏"、"链接"等选项。若将相应选项前的"√"去掉,则该选项的工具栏将被隐藏,若再次用鼠标单击该选项,该选项前又会出现"√",则该选项的工具栏又将显示。

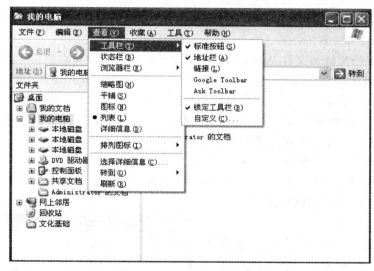

图 2 - 17　"工具栏"子菜单

(2)浏览文件夹中的内容

当用户在左窗格中选定一个文件夹时,右窗格中就会显示该文件夹中所包含的所有文件和子文件夹。如果一个文件夹包含有下级子文件夹,则在左窗格中该文件夹的左边就会有方框,其中包含一个加号"＋"或减号"－"。

当单击带有加号"＋"的方框时,就会展开该文件夹,并且加号"＋"变成了减号"－"号。展开后若再次单击带有减号"－"号的方框,则文件夹被折叠,并且减号"－"变成了加号"＋"。当然也可以用鼠标双击文件夹图标或文件夹名的方法来展开或折叠文件夹。

在"Windows 资源管理器"中的左窗格选定一个磁盘驱动器或文件夹后,在右窗格中显示的是该磁盘驱动器或文件夹中包含的文件或文件夹,如果包含有子文件夹,可以用鼠标双击该文件夹的图标或文件夹名,将这个文件夹打开,进一步查看其中的内容。

(3)改变文件和文件夹的显示方式

在"Windows 资源管理器"的右窗格中,文件和文件夹的显示方式有:"缩略图"、"平铺"、"图标"、"列表"和"详细信息"。它们的区别如表 2 - 3 所示。

表 2 - 3 　"查看"菜单中显示方式说明

显示方式	含　义
平铺	以大图标的方式显示,并显示文件名、文件类型、大小,也是 Windows XP 默认的浏览方式
图标	以小图标的方式显示,较平铺时的图标小
列表	以单列/多列方式排列小图标
详细信息	显示文件和文件夹的名称、大小、类型、最后修改日期和时间
缩略图	以这种方式显示可以快速浏览文件夹中的多个图像

如果要改变文件和文件夹的显示方式,可以单击"查看"菜单,在弹出的下拉菜单中选择相应的显示方式即可,在选中的显示方式前会出现一个圆点"●",也可以通过标准工具栏中的"查看"按钮来实现。

(4)排列文件和文件夹图标

用户可以根据文件和文件夹的名称、类型、大小或修改日期对右窗格中的文件和文件夹进行排序,具体的操作方法如下:单击菜单栏中的"查看"菜单,在弹出的下拉菜单中选择"排列图标"菜单项,然后单击其下级子菜单中的"按名称"、"按类型"、"按大小"、"按修改时间"命令中的一种,则右窗格的文件和文件夹就会按选中的排列方式进行排序。如果在"查看"菜单下"排列图标"子菜单中选定了"自动排列"命令,则移动图标后,系统自动以行、列对齐方式逐行逐列连续地显示图标。

当使用"详细资料"方式显示文件和文件夹时,用户可以直接单击右窗格中某一列的名称,就可以根据这一列的类型进行排序。

(5)修改其他查看选项

用户可以通过菜单栏上"工具"菜单中的"文件夹选项"命令来设置文件和文件夹的其他查看方式,如图 2 - 18 所示。例如,是否显示所有的文件和文件夹;是隐藏还是显示已知文件类型的扩展名;是否在标题栏显示完整路径;在同一个窗口打开一个文件夹还是在不同的窗口中打开文件夹等等。

2.4.3 文件和文件夹的管理

管理文件和文件夹是"Windows 资源管理器"的主要功能,用户可以在"Windows 资源管理器"中进行选定对象、复制、移动、删除、创建新的文件夹、更改文件和文件夹名称等操作。

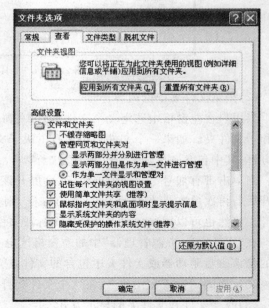

图 2 - 18 　"文件夹选项"对话框

（1）选定对象

选定对象是 Windows XP 中最基本的操作。只有在选定对象后，才可以对它们执行进一步的操作。例如，要删除一个文件，用户必须先选定所要删除的文件，然后才能进行"删除"操作。

①选定单个对象

操作方法很简单，只要用鼠标指针单击所要选定的对象即可。

②选定多个连续的对象

方法一：用鼠标指针单击第一个对象，然后按住 Shift 键不放，再单击最后一个对象。

方法二：用键盘上的向上或向下的方向键将光条移动到第一个对象上，然后按住 Shift 键不放，再移动光条到最后一个对象上。

③选定多个不连续的对象

用鼠标指针单击所要选定的第一个对象，然后按住 Ctrl 键不放，再单击其他所要选定的每一个对象。

（2）复制文件或文件夹

方法一：选定所要复制的文件或文件夹，选择菜单栏中的"编辑"→"复制"命令，或者单击工具栏上"复制"按钮，或者按 Ctrl＋C 组合键，再打开目标盘或目标文件夹，选择"编辑"→"粘贴"命令，或者单击工具上的"粘贴"按钮，或者按 Ctrl＋V 组合键即可。

方法二：按住 Ctrl 键不放，用鼠标将选定的文件或文件夹拖曳到目标盘或目标文件夹中即可。若在不同的驱动器之间进行复制，只要用鼠标将选定的文件或文件夹拖曳到目标盘或目标文件夹中即可，而不必按住 Ctrl 键。

（3）移动文件或文件夹

方法一：选定所要移动的文件或文件夹，选择菜单栏中的"编辑"→"剪切"命令，或者单击工具栏上"剪切"按钮，或者按 Ctrl＋X 组合键，再打开目标盘或目标文件夹，选择"编辑"→"粘贴"命令，或者单击工具上的"粘贴"命令，或者按 Ctrl＋V 组合键即可。

方法二：按住 Shift 键不放，用鼠标将选定的文件或文件夹拖曳到目标盘或目标文件夹中即可。若在同一驱动器中进行移动，只要用鼠标将选定的文件或文件夹拖曳到目标盘或目标文件中即可，而不必使用 Shift 键。

（4）删除文件或文件夹

方法一：首先选定要删除的文件或文件夹，然后单击菜单栏中的"文件"菜单，在其下拉菜单中选择"删除"命令，这时会弹出如图 2－19 的对话框，询问是否要将选定的文件或文件夹删除并将所有内容放入回收站。若选"是"，则将选定的文件或文件夹删除，并将所有内容放入回收站中，若选"否"，则不删除。

方法二：首先选定要删除的文件或文件夹，然后按键盘上的"Delete"键，也会弹出如图 2-19所示的对话框，根据对话框提示确定是否删除文件或文件夹。

方法三：用鼠标直接将要删除的文件或文件夹拖曳到"回收站"中，则可直接将文件或文件夹删除，并放入"回收站"中，而不会弹出如图 2-19 所示的对话框。

如果删除文件或文件夹时按住 Shift 键，则文件或文件夹将从计算机中删除，而不保存到"回收站"中。

如果想恢复刚刚删除的文件或文件夹，可以选择"编辑"菜单中的"撤消删除"命令，或者到"回收站"中将删除的文件或文件夹"还原"。

图 2-19　"确认文件删除"对话框

（5）发送文件或文件夹

在 Windows XP 中，用户可以直接将文件或文件夹发送到移动存储设备，"我的文档"或"邮件接收者"等地方。

发送文件或文件夹的方法是：选定要发送的文件或文件夹，然后选择菜单栏中"文件"→"发送到"命令，或者单击鼠标右键，在弹出的快捷菜单中选择"发送到"命令，最后选择发送目标即可。

"发送到"子菜单中的各命令中如表 2-4 所示，若发送到同一个磁盘上，则发送操作等同于建立快捷方式，若发送到不同的磁盘上，则发送操作等同于复制操作。

表 2-4　"发送到"子菜单

命　令	功　能
3.5 英寸软盘（A）	发送到软盘（A 盘）中
我的文档	发送到"我的文档"
邮件接收者	作为电子邮件的附件发送
桌面快捷方式	在桌面上建立快捷方式

（6）创建新的文件夹

在左窗格中选定新文件夹所在的文件夹，选择"文件"菜单中的"新建"→"文件夹"命令，在右窗格中就会出现带临时名称"新建文件夹"的文件夹，键入新文件夹的名称，按 Enter 键或者用鼠标单击其他任何地方即可。

也可以用鼠标右击右窗格中的空白处，在弹出的快捷菜单中选择"新建"→"文件夹"命令。

（7）更改文件或文件夹的名称

更改文件或文件夹的名称的操作方法是：选定要更改名称的文件或文件夹，然后选择"文件"菜单中的"重命名"命令，或者是单击鼠标右键，在弹出的快捷菜单中选择"重命名"命令，再键入新的名称，按 Enter 键即可。

（8）查看或修改文件或文件夹的属性

在 Windows XP 中，用户可以方便地查看文件或文件夹的属性，并对它们进行修改。具体的操作方法如下：

①选定要查看或修改的文件或文件夹。

②选择"文件"菜单中的"属性"命令，或者是单击鼠标右键，在弹出的快捷菜单中选择

"属性"命令,这时会弹出如图 2 - 20 所示的对话框。

　　③在对话框中,用户可以查看或修改该文件或文件夹的属性。

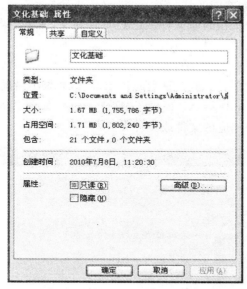

图 2 - 20　"文件属性"对话框

　　文件或文件夹的属性通常有三种:"只读"、"隐藏"和"存档"。注:"存档"属性要单击"高级"按钮,选择取消选择"可以存档"复选框,它们的含义如表 2 - 5 所示。

表 2 - 5　文件或文件夹属性列表

属　性	含　　义
只　读	表示该文件或文件夹只允许"读",不允许修改。
隐　藏	表示该文件或文件夹在"Windows 资源管理器"中不显示出来。
存　档	表示该文件或文件夹既可以"读",也可以修改,一般可作为备份标志。

　　(9)恢复被删除的文件或文件夹

　　当用户在进行文件或文件夹操作时,难免会由于误操作而将有用的文件或文件夹删除。当遇到这种情况时,用户也不必惊慌失措,Windows XP 系统提供了"回收站"(前面已介绍过它)。借助于"回收站",用户可以将被删除的文件或文件夹恢复。

　　当一个文件或文件夹刚刚被删除后,如果还没有进行其他的操作,可以使用"编辑"菜单中的"撤消删除"命令进行恢复,然后按 F5 功能键刷新"Windows 资源管理器"窗口。若进行了其他的操作,则必须通过"回收站"进行恢复。

　　使用"回收站"恢复文件或文件夹的操作方法如下:在桌面上打开"回收站",选择要恢复的文件或文件夹,再选择"回收站"窗口上"文件"菜单中的"还原"命令,或者是在选定的文件或文件夹上单击鼠标右键,在弹出的快捷菜单中选择"还原"命令。

　　注意:

　　①有三类文件被删除后是不能被恢复的,因为它们被删除后并没有被放入"回收站"中:

◆可移动磁盘(软盘)上的文件；

◆网络上的文件；

◆在 DOS 方式下被删除的文件。

②如果被恢复的文件所在的原文件夹已经不存在了，Windows 将重建该文件夹，然后将文件恢复过去。

(10)查找文件或文件夹

计算机中的文件或文件夹分散在磁盘的各个地方，如果不借助于相应的工具，很难找到相应的文件或文件夹。Windows XP 提供了"搜索"程序(如图 2-21 所示)，可以帮助用户很容易地在计算机中找到相应的文件或文件夹。

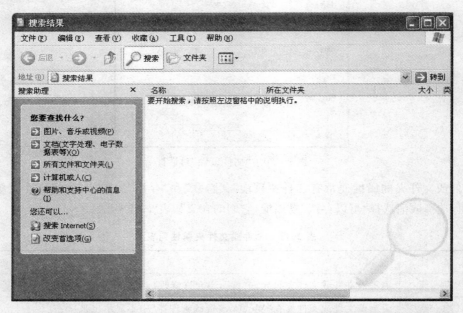

图 2-21　"搜索结果"对话框

①执行"搜索"程序

单击"开始"按钮,在弹出的"开始"菜单中选择"搜索"菜单项。单击选项,例如"所有文件和文件夹",如图 2-21 所示。

②设置文件查找条件

在"搜索"程序窗口中,用户设置以下查找条件,如图 2-21 所示:

◆"全部或部分文件名"文本框:指定要查找的文件或文件夹的名称。用户可以使用通配符"?"和" * ",例如:" * . doc"、"文档?. txt"等。如果要指定多个文件名,则可以使用分号、逗号或空格作为分隔符,例如:" * . doc, * . txt, * . xls"等。

◆"在这里寻找"下拉列表框:指定文件查找的位置。

◆"文件中的一个字或词组"文本框:输入文件包含的文字,缩小搜索范围。

③执行文件查找

设置了查找条件后,选择"立即搜索"命令按钮,Windows 就会立即执行搜索操作。搜索结束后,在"搜索结果"窗口右边就会显示查找的结果。如图 2-21 所示。

搜索结束后,用户不必切换到"Windows 资源管理器"窗口,可以直接在"搜索结果"窗口处理搜索结果,例如:可以用鼠标双击某一个文件,则会打开该文件等。

(11)磁盘格式化

新的磁盘在使用之前必须进行格式化。磁盘格式化是用来创建电子标记的过程,这些电子标记能使磁盘驱动器在磁盘上正确位置进行书写。当磁盘被格式化后,原来存放的信息都被删除,因此,在对磁盘进行格式化时必须格外慎重。

格式化磁盘的操作步骤如下:

①在磁盘驱动器中插入要格式化的磁盘。

②在"我的电脑"选定要格式化的磁盘(例如,3.5 软盘)。

③选择"文件"→"格式化"命令。或者在"Windows 资源管理器"左窗格中,选定要格式化的磁盘(例如,3.5 软盘),单击"文件"菜单,其下拉菜单中选择"3.5 英寸软盘"→"格式化"命令,打开如图 2-22 所示的对话框。

下面介绍"格式化"对话框中各选项的含义。

◆容量:只有格式化软盘时才能选择磁盘的容量。

◆文件系统:文件系统是指文件命名、存储和组织的总体结构。Windows XP 支持三种文件系统:FAT、FAT32 和 NTFS。只有软盘支持 FAT 文件系统。一般情况下,硬盘如果不需要双系统引导配置(即同一台计算机中既使用 Windows XP,又使用其他操作系统),则最好使用 NTFS 文件系统,因为它不仅具有 FAT 和 FAT32 的所有基本功能,而且还具有更好的文件安全性、更大的磁盘压缩、支持大磁盘(最大可达 2TB)等优点。

◆分配单元大小:文件占用磁盘空间的基本单位。只有当文件系统采用 NTFS 时才可以选择,否则只能使用缺省值。

图 2-22　"格式化"对话框

◆卷标：为该磁盘起的名称。

如果选定"快速格式化"复选框，则仅仅删除磁盘上的文件和文件夹，而不检查磁盘的损坏情况。快速格式化只适用于曾经格式化过的磁盘并且磁盘没有损坏的情况。

2.5 Windows XP 的控制面板

控制面板是用来对系统进行设置的一个工具集，用户可以根据自己的喜好更改显示器、键盘、鼠标器或桌面等软硬件的设置，以便更有效地使用计算机。

启动控制面板的方法很多，最常用的有下列三种方法：

（1）单击"开始"按钮，在弹出的"开始"中选择"设置"菜单下的"控制面板"命令。

（2）打开"我的电脑"窗口，用鼠标单击窗口左侧"控制面板"或在地址栏中选择控制面板命令。

（3）打开"Windows 资源管理器"窗口，在其左窗格中单击控制面板图标。

控制面板启动后，出现如图 2-23 所示的窗口。

图 2-23 "控制面板"窗口

2.5.1 设置显示器属性

在控制面板中用鼠标双击"显示"图标，打开如图 2-24 所示的"显示属性"对话框，桌面的大多数显示特性都可以通过该对话框来进行设置。

（1）设置桌面背景

Windows XP 系统默认的桌面背景有一些千篇一律的感觉，用户可以进行重新设置。

具体的操作方法如下：

①在桌面的空白处单击鼠标右键，在弹出的快捷菜单中选择"属性"命令，或者在控制面板中双击"显示"图标，弹出如图 2-24 所示的对话框。

　　②在弹出的"显示属性"对话框中选择"桌面"选项标签,然后在"背景"下拉列表框中选择一种背景图片作为墙纸。用户也可以通过对话框中的"浏览"命令按钮选择另外的背景图片作为墙纸。如果背景图片的位置为"居中",可以单击"位置"下拉列表框,选择一种图案填充方式。

　　③最后单击"确定"按钮。

　　(2)设置屏幕保护程序

　　屏幕保护程序是用户在一段指定的时间内没有使用计算机时,屏幕上出现的移动的位图或图片。使用屏幕保护程序可以减少屏幕的损耗并保障系统安全。另外用户还可以为屏幕保护程序设置密码,从而保证只有用户本人才能恢复屏幕的内容。具体操作方法如下:

　　①在"显示属性"对话框中选择"屏幕保护程序"选项标签,如图 2-25 所示。

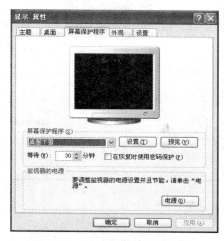

　　　　图 2-24　"显示属性"对话框　　　　　　　　图 2-25　"屏幕保护程序"标签

　　②在"屏幕保护程序"下拉列表框中选择一个"屏幕保护程序"。如果要优化屏幕保护程序,可以单击"设置"按钮。如果想查看屏幕保护程序的效果,可以单击"预览"按钮。

　　③设置屏幕保护程序的其他选项。如果要设置密码保护,用户可以选中"在恢复时使用密码保护"复选框,密码为 Windows XP 用户的登陆密码。用户还可以设置"等待时间",指定用户在未使用计算机达到等待时间后,启动屏幕保护程序。

　　④最后单击"确定"按钮。

　　(3)修改桌面显示效果

　　在"显示属性"对话框中选择"桌面"标签,单击"自定义桌面",弹出"桌面项目"对话框,如图 2-26 所示。在该对话框中,可以更改桌面的图标及视觉效果。更改桌面图标的操作步骤如下:

　　①在"桌面图标"列表框中选择桌面上已有的图标(例如"我的电脑"图标)。

　　②单击"更改图标"命令按钮,在弹出的"更改图标"对话框的图标列表框中选择一种自己喜爱的图标,如图 2-27 所示。

　　③单击"确定"按钮。

　　在"桌面"标签对话框中还可以设置桌面背景,在"背景"列表框中可以选定不同的背景图案。

（4）设置显示器的分辨率和颜色数

在"显示属性"对话框中选择"设置"标签，如图 2-28 所示。通过此标签可以设置显示器的一些基本性能，其中分辨率和颜色数的设置依据显示适配器类型的不同而有所不同。

在"设置"标签中，用鼠标拖动"屏幕分辨率"标签上的滑块可以改变显示器的分辨率。显示器的分辨率通常有三种选择：800×600、1024×768、1600×1200。通常选择 800×600、1024×768 或更高。

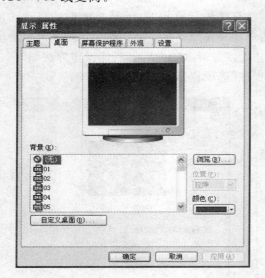

图 2-26　"桌面项目"对话框

图 2-27　"更改图标"对话框　　　　　　　图 2-28　"设置"标签

在"颜色质量"下拉列表框中选择一种颜色数，可以设置显示器的颜色数。中文 Windows XP 要求显示器至少有 16 种以上颜色。颜色数通常有四种选择：16 种、256 色、增强色（16 位）和真彩色（32 位），颜色数越多，图片显示越真实。一般情况下，颜色数选择最高 32 位。

2.5.2　设置键盘和鼠标的属性

（1）设置键盘属性

控制面板向用户提供了设置键盘的工具。只要双击控制面板中的"键盘"图标,在弹出的"键盘属性"对话框中就可以对键盘进行设置了,如图 2 - 29 所示,"键盘属性"对话框有以下 2 个标签项。

图 2 - 29　"键盘属性"对话框

①"速度"标签:用于设置按键时出现字符重复的延缓时间,重复速度和光标闪烁速度。

②"硬件"标签:用于设置键盘的有关硬件属性,如图 2 - 30 所示。

图 2 - 30　"硬件"标签

（2）设置鼠标属性

在 Windows 系统中，鼠标是一种极其重要的输入设备，鼠标性能的好坏直接影响到工作效率，控制面板提供了设置鼠标属性的工具。

在"控制面板"窗口中双击"鼠标"图标，弹出如图 2-31 所示的"鼠标属性"对话框，该对话框中含有以下五个标签项可以对鼠标进行设置：

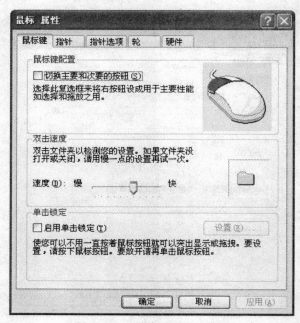

图 2-31　"鼠标属性"对话框

①"鼠标键"标签：用于选择左手型鼠标或右手型鼠标以及调整鼠标的双击速度。当选择了"切换主要和次要的按钮"复选框时，鼠标的左、右按键的功能将被交换。

②"指针"标签：用于改变鼠标指针的方案和自定义样式。

③"指针选项"标签：用于设置鼠标的移动速度和可见性等属性设置。

④"轮"标签：用于设置滚轮滚动的一个窗格的移动范围。

⑤"硬件"标签：用于设置鼠标的有关硬件属性。

2.5.3　安装和设置打印机

Windows XP 的打印特性有了较大提高，有了"添加打印机"向导，使用户可以更方便而迅速地安装新的打印机。

（1）安装打印机

在安装打印机开始之前，应确认打印机与计算机正确连接，同时应了解打印机的生产厂商和型号。如果要通过网络使用共享打印机，应先确认打印机的安装路径。打印机的安装步骤如下：

①双击"控制面板"窗口中的"打印机和传真"图标，或者单击"开始"按钮，在弹出的"开始"菜单中选择"设置"选项，再在其下级子菜单中选择"打印机和传真"命令。弹出如图 2-32 所示的"打印机和传真"窗口。

②在"打印机和传真"窗口中单击"添加打印机"命令,弹出"添加打印机向导"对话框,如图2－33所示。

图 2－32　"打印机和传真"窗口

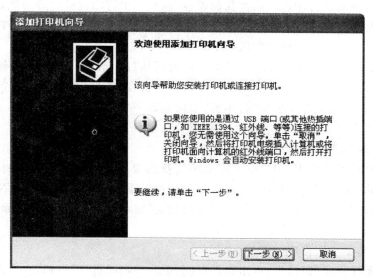

图 2－33　"添加打印机向导"对话框

③根据安装向导的提示,单击"下一步"按钮,在弹出的对话框中安装向导会提问用户是安装一个"连接到此计算机的本地打印机"(连在自己计算机上的打印机)还是"网络打印机或连接到其他计算机的打印机"(在网络上与别人共享的打印机)。用户根据情况选择一种,一般情况下选择"本地打印机"。

④安装向导提示用户选择打印机所用的端口,一般选择 LPT1,再单击"下一步"按钮。

⑤系统弹出另一个对话框,让用户选择所要安装的打印机的生产厂商和打印机型号。

如果此时能找到需要安装的打印机的生产厂商和打印机型号,选择后单击"下一步"按钮。否则要把打印机厂商提供的驱动程序(或软盘)放入相应的驱动器中,然后单击"从软盘安装"按钮。

⑥安装向导提示用户确定是否将此打印机设置为默认打印机,一旦将打印机设置为默认打印机,以后计算机发出的所有打印命令,系统都将缺省从该打印机输出,设置好后单击"下一步"按钮。

⑦安装向导提示用户是否打印一份测试页,以便确认打印机设置是否正确。选择好后单击"完成"按钮,安装向导开始安装相应驱动程序,安装完后在"打印机"窗口中会出现一个该打印机图标,用户就可使用该打印机了。

(2)查看打印机状态

当打印机正在打印的过程中,用户可以用鼠标右键单击任务栏上的打印机图标查看打印机状态。如果双击这个图标可以打开打印队列窗口,其中包含该打印机的所有打印作业。在打印队列窗口中可以查看打印作业状态和文档所有者等信息。如果要取消或暂停正在打印的文档,就在打印队列窗口中选定该文档,然后用"文档"菜单中的"取消"或"暂停"命令完成操作。如果想取消所有正在打印的文档,可以单击打印队列窗口上"打印机"菜单,在其下拉菜单选择"取消所有文档"命令即可。

(3)设置默认打印机

在 Windows XP 系统中,一台计算机中可以安装多个打印机驱动程序,但当前只有一个打印机能被设置为默认打印机。前面我们说过,当某一个打印机被设置为默认打印机,以后计算机发出的所有打印命令,系统都将缺省从该打印机输出,因此指定默认打印机是项非常重要的工作。设置默认打印机的方法如下:

在"打印机和传真"窗口中,选定想要设置为默认打印机的"打印机"图标,单击鼠标右键,在弹出的快捷菜单中选择"设为默认打印机",或者在"文件"菜单中选择"设为默认打印机"命令。被设置为默认打印机的"打印机"图标上有一个对勾"√"。

2.5.4　添加和删除应用程序

在使用计算机的过程中,用户常常需要添加新的应用程序或删除已有的应用程序。利用控制面板中的"添加或删除程序"应用程序工具可以添加和删除 Windows XP 系统中的其他组件、安装和卸载应用程序等。只要在"控制面板"窗口中双击"添加或删除程序"图标,就会弹出如图 2-34 所示的窗口。

(1)更改或删除应用程序

在"添加/删除程序"窗口中,单击窗口左侧"更改或删除程序"按钮,在右侧"当前安装的程序"下拉列表框中选定一个程序,如图 2-34 所示,此时"更改/删除"按钮被激活,单击此按钮,然后按照所要删除的程序的提示执行,就可以将该程序彻底删除。

如果在"添加/删除程序"窗口的右侧下拉列表框中找不到要删除的应用程序,则应检查该程序所在的文件夹,查看文件夹中是否有 Uninstall.exe 等卸载程序。如果有,可以直接双击该程序,卸载应用程序。但删除应用程序最好不要直接打开该应用程序所在的文件夹,然后通过彻底删除其中文件的方式来删除某个应用程序。因为一方面不可能删除彻底,有时 DLL 文件安装在 Windows 目录中,另一方面很可能会删除其他程序也需要的 DLL 文件，导致破坏其他依赖这些 DLL 文件的程序。

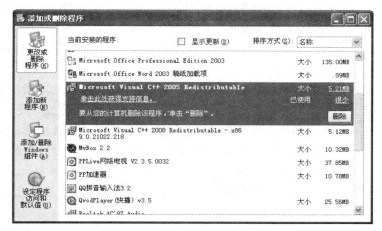

图 2 - 34　"添加或删除程序"窗口

（2）安装应用程序

安装应用程序可以简单地从软盘或 CD-ROM（光盘）中运行安装程序，也可以通过控制面板来安装应用程序。操作方法如下：

在"添加/删除程序"窗口中单击"添加新程序"按钮，弹出如图 2 - 35 所示的"添加/删除程序"窗口。如果从 CD-ROM（光盘）或软盘添加程序，则选择"光盘或软盘"按钮，Windows 将自动搜索软盘或 CD-ROM（光盘）上的安装程序。如要从 Microsoft 添加程序，则选择"Windows Update"按钮，系统将从 Internet 上添加 Windows 新功能、设备驱动器和系统更新。

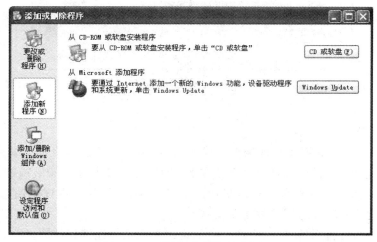

图 2 - 35　"添加或删除程序"窗口

（3）添加/删除 Windows XP 组件

Windows XP 提供了丰富且功能齐全的组件。在安装 Windows XP 的过程中，考虑到用户的需求和其他限制条件（如计算机硬件的配置等），往往没有把组件一次性安装到计算机中。因此在使用过程中，用户根据需要可能要再安装 Windows 中的某些组件。同样，当某些组件不再使用时，可以删除这些组件，以释放磁盘空间。

安装和删除 Windows XP 组件的操作步骤如下：

①在"添加/删除程序"窗口中单击"添加/删除 Windows 组件"按钮，弹出如图 2-36 所示的"Windows 组件向导"对话框。

②在"Windows 组件向导"对话框的"组件"下拉列表框中选定要安装的组件复选框，或者清除掉要删除的组件复选框。

注意：如果复选框中有"√"，并且呈灰色，表示该组件只有部分程序被安装。每个组件包含一个或多个程序，如果要添加或删除一个组件中的部分程序，则先选定该组件，然后单击"详细信息"按钮，在弹出的所选组件的对话框的下拉列表框中选择或清除要添加或删除的程序前的复选框，最后单击"确定"按钮返回"Windows 组件向导"对话框。

③单击"下一步"按钮，根据向导提示完成 Windows 组件的添加或删除。

注意：在添加 Windows XP 组件时，如果 Windows XP 系统最初是从光盘安装的，计算机会提示用户插入 Windows XP 系统盘。

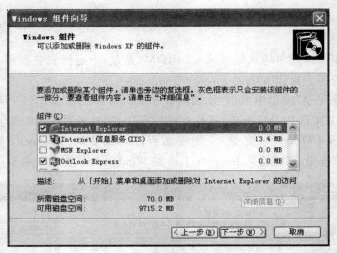

图 2-36 "Windows 组件向导"对话框

2.5.5 添加/删除硬件

Windows XP 系统具有支持即插即用设备，提供了自动检测和自动安装或卸载硬件的功能，同时用户也可以通过控制面板中的"添加/删除硬件"进行手工安装或卸载设备。所谓即插即用（Plug And Play，简称 PnP），是指由 Intel 公司开发的一组规范，它允许计算机自动检测和配置设备并安装适当的设备驱动程序。

对于即插即用设备，只要根据生产厂商的说明将该硬件连接到计算机上，然后打开计算机电源启动计算机，Windows XP 将自动检测到新安装的硬件设备，并去完成其余的工作，包括安装必要的驱动程序、更新系统并分配资源，必要时插入含有相应驱动程序的软盘或 Windows XP 系统光盘即可。

卸载即插即用设备通常不需要使用"添加硬件"向导，只要断开即插即用设备与计算机的连接即可，有时需要重新启动计算机。

非即插即用设备的安装或卸载需要使用"添加硬件"向导，因为 Windows XP 往往检测不到安装在计算机中的这些设备。即使检测到了,Windows XP 常常无法确定具体的类型或者错判类型而自动安装了一个与设备不兼容的驱动程序。为了保证成功安装,在开始安装之前,应用确定计算机的硬件和 Windows XP 是否兼容。

使用"添加/删除硬件"向导安装或卸载硬件的操作方法如下:

(1)在控制面板中双击"添加硬件"图标,在出现的"添加硬件"向导对话框中单击"下一步"按钮,出现如图 2 - 37 所示的"添加硬件向导"对话框。

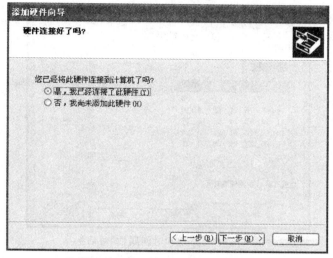

图 2 - 37　"添加硬件向导"对话框

(2)在该对话框中选择"是,我已经连接了此硬件"单选框,单击"下一步"按钮。Windows XP 系统开始对系统中的硬件设备进行自动检测,几分钟后屏幕上会弹出如图 2 - 38 所示的对话框。

(3)根据检测的结果,系统会出现不同的对话框,用户只要按照提示进行操作即可。

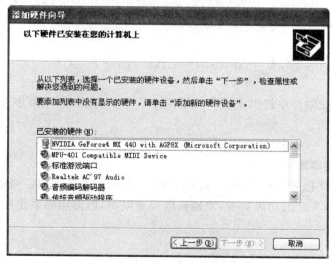

图 2 - 38　"添加硬件向导"对话框

2.5.6　设置系统日期和时间

在 Windows XP 系统中,用户有时需要查看或重新设置系统当前的日期和时间,操作方法如下:

(1)在"控制面板"中,双击"日期和时间"图标,或者双击桌面上的任务栏提示区中的"日期/时间"指示器,都将出现如图 2-39 所示的"日期和时间属性"对话框。

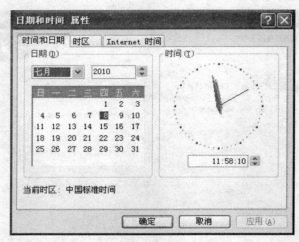

图 2-39　"日期和时间属性"对话框

(2)在"日期和时间属性"对话框中,选择"时间和日期"标签,在该对话框的左侧是日期分组框,在此框中可以设置系统当前的日期。在该对话框的右侧是时间分组框,在此框中可以设置系统当前的时间。

(3)若要更改时区,只要单击"日期和时间属性"对话框中的"时区"标签,在下拉列表框中选择适当的时区即可。

(4)若要自动与 Internet 时间服务器同步,只要单击"Internet 时间"标签,选中"自动与 Internet 时间服务器同步"复选框即可。

2.6　Windows XP 附件的使用

Windows XP 在附件中提供了很多实用的小程序,利用这些小程序往往可以完成一些大型应用软件的功能。

2.6.1　写字板和记事本

写字板是一个文档处理应用程序,可用来建立、编辑和打印文档。而记事本则是一个规模缩小了的写字板,支持的功能更少,文档长度受到限制,但占用的系统资源比较少,使用比较方便。

(1)写字板的使用

单击"开始"按钮,在"开始"菜单中选择"程序"→"附件"→"写字板"命令,即可打开"写字板"应用程序窗口,如图 2-40 所示。

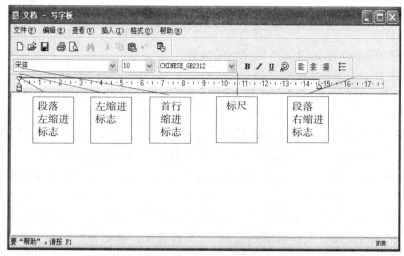

图 2-40　"写字板"应用程序窗口

　　"写字板"应用程序窗口主要由标题栏、菜单栏、工具栏、格式栏、标尺、工作区和状态栏组成。

　　工具栏中从左向右排列分别是"新建"、"打开"、"保存"、"打印"、"打印预览"、"查找"、"剪切"、"复制"、"粘贴"、"撤消"和"日期和时间"命令按钮。除了"日期和时间"命令按钮的作用是在文档中插入系统当前日期和时间外，其他的命令按钮的功能都和 Windows 窗口中相应的命令功能基本相同。这里不再一一详述。

　　格式栏中从左向右各项的含义和功能如下：

　　①字体列表框：框中列出可供用户选择的各种字体。

　　②字体大小列表框：框中列出了供用户选择的字体大小（即字号）。

　　③字体脚本列表框：框中列出有"CHINESE_GB2312"和"西文"两种字符集供用户选择。

　　④粗体（B）、斜体（I）、下划线（U）按钮：这三个按钮用于将选择的或即将键入的文本设置成粗体、斜体或加下划线。

　　⑤颜色按钮：用于显示颜色表，用户使用它可以为选择的或即将键入的文本指定颜色。

　　⑥左对齐、居中、右对齐按钮：用于设置工作区中选定的文本或段落的对齐方式。与"格式"菜单中的"段落"命令等效。

　　⑦项目符号按钮：用于设置选定的文本或段落的项目符号类型，与"格式"菜单中的"项目符号类型"命令等效。

　　标尺位于格式栏的下方，工作区的上方，用于设置段落的缩进方式，调节文本的边界和设置制表符的位置。

　　首行缩进标志位于标尺的左上方，形如一个顶点向下的三角形。拖动它可改变当前段落中首行的缩进距离。

　　左缩进标志位于标尺的左下方，形如一个顶点向上的三角形。拖动它可改变当前段落中除首行外其余各行的缩进距离。

　　段落左缩进标志位于左缩进标志下方，形如一个小矩形。拖动它可同时移动首行缩进标志和左缩进标志，因而也同时改变当前段落的左缩进距离。

段落右缩进标志位于标尺右端,形如一个顶点向上的三角形。拖动它可改变整个当前段落的右缩进距离。

使用"写字板"可以建立以下四种类型的文档:

①Word 文档:可以不经转换直接在 Microsoft Word 中打开和编辑。

②RTF 文档:不经转换即可在多种文字处理应用程序中打开和编辑。

③文本文档:不含任何格式的文档,文件的扩展名为". txt"。

④Unicode 文本文档:可含有多种书面语言形式,例如,希腊语、中文、日文平假名等。

"写字板"还提供了一些简单的文字编辑处理功能,用来快速编辑文档。

①选中文本内容:将光标移到要选中的内容开始处,按住并拖动鼠标左键到要选的内容的结尾处,松开鼠标左键即可。

②删除文本内容:先将要删除的内容选中,然后按 Del 键或者 Backspace 键。

③移动文本内容:先将要移动的内容选中,然后将光标移到选的内容上按住鼠标左键不放,拖动到目标位置后释放。或者单击"编辑"菜单中的"剪切"命令或工具栏上的"剪切"命令按钮,然后将光标移动到要移动的位置,再单击"编辑"菜单中的"粘贴"命令或工具栏上的"粘贴"命令按钮。

④复制文本内容:先将要移动的内容选中,然后将光标移到选的内容上按住 Ctrl 键和鼠标左键不放,拖动到目标位置后,先释放鼠标左键,再释放 Ctrl 键。或者单击"编辑"菜单中的"复制"命令或工具栏上的"复制"命令按钮,然后将光标移动到要移动的位置,再单击"编辑"菜单中的"粘贴"命令或工具栏上的"粘贴"命令按钮。

⑤查找并替换文本内容:使用"编辑"菜单中的"查找"命令和"替换"命令可以在文档中快速查找到相应的文本内容,还可以对查找到的文本内容进行替换。

(2)记事本的使用

记事本是用来编辑小型文本文件的文本编辑器。记事本的窗口如图 2-41 所示。

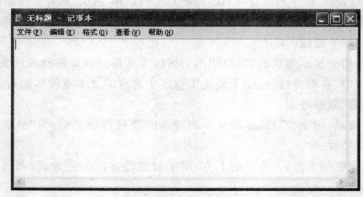

图 2-41 "记事本"应用程序窗口

记事本可以打开扩展名为". TXT"的文本文件。在"记事本"应用程序窗口中只能保留一个打开的文件,若要打开另一个文件,程序会提示用户是否对前一个文件(曾修改过的)进行保存。

记事本的使用方法非常简单,要注意的是,用户可以使用"格式"菜单中的"自动换行"命令,使得用户在"记事本"窗口中的文本内容抵达当前窗口右边界时,文本内容能自动换行。

2.6.2　画图

"画图"程序是 Windows XP 自带的一个功能丰富的绘图应用程序,用于建立以". BMP"、". JPEG"、". GIF"、". TIFF"、". PNG"等作为扩展名的图形文件。"画图"程序的窗口如图 2-42 所示,其中工具箱和颜料盒是主要的绘图工具。

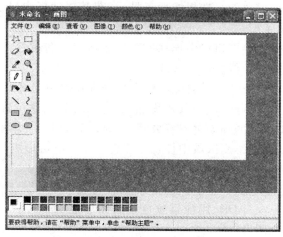

图 2-42　"画图"程序窗口

工具箱中有基本的绘图工具,工具被选中后,呈凹陷状显示,这时鼠标指针有不同的形状。工具箱下部属性框与当前选择的工具相对应,显示工具的属性,在其中可选择其属性。选择某工具后,在绘图区中拖动或单击即可绘图。工具箱中的工具通常分为以下几类:

(1)"任意形状裁剪"工具:用于从当前图形中选出一个拟加工的不规则区域进行加工(如复制、移动或删除)。

(2)"选定"工具:用于选择图形中的矩形区域。

(3)"橡皮/彩色橡皮擦"工具:选择"橡皮/彩色橡皮擦"工具后,按住鼠标左键在绘图区中拖动,等同于橡皮,相当于用图形的背景颜色在"画图"窗口中绘图。

(4)"用颜色填充"工具:它的功能是用绘图的前景颜色填充由单一颜色构成的一个连通区域。单击该工具后,刀鞘指针会变成一个倾斜的桶形图案,然后单击某连通区域,即用绘图的前景颜色填充该区域。

(5)"取色"工具:与"用颜色填充"工具类似。单击该工具后,再在绘图区窗口中任意位置单击鼠标,即获得该位置的颜色,此时鼠标指针变为"用颜色填充"形态,再用这样的鼠标指针单击另外的连通区域,即用获得的颜色填充该区域。

(6)"放大镜"工具:选中该工具后,在其属性框中显示放大倍数,共有 4 种放大倍数,即1、2、6、8 倍。用"放大镜"放大的是观看图形的比例,并非实际图形本身。

(7)"铅笔"工具:选中该工具后,鼠标指针变为铅笔形状,此时拖动鼠标即可用前景颜色绘制任意形状的曲线。

(8)"刷子"工具:选中该工具后,在其属性框中显示 12 种刷形。此时鼠标指针变为刷子形状,若在绘图区中拖动,犹如用排笔绘图。

(9)"喷枪"工具:选中该工具后,其属性框中显示喷枪喷洒范围的大小,共有 3 种大小。

此时鼠标指针变为喷雾器状,在绘图区中拖动鼠标则形成斑点轨迹,在绘图区中单击鼠标,则可留下斑点痕迹。拖动的速度越慢,斑点越稠密;拖动的速度越快,斑点越稀疏。

(10)"文字"工具:用于在绘图窗口中加入文本,只能在正常比例下使用。单击"文字"工具后,在绘图区中拖动鼠标建立虚线文本框,用户即可输入相应的文本。同时,在虚线框的上方全出现一个"字体"工具栏,用于设置输入文本的字体、字号、字型等。

(11)线性工具(直线或曲线):选择线性工具后,在其属性框中显示线的粗细,共有5种粗细。此时鼠标变为十字形。

选择"直线"工具,可在绘图窗口中拖动即可绘制线段。若按住 Shift 键的同时,拖动鼠标可绘制出水平、垂直或对角线方向的直线。

选择"曲线"工具,可画出弧线。自弧的起点拖动到弧的预期终点释放画一条直线,再将鼠标指针置于该线段外单击即形成一条弧线,然后自弧线外任意位置起拖动可改变弧线的形态。自弧的起点拖动到弧的预期终点释放画一直线后,再在直线两侧各单击一次可形成向两个方向弯曲的弧线。在绘图区域中任意三点各单击一次可形成一封闭的弧线。

(12)封闭几何图形工具(矩形、多边形、椭圆、圆角矩形):选中该工具后,其属性框中显示该图形的三种特征,依次为用前景颜色绘制空心图形、用前景颜色绘制图形边框、用背景颜色绘制实心图形。

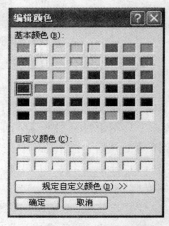

颜料盒位于窗口的下部,为用户提供了众多的颜色选择。用鼠标左键单击某一色块,即可将其设置为绘图区的前景颜色;用鼠标右键单击某一色块,即可将其设置为绘图区的背景颜色。按住鼠标左键拖动,用前景颜色绘图;按住鼠标右键拖动,用背景颜色绘图。

要更换或编辑颜料盒中的颜色,只要在颜料盒中双击该颜色,则打开"编辑颜色"对话框,如图 2-43 所示。在"编辑颜色"对话框中,从"基本颜色"列表中显示的 48 种颜色中选择某一种颜色,用以取代在颜料盒中选定的颜色。

图 2-43　"编辑颜色"对话框

2.6.3　娱乐工具

Windows XP 提供了三个多媒体工具,即 Windows Media Player、录音机和音量控制。

(1) Windows Media Player

Windows Media Player 程序是 Windows XP 系统自带的媒体播放器,可播放多种多媒体对象,如声音、音乐、动画、视频等,它可直接播放扩展名为".WAV"的声音文件、".MID"和".RMI"的 MIDI 音乐文件以及 CD 音轨。它不仅可以播放本地的多媒体类型文件,还可以播放来自 Internet 或局域网上的流式媒体文件。另外,它还能与支持 MCI(媒体控制接口)的第三方应用程序配合使功能不断扩大。

单击"开始"按钮,在"开始"菜单中选择"程序"→"附件"→"娱乐"→"Windows Media Player"命令,就会启动 Windows Media Player 程序,窗口如图 2-44 所示。

窗口的上部用于播放视频,下部用于显示当前文件的信息。当播放不同的文件时,窗口中的部件形态和菜单的选项也会有相应变化。

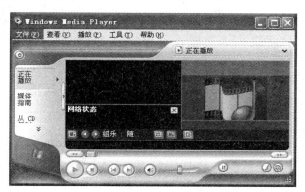

图 2-44 "Windows Media Player"程序窗口

（2）录音机

"录音机"是 Windows XP 自带的用于数字录音的多媒体应用程序。它不仅可以录制、播放声音，还可以对声音进行编辑及特殊效果处理。

在录音之前，首先将麦克风插入声卡上的麦克风插孔，然后启动"录音机"程序，如图 2-45 所示。此时用户就可以使用"录音机"进行录音了。

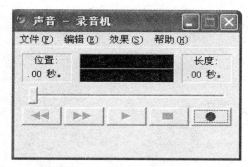

图 2-45 "录音机"程序窗口

（3）音量控制

当用户在播放多媒体对象时，音量控制可以通过"音量控制"对话框来进行。

默认情况下，在桌面的任务栏右端的显示区有一个喇叭状的图标。单击该图标可以打开"音量控制"对话框，如图 2-46 所示。拖动窗口中的滑块可改变音量的大小，还可以控制

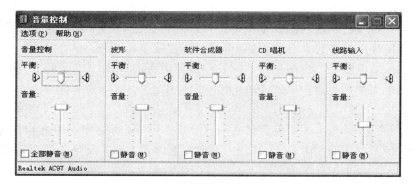

图 2-46 "音量控制"对话框

声音的五种成分的音量、左右声道的分配以及每种成分的开关。若要关闭所有的声音,可以直接选择对话框中的"全部静音"复选框。

2.7　Windows XP 和 MS-DOS

在 Windows XP 环境下,能运行各种类型的应用程序,包括 MS-DOS 和 Windows 低版本的应用程序。但针对 MS-DOS 应用程序,Windows XP 采用了模拟 MS-DOS 环境运行,用这种方法可以运行大多数基于 MS-DOS 的应用程序。

2.7.1　打开 MS-DOS 应用程序

在 Windows XP 环境下运行 MS-DOS 应用程序,通常有下列三种方法:

(1)单击"开始"按钮,在"开始"菜单中选择"程序"→"附件"→"命令提示符"命令,弹出如图2-47所示的窗口,用户可以在其中运行 MS-DOS 应用程序。

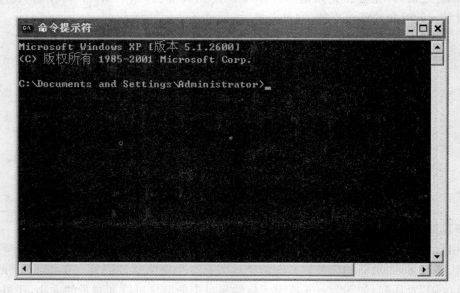

图 2-47　MS-DOS 方式下的"命令提示符"窗口

(2)单击"开始"按钮,在"开始"菜单中选择"运行"命令,在弹出的"运行"对话框中键入所要运行的应用程序的路径和名称,然后单击"确定"按钮。

(3)利用"我的电脑"或"资源管理器",找到所要运行的 MS-DOS 应用程序,然后用鼠标双击该应用程序文件,即可打开该 MS-DOS 应用程序。

系统允许在 MS-DOS 应用程序和 Windows XP 应用程序之间来回切换(使用 Alt+Tab 组合键)。使用 Alt+Enter 组合键可以在 MS-DOS 应用程序窗口和全屏幕之间进行切换。在 MS-DOS 方式下,在 DOS 的命令提示符下键入 EXIT 命令并回车可以退出"命令提示符"环境。

2.7.2　MS-DOS 的几个常用命令

在"命令提示符"环境下,用户可以像在 MS-DOS 环境中一样使用 MS-DOS 命令,而不需要了解计算机中是否装有 MS-DOS 操作系统。下面介绍一些常用的 MS-DOS 命令,读者若想详细了解 MS-DOS 中的其他命令,请参阅 DOS 方面的有关书籍。

(1) DIR 显示磁盘文件目录命令

格式:DIR　[<盘符:>][<路径>][<文件名>][<参数>]

功能:显示一个磁盘上的文件目录清单,包括文件名、文件长度、文件建立和最后修改的日期和时间等信息。

<参数>通常有:

①/p　分屏显示文件目录清单,即当文件较多时,每显示完一屏后就暂停,然后按任意键继续显示下一屏。

②/s　显示包括指定目录及其子目录下的所有文件。

③/a　显示包括隐含文件和系统文件在内的所有文件。若没有此参数,不能显示隐含文件。

④/?　显示 DIR 命令中的各种命令格式,属于帮助信息。

注意:利用 DIR 命令可以显示指定的目录和文件,也就是说在 DIR 命令中可使用通配符? 和 *。

【例 2-1】　显示 A 盘根目录下的所有目录和文件。

　　　　　　C:\>DIR　A:\ /s

【例 2-2】　显示当前盘 C 盘根目录下的所有文件。

　　　　　　C:\>DIR　*.*/s

【例 2-3】　显示当前盘 C 盘根目录下的所有扩展名为".TXT"文件。

　　　　　　C:\>DIR　*.TXT/s

(2) CD　更改当前目录命令

格式:CD　[<盘符:>][<路径>]

功能:显示或改变当前目录。

说明:

①若 CD 命令后不带任何参数或 CD.,表示显示当前的目录名。

②若 CD 命令后只带子目录名,表示改变当前目录到下一级子目录。

③CD\　表示从当前目录返回根目录。

④CD..　表示改变当前目录到该目录的上一级目录。

【例 2-4】　显示当前路径或子目录名。

　　　　　　C:\myflie>CD　或　C:\myfile>CD.

【例 2-5】　从当前 C 盘根目录进入 A 盘根目录下的 USER\USER1 子目录。

　　　　　　C:\>CD A:\USER\USER1

【例 2-6】　改变当前目录为 A:\USER 子目录。

　　　　　　A:\USER\USER1>CD..

（3）DEL　删除文件命令

格式：DEL　［＜盘符：＞］［＜路径＞］＜文件名＞

功能：删除一个或多个磁盘文件。

【例 2－7】　删除当前 A 盘根目录下扩展名".DOC"的所有文件。

　　　　　　A：\＞DEL　＊.DOC

【例 2－8】　当前目录为 C：\，删除 A 盘中的文件主名为 student 的所有文件。

　　　　　　C：\＞DEL　A：\student.＊

注意：在使用 DEL 命令删除文件时，系统会提示用户是否确定要删除，选择"Y"，则将要删除的文件彻底删除，选择"N"，则放弃删除。

（4）TYPE　显示文件内容命令

格式：TYPE　［＜盘符：＞］［＜路径＞］＜文件名＞

功能：显示文件内容，只用来显示文本文件的内容，而不能正确显示其他类型文件的内容。

【例 2－9】　显示 C 盘当前目录中的 STUDENT.TXT 文件的内容。

　　　　　　　C：\＞TYPE　STUDENT.TXT

（5）COPY　文件拷贝（复制）命令

格式：COPY　［＜源盘：＞］［＜路径＞］＜源文件名＞　［＜目标盘：＞］［＜路径＞］＜目标文件名＞

功能：将一个文件或多个文件拷贝或复制到指定的磁盘或其他外围设备或另外的文件中。若没有指定目标文件名，则以源文件名作为目标文件名。

【例 2－10】　当前盘为 C 盘，将 A 盘根目录下的所有文件复制到 C 盘根目录下 USER 子目录中。

　　　　　　　　C：\＞COPY　A：\＊.＊　\USER

【例 2－11】　当前盘为 C 盘，将 C 盘 DOM 子目录中的 EDIT.EXE 文件复制到 A 盘 USER 子目录中，目标文件名为 EDITOR.EXE。

　　　　　　　　C：\＞COPY　\DOM\EDIT.EXE　A：\USER\EDITOR.EXE

（6）FORMAT　磁盘格式化命令

格式：FORMAT　［＜盘符：＞］［＜参数＞］

功能：将磁盘进行格式化。

参数说明：FORMAT 命令后加上参数/q，表示对磁盘进行快速格式化。

【例 2－12】　将 A 盘进行快速格式化。

　　　　　　　　C：\＞FORMAT　A：/q

当使用 FORMAT 命令格式化磁盘时，系统将显示提示信息，指出要格式化的磁盘，并提示准备好时按 Enter 键，此时用户还可以取消格式化操作。

当格式化结束后，DOS 将显示格式化后磁盘中可用的总字节数和"坏扇区"数等信息。

注意：当一张磁盘被格式化后，则盘中的所有信息将全部丢失，所以在执行格式化磁盘操作时，应格外小心。

以后各章是在 Windows 精典桌面下运行的。

练　习　题

一、单项选择题

1. Windows XP 对话框中的_____是提供给用户输入信息用的。

　A. 列表框　　　　　B. 文本框　　　　　C. 复选框　　　　　D. 标签

2. 在 Windows XP 的任务栏上不能显示的是_____。

　A.“开始”按钮　　　B. 输入法提示　　　C. 时钟显示　　　　D.“我的电脑”图标

3. Windows XP 窗口标题栏右端的“_”按钮是_____。

　A.“最小化”按钮　　　　　　　　　　　B.“最大化”按钮

　C.“还原”按钮　　　　　　　　　　　　D.“关闭”按钮

4. Windows XP 的许多窗口中都有“编辑”菜单,该菜单中的“剪切”和“复制”命令有时是灰色的,只有当_____后,这两个功能才可使用。

　A. 剪贴板中有内容时　　　　　　　　　B. 选中对象

　C. 按鼠标左键　　　　　　　　　　　　D. 按鼠标右键

5. 若要把某个文件夹中的一些文件复制到另一个文件夹中,在选定这些文件后,若采用鼠标拖动操作,可以_____目标文件夹。

　A. 直接拖至　　　　B. Ctrl＋拖至　　　C. Shift＋拖至　　　D. Alt＋拖至

6. Windows XP 桌面底端的任务栏不可以_____。

　A. 改变大小　　　　　　　　　　　　　B. 移动

　C. 和桌面图标一样删除　　　　　　　　D. 隐藏

7. 以下说法正确的是_____。

　A. 利用“网上邻居”可以浏览网上其他计算机的所有资源

　B. 用户可以利用“控制面板”中的“字体”来设置汉字输入法特性

　C. 用户可以自己定制“开始”菜单、“程序”菜单以及“启动”菜单

　D. 被放入“回收站”内的文件不可以被还原

8. 要将打开的当前对话框复制到剪贴板上,应按_____。

　A.“剪切”按钮　　　　　　　　　　　　B. Alt＋Print Screen 组合键

　C.“复制”按钮　　　　　　　　　　　　D. Print Screen 键

9. 下列有关 Windows 剪贴板的说法,正确的是_____。

　A. 剪贴板是一个在程序或窗口之间传递信息的临时存储区

　B. 剪贴板中的内容不能保留

　C. 没有剪贴板查看程序,剪贴板就不能工作

　D. 剪贴板每次可以存储多个信息

10. 下列关于打印机及其驱动程序的说法,正确的是_____。

　A. Windows XP 可以同时安装多种打印机驱动程序

　B. Windows XP 可以同时设置多种打印机为默认打印机

　C. Windows XP 带有任何一种打印机的驱动程序

　D. Windows XP 改变默认打印机后,必须重新启动系统方能生效

11. 双击 Windows XP 窗口的标题栏可以_____。

    A. 关闭窗口   B. 隐藏窗口

    C. 最大化/还原窗口   D. 在不同程序之间切换

12. 在 Windows XP 中选中不连续的多个文件或文件夹的正确操作是_____。

    A. 双击鼠标左键   B. 按住 Shift 键,用鼠标左键单击

    C. 按住 Ctrl 键,用鼠标左键单击   D. 连续三击鼠标左键

13. 移动 Windows 窗口可以用鼠标拖动窗口的_____来实现。

    A. 边框   B. 标题栏   C. 状态栏   D. 控制按钮

14. 单击某个菜单时,会看到有些菜单中有省略号和三角号,它们表示的意思分别是。

    A. 可弹出对话框和子菜单   B. 组合键和快捷方式

    C. 可选项目和快捷方式   D. 子菜单和可选项目

15. 在 Windows XP 中,使用_____组合键可以实现不同任务之间的切换。

    A. Alt+空格   B. Alt+Tab   C. Ctrl+Tab   D. Shift+Tab

16. 在 Windows XP 中,使用_____组合键可以实现在不同的汉字输入法之间进行切换。

    A. Alt+空格   B. Ctrl+空格   C. Ctrl+Shift   D. Alt+Tab

17. 在 Windows XP 中,可以用来播放 VCD 的应用软件是_____。

    A. Windows Media Player   B. CD 播放机

    C. 画图   D. 记事本

18. 若想让应用程序在 Windows XP 每次启动时就运行,可以将该程序添加到_____中。

    A. "程序"项   B. "开始"菜单   C. "启动"项   D. 桌面

19. Windows XP 是一种_____软件。

    A. 应用程序   B. 数据库系统   C. 语言处理程序   D. 操作系统

20. 下列启动 Windows XP "资源管理器"的方法不正确的是_____。

    A. 用鼠标右击桌面上"我的电脑"图标,在弹出的快捷菜单中单击"资源管理器"命令

    B. 用鼠标右击"开始"按钮,在弹出的快捷菜单中单击"资源管理器"命令

    C. 用鼠标右击"任务栏"的空白处,在弹出的快捷菜单中单击"资源管理器"命令

    D. 选择"开始→程序→附件→Windows 资源管理器"

二、简答题

1. 在 Windows XP 系统中,启动一个应用程序有哪些方法?

2. 创建快捷方式有哪些方法?

3. 在 Windows XP 系统中,将 C 盘上的某个文件复制到 A 盘中,有哪些常用的操作方法?

4. 回收站的功能是什么?什么样的文件删除后不能被恢复?

5. 请简述剪贴板的作用及其使用方法。

6. Windows XP 操作系统中的文件有什么作用?

7. 在 Windows XP 的资源管理器中,要选取一个、多个连续的或多个不连续的文件或

文件夹,应如何操作?

8.如何正确卸载 Windows XP 应用程序? 如果一个应用程序没有卸载程序,应如何将其删除?

9.Windows XP 快捷方式图标与普通图标有什么区别? 为什么要使用快捷方式图标?

10.屏幕保护程序有什么功能? 如何设置?

11.请简述 Windows XP 的窗口及对话框基本组成,两者有什么区别?

12.在 Windows XP 系统中,如何正确安装打印机,如何将其设置为默认打印机?

13.在 Windows XP 系统中,如果应用程序不再响应用户操作,应如何处理?

14.控制面板的作用是什么?

15.在 Windows XP 系统中,如何在同时运行的多个应用程序之间进行任务切换?

16.在 Windows XP 的资源管理器中,如何复制、删除、移动文件或文件夹?

17.如何查看和改变文件的属性? 如何隐藏或显示隐藏文件和文件夹?

18.如何在 Windows XP 系统中播放 VCD?

三、上机练习题

1.已知 MENU 文件夹下有如下文件和文件夹:

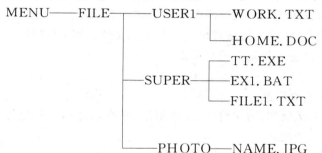

请按如下要求进行操作:

(1)在 PHOTO 文件夹中建立文件 HONG.TXT,内容为"计算机等级考试",并将该文件属性设置为"只读"。

(2)将文件 FILE1.TXT 删除。

(3)将 EX1.BAT 文件重命名为"WTT.BAT"。

(4)将 USER1 文件夹中的 HOME.DOC 文件复制到 SUPER 文件中。

(5)将 USER1 文件夹删除。

2.在"开始"菜单的"程序"项中建立"应用程序"、"Office 程序"、"工具程序"、"系统程序"等文件夹,然后把"程序"中的全部内容放入上述相应的文件夹中。

3.在 C 盘上查找所有扩展名为.TXT 的文件,并把找到的文件按"所在文件夹"升序排序,复制找到的"C:\WINNT"文件夹下的前 5 个文件到"WIN XP 练习"文件夹中。

4.设置桌面的属性为:背景为用"附件"中的"画图"软件创作的图画,平铺;屏幕保护为三维文字,内容为:"计算机屏幕保护练习",等待时间为 1 分钟;外观色彩方案为"默认(蓝)"。

5.添加 LQ1600K 打印机,并将其设置为默认的本地打印机。

第 3 章　Word 2003 文字处理

【本章要点】

本章主要介绍文字处理软件 Word 2003 的功能和用法。作为微软公司 Office 2003 系列软件中最为主要的组件之一,其在文字处理方面具有强大的功能:利用它用户可以编辑文档,可以设置文档的各种格式;利用其丰富的图像处理功能、表格处理功能、制作图文并茂的各类文档。

【核心概念】

文档编辑　文档排版　图文混排　表格制作　页面设置与文档打印

3.1　Word 2003 概述

文字处理软件是办公自动化软件中最常用的一类应用软件,利用它我们可以设置文档的各种格式,制作数据报表、公文、信函以及电子邮件等文档。同时它具有丰富的表格处理功能、图形图像处理功能,从而可编排出图文并茂的文档。Word 2003 相对于早期版功能上有较大的改进,能使您更轻松地完成日常工作。

3.1.1　Word 2003 主要特色

Word 2003 在中文处理、图文混排、表格制作、网络功能和智能化等方面为文字处理提供了许多具有特色的功能。

(1)编辑功能

Word 2003 为用户提供了强大的编辑功能。可以方便快捷地进行各种文档编辑工作,可以进行拖放式文字编辑,启用"即点即输"功能在文档的空白区域快速插入文字、图形、表格或其他项目,可以很轻松地编辑链接对象或嵌入对象。

(2)版面设计

Word 2003 为用户提供了多种视图方式,能够在不同的视图方式下进行版面设计,使用"所见即所得"的模式,可以完整地显示字符格式、段落格式、图形图像及表格等各种格式,并可以分栏编排。在页面中综合设置能够使文档版面设计更为活泼多样。

(3)图文混排

Word 2003 的剪辑库中为用户准备丰富的剪贴画、图片等媒体素材,也可以在文档中插入由其他应用程序生成的各种不同格式的图形文件,实现图文混排。

(4)表格处理

Word 2003 提供了便利的表格处理环境,可以随时对表格进行格式调整、创建嵌套表格,绘制斜线表头,并能为表格数据生成统计图等。

(5)Web 页制作功能

Word 为创建 Web 页提供 WYSIWYG(所见即所得)的支持。在 Web 版式视图下,可以轻松查看制作的 Web 页在 Web 浏览器中的效果,使创建 Web 页变得轻而易举。还可以把 Word 用作电子邮件编辑器发送文档信息,来自 Word 的邮件是 HTML 格式的,因此收件人不需要特定的软件就可查看消息。

此外,Word 2003 提供了丰富的自动功能,如自动更正、自动套用格式、编写摘要等,可帮助您轻松地完成日常工作。

3.1.2　Word 2003 的启动与退出

(1)启动 Word 2003

当电脑系统里安装了 Office 2003,可以通过以下几种常见方法来启动 Word 2003:

①利用桌面快捷方式

若用户在桌面上为 Word 2003 创建了快捷方式,可以直接通过鼠标双击来启动 Word 2003。

②利用"开始"菜单

单击任务栏上的"开始"按钮,然后指向"程序"选项,从级联子菜单中选择"Microsoft-Word"命令,即可启动 Word 2003。

③利用 Word 文档启动

在"我的电脑"里或在"资源管理器"中任何位置下,找到一篇 Word 文档,双击该文档图标即可。另外,在"开始"菜单的"文档"选项中会列出最近使用过的文档,选择最近使用过的 Word 文档的文件名,也可启动 Word 2003。

(2)退出 Word 2003

Word 2003 的退出与其他 Windows 软件一样,常用方法如下:

①单击窗口标题栏右上角的"关闭"按钮;

②选择"文件"菜单中的"退出"命令;

③双击窗口标题栏左上角的"控制菜单"按钮;

④按"Alt＋F4"组合键。

3.1.3　Word 2003 的工作界面

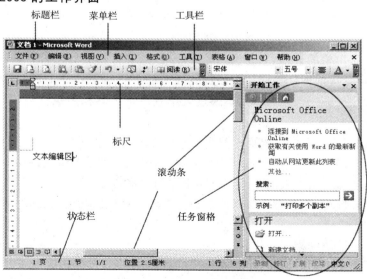

图 3-1　Word 2003 工作窗口

　　Word 2003 启动后,打开如图 3-1 所示的窗口界面,主要有标题栏、菜单栏、工具栏、标尺、文本编辑区、任务窗格、滚动条、状态栏及视图切换按钮组成。Office 2003 的界面与它以前的版本和其他软件都有些不同。下面分别介绍各部分。

　　(1)标题栏

　　与众多应用软件一样,Word 2003 的标题栏位于窗口的最上方,如图 3-2 所示,从左至右分别是控制菜单按钮、当前编辑的文档名、"Microsoft Word"应用程序名以及最小化、最大化(还原)和关闭按钮。

图 3-2　Word 2003 标题栏

　　(2)菜单栏

　　Office 2003 新增了一个智能菜单的功能,可以根据你对菜单命令或按钮的使用频率来决定是否直接显示它们。如果一个菜单项有很长时间没有被使用的话,Word 就会自动把它隐藏起来,减少菜单中直接显示命令的数目。如果要用隐藏起来的命令,只要单击菜单中的向下双箭头或者双击这个菜单就可以了,如图 3-3 所示。

图 3-3　Word 2003 智能化菜单

　　(3)工具栏

　　工具栏位于菜单栏的下方,Word 2003 将常用的一些命令以图标的形式制作成工具按钮(与相应菜单命令边的图标一样),按照功能分布在不同的工具栏中。可以通过这些工具按钮快速地执行相关命令。用户可以不通过菜单直接于工具栏中执行新建、打开、保存、剪切、复制和粘贴等命令。

　　在默认情况下,Word 2003 界面中只显示"常用"和"格式"两个工具栏,而其他一些专门用途的工具栏由于界面空间有限,不可能全部显示,因此只把最为常用的命令制成工具按钮置于工具栏中。实际上对一般的操作,使用"常用"和"格式"工具栏就足够了,其他的工具栏在用到的时候打开即可,而且有些工具栏会在需要使用相应的功能时自动弹出,而不用专门去打开它。

　　①工具栏的显示或隐藏

　　选择"视图"菜单中"工具栏"选项,在弹出的级联菜单中选择相应的工具栏。对于已选过的工具栏选项前会有一个选中标志"√";也可以在直接工具栏上单击右键,在弹出的快捷菜单中选择相应的工具栏。若不需要使用某种工具栏,只需要将相应工具栏选项前的选中标志去掉即可。

②工具栏的固定和浮动

部分内置的工具栏固定在窗口的上方,可以用左键按住工具栏左边的移动控点,如图 3-4(a)所示,拖动鼠标至新位置。工具栏可以固定于窗口上、下、左、右四个方向。如果将工具栏拖动到程序窗口的边缘,则该工具栏将成为固定工具栏。如果没有移到边框位置,就会变成浮动工具栏,如图 3-4(b)所示。浮动工具栏和固定工具栏只是形式上不同,根据需要可以随时转换。

图 3-4(a)　Word 2003 固定工具栏

图 3-4(b)　Word 2003 浮动工具栏

③工具栏按钮的显示

当多个工具栏固定在同一行中时,就可能没有足够的空间显示所有的按钮,它们可能只显示最近用到的按钮。要查找未显示在固定工具栏中的按钮,请单击该工具栏尾部的“工具栏选项”,如图 3-5 所示。当使用了未显示在工具栏中的按钮时,Word 会将此按钮移动到工具栏上,并将一个最近不常用的按钮移动到“工具栏选项”列表中。

注:若要移动工具栏按钮,先按住 Alt,然后将该工具按钮拖动到新位置;若要复制工具栏按钮,则按住 Alt+Ctrl,然后将该工具按钮拖动到新位置。

(4)标尺

标尺用于显示或调整文本段落的缩进、页面边距、栏宽以及制表位的设置等,标尺由两部分构成,水平标尺和垂直标尺。

标尺的显示与视图模式有关,页面视图中既有水平标尺,也有垂直标尺,而普通视图中只有水平标尺,大纲视图中则没有标尺。要显示或隐藏标尺,通过“视图”菜单中“标尺”选项前的选中标志“√”来控制。

(5)文本编辑区

窗口中的主要空白区域即是文本编辑区,在该区除了可输入文本以外,还可以插入表格

或图形等。文档的编辑和排版就是在该区进行。编辑区中闪烁的"|"称为"插入点",表示输入的文字将要出现的位置。鼠标指针在文本操作时会变成"I"的形状。

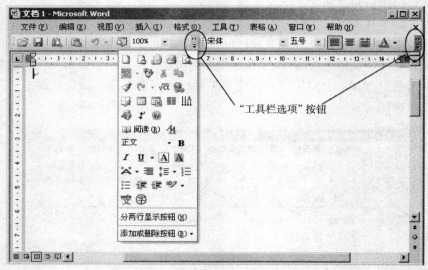

图 3-5　Word 2003 工具栏按钮的显示

在编辑区中有时可能会出现灰色的网格线,是用来帮助用户编辑定位用的,在打印时不会被打印出来的。显示或隐藏网格线,可通过"视图"菜单中"网格线"选项前的选中标志"√"来控制。

(6)滚动条

滚动条用于查看文档的显示位置,包括垂直和水平滚动条两种,分别位于文档编辑区的右侧和下方,使用滚动条来显示文档的位置,可以用鼠标拖动其中的滚动滑块或者单击其滚动箭头来执行位置的移动。

在水平滚动条的左侧还提供了5种视图模式的按钮,可用来改变文档的显示方式。

(7)状态栏

状态栏位于窗口的底部,显示文档的有关状态信息,如页码、节、当前所在页数/总页数、插入点所在的位置等信息。在状态栏的右侧的"录制"、"修订"、"扩展"和"改写"等状态按钮分别代表一种工作方式,双击它可进入或退出该方式。

3.2　文档的基本操作

文档是 Word 2003 的处理对象,它的基本操作包括文档的新建、文字的输入和修改、文档的打开、文档的保存及关闭等。

3.2.1　新建文档

(1)新建空白文档

启动 Word 2003 后,Word 程序会自动建立一个空白文档,此时标题栏上的文档名称是"文档 1.doc",单击工具栏上的"新建空白文档"(⬜)按钮,又会新建一个空白的文档,它的名字叫做"文档 2.doc",如图 3-6 所示。再单击这个按钮,就出现了"文档 3.doc",这是用户新建文档最常用的方法。在 Word 2003 主窗口中,也可以使用"Ctrl＋N"组合键来建立一个新的空白文档。

图 3-6　新建空白文档

(2)利用模板建立新文档

"模板"是一些特殊种类的文档(扩展名为".DOT"),它们提供了大量的按应用文规范建立的文档模式:包括字体、段落、制表、页边距、正文、表和图等能确定文档外观的元素。适当的选择一个模板,可以基于它快速获得具有固定的文本格式的规范文档。利用模板建立新文档的方法如下:

①从"文件"菜单中选择"新建"命令,在"新建文档"任务窗格下选择"本机上的模板"选项,打开"模板"对话框,默认的选择为新建"空白文档"。

②"模板"对话框中有常用、报告、备忘录、出版物等 9 个不同模板类型的选项卡,从中选择用户所需模板,如选择"信函和传真"选项卡中的"现代型信函"图标,在预览窗口中显示对应的模板,如图 3-7 所示,单击"确定"按钮。

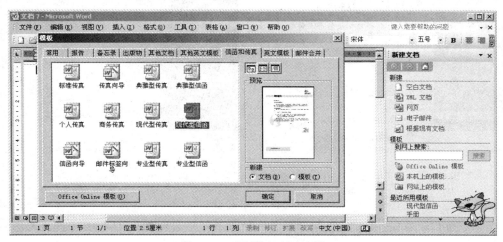

图 3-7　利用模板新建文档

③如图 3-8 所示,在文档中根据模板的提示在"单击此处键入……"处键入需要的内容以替换原有的内容,便可以完成一封现代型信函。

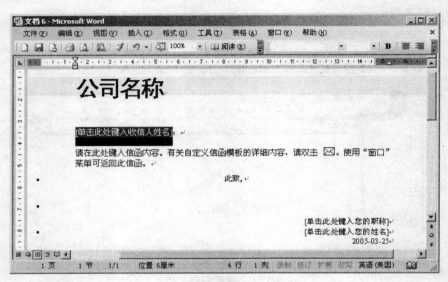

图 3-8　利用模板创建文档示例

(3)利用向导建立新文档

Word 2003 中模板包括日常办公应用的多种模板,其中大部分模板均设有向导功能,用户可按向导的提示操作,即可生成所需文档格式。下面以名片制作为例,介绍模板向导的具体操作步骤。

①从"模板"对话框"其他文档"选项卡中选择"名片制作向导",单击"确定"按钮或直接双击"名片制作向导"图标,弹出"名片制作向导"对话框,如图 3-9(a)所示。

②单击"下一步"按钮,选择名片"样式",如图 3-9(b)所示;再"下一步",选择名片"大小";再"下一步",在"生成选项"中选择单独生成名片还是批量生成,是单面还是双面名片。

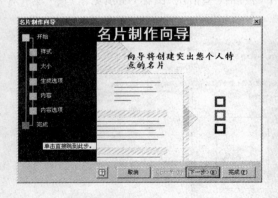

图 3-9(a)　名片制作向导

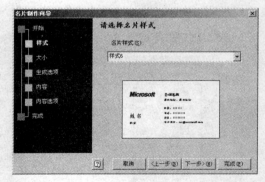

图 3-9(b)　选择名片样式

③单击"下一步"按钮,在"内容"中选择名片必要的一些内容,如图 3-9(c)所示;最后单击"完成"按钮完成名片的创建,如图 3-9(d)所示。也可以根据个人喜好对该文档做进一步的编辑修改。

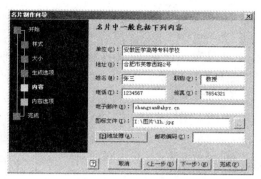

图 3 - 9(c)　确定名片中的内容　　　　　　图 3 - 9(d)　制作完成的名片

3.2.2　输入和修改文字

（1）输入文本

当 Word 2003 新建一个文档后，在正文编辑区中会出现一个闪烁的小竖线"｜"，称为光标，它所在的位置称为插入点，输入的字符将会从插入点开始，同时将插入点移到字符后面以备再次输入新内容。

在 Word 2000 之前，文字的输入总是从文档的第一行开始，而从 Word 2000 开始，软件就提供了即点即输功能，能够快速定位插入点，可以直接在空白文档的任何位置输入文字，只需要在所需插入的位置双击鼠标，即可进行文字的输入。

注：文本输入经常会有中、英文交替出现的情况，因此经常用到中英文切换和在中文输入法中选择用户常用的输入法，可以用快捷键来完成：按"Ctrl＋空格键"打开或关闭中文输入法，按"Ctrl＋Shift"在输入法列表中选择所需输入法。

输入文本至行尾不必按回车键（Enter 键），Word 会自动将输入的内容换到下一行。一页满时 Word 会自动分页，进入新的一页录入。敲回车是给文章分段。敲一下回车，表示要另起一个新的段落，光标将移到下一行，同时在段落尾部显示一个段落符号（↵）。

（2）修改文本

在文字的录入过程中，经常会碰到输入错误。常见情况如下：

①错误内容为当前光标前面一个或连续的若干字符，可以采用 BackSpace 键来逐个删除，再输入正确内容。

②错误内容为当前光标后面一个或连续的若干字符，可以采用 Delete（Del）键来逐个删除，再输入正确内容。

③错误内容不在插入点前后，可以通过鼠标将插入点移到错误内容处，即把 I 型鼠标指针移到插入点位置，再单击鼠标左键，也可以通过上、下、左、右四个方向键以及 Home、End、PgUp、PgDn 等键位将插入点移到错误内容处，再利用 BackSpace 键或 Delete（Del）键来删除，再输入正确内容。

注：在已有的文本中追加修改新的内容，要注意设置插入或改写状态。可以通过键盘上的 Insert（Ins）键来切换。在插入状态下，新输入的文本将从插入点开始输入，原来位于该插入点的文本自动向右移；在改写状态下，新输入的文本将覆盖原来位于该插入点后的文本。初学者要特别注意其区别。

3.2.3　保存文档

用户新建立的文档未保存前仅存放于内存中并显示在屏幕上，为了防止断电或其他错误操作导致文档的丢失，需要适时将文档保存到磁盘上以备今后调用。

（1）文档的第一次保存

新建的文档在未保存前，Word 2003 临时用"文档 1"、"文档 2"、"文档 3"等给文档命名。首次保存新建文档时要注意保存位置、文件名和文件类型等问题。其操作步骤如下：

①单击"常用"工具栏上的"保存"按钮（▣）或选择"文件"菜单中的"保存"选项，或直接选择"文件"菜单中的"另存为"选项，也可以使用"F12"键或"Ctrl＋S"组合键，弹出"另存为"对话框，如图 3－10 所示。

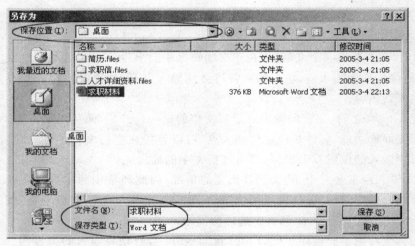

图 3－10　"另存为"对话框

②在"另存为"对话框中的"文件名"输入框中，输入待保存文档的文件名。

③在"保存位置"下拉列表框中，可以选择文档的保存位置。Word 2003 将文档默认保存在 My Document 文件夹中。

④"保存类型"表示要保存的文件类型，默认为 Word 文档，其扩展名为"．DOC"，并自动添加。用户也可以根据需要，选择将文档保存为其他类型的文件。

⑤单击"保存"按钮，即可将文档保存至指定的位置。

（2）文档的再次保存

当文档已经被保存后，若再次对其进行操作，操作结束后，还必须再次保存。可以通过"常用"工具栏上的"保存"按钮或"文件"菜单中的"保存"选项来实现，也可以使用"Ctrl＋S"组合键来实现。此时，该文档将按原先保存的文件名继续保存在原保存位置中。

如果希望将修改后的文档换名保存或更改保存位置，可在"文件"菜单中执行"另存为"命令，在"文件名"对话框中重新输入新的文件名或在"保存位置"下拉列表框中重新选择指定的位置，按"保存"按钮即可。

（3）文档的自动保存

为了避免因长时间编辑而忘记保存文档导致丢失所做的修改，可以设置将文档自动保存,其设置方法:选择"工具"菜单中的"选项"命令项,在弹出的"选项"对话框中选择"保存"选项卡,在保存选项的各个复选框中作适当设置,如调整"自动保存时间间隔",如图 3-11 所示,Word 会每隔所设的时间间隔自动将文档存盘一次,从而增加文档编辑的安全性。

（4）文档的加密

自己文档不想让别人随意查看,可以使用 Word 提供的文件加密功能。操作方法:选择"工具"菜单中的"选项"命令项,在弹出的"选项"对话框中选择"安全性"选项卡,如图 3-12 所示。在这里不仅可以设置打开文件的密码,还能设置修改文件的密码。

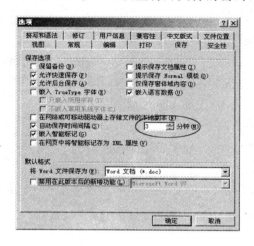

图 3-11　自动保存设置

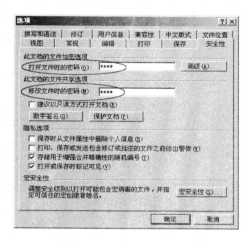

图 3-12　文件加密设置

3.2.4　打开和关闭文档

文档保存在磁盘上后,便可以打开以便对其进行编辑、排版等操作。

（1）打开文档

①打开磁盘上的文档

单击"常用"工具栏上的"打开按钮"（　　）或选择"文件"菜单中的"打开"选项,也可以使用"Ctrl＋O"组合键,弹出如图 3-13 所示的"打开"对话框。

在"打开"对话框的左侧竖栏列出了文档经常存放的位置,如最近的文档、桌面、我的文档等。要打开已存在的文件,首先要确定文件所在的盘符、文件夹,单击"查找范围"下拉列表按钮,在列表中选择盘符,再选择文档所在的文件夹,选中待编辑的文档,如图 3-13 所示,再单击"打开"按钮,或者直接双击待编辑的文档。此时文档的内容会显示在 Word 窗口编辑区内,用户可以对文件进行再次编辑等操作。

②近期编辑过的文档的打开

为了方便用户对近期保存过的文档继续操作,系统会记住用户最近使用过的文件,显示在"文件"菜单中"退出"选项的上方,如图 3-14 所示,单击所要打开的文档选项即可将文档打开。

另外近期编辑过的文档同时也会出现在"开始"菜单的"文档"选项中,选中要打开的文档名单击也可将其打开。

图 3-13　"打开"对话框　　　　　　　　　图 3-14　打开近期编辑的文档

注：当打开了多个文档，在任一时刻只有一个文档窗口是活动，用户可通过"窗口"菜单中文档列表选择某一文档为活动的窗口，也可直接在任务栏中选择活动文档窗口。

（2）关闭文档

若要关闭文档，常用的方法可以单击标题栏右上角的关闭按钮，或者选择"文件"菜单中的"关闭"命令等。若对当前的文档进行了修改而未保存，则在关闭文档窗口时 Word 2003 会弹出一个提示对话框，如图 3-15 所示，询问是否在关闭文档前保存文档。单击"是"按钮，将保存文档后关闭；单击"否"按钮，则放弃文档保存再关闭；单击"取消"按钮，将取消文档的关闭操作，回到编辑状态。

图 3-15　关闭文档时的保存提示对话框

注：若要在不退出程序的情况下关闭所有打开的文档，可以按住 Shift 键并单击"文件"菜单中的"全部关闭"命令。

3.3　文档的编辑

3.3.1　选定文本

文档被打开后即可进行编辑操作。在 Windows 环境下软件的操作都有一个共同的操作规律，即"先选定、再操作"。在 Word 中选定了文本后，被选中的文本变为高亮显示（反相显示），这时即可对被选中的部分实施如删除、移动、复制、设置格式等操作。

（1）用鼠标选取

①在被选定文字的开始位置，按住左键移动鼠标到被选定文字的结束位置松开。此时被选文本高亮显示，则表示该部分文本被选中。

②在文本区域中双击鼠标，选中光标所在位置的一个字或一个词。

③在文本区域中三击鼠标(连续快速敲击鼠标左键三次),选中光标所在段落。

④把鼠标移动到行的左边,鼠标就变成了一个斜向右上方的箭头,单击,可选中该行文本。

⑤在段落中某一行的左侧双击鼠标,选中该行所在段落的文本。

⑥在段落中某一行的左侧三击鼠标,选中整个文本。

(2)利用键盘配合选取

①对于较多文本的选定,选定文字的开始位置,在确定选定文字块的结束位置前(文字块超过一页时,可以结合滚动条来翻页)按住 Shift 键,再单击,就选中了这些文字。也可以用 Shift 键来配合 Home、End、PgUp、PgDn 等编辑键进行选取。

②按住 Alt 键,在要选取的开始位置按下左键,拖动鼠标可以拉出一个矩形的选择区域。

③使用快捷键 Ctrl＋A 或者"编辑"菜单中"全选"选项可以选中全文。

3.3.2　删除文本

Delete 键或 BackSpace 键通常只是在删除数目不多的文字时使用,当删除的文字很多,可以先通过如上介绍的方法选中待删除的文本内容,然后按一下 Delete 键或使用"编辑"菜单中的"清除"命令,也可以使用"编辑"菜单中的"剪切"命令。

若要用输入的一段文本替换文档中已有的文本,可以先选定要被替换的文本,然后输入新的文本即可。

3.3.3　插入文本

(1)插入符号和特殊符号

文档中可能经常要输入一些符号和特殊字符,如"$\sum$"、"π"、"$\S$"、"☆"等符号,而这些符号无法直接在键盘上获得。

①选择"插入"菜单中"特殊符号"命令,打开"插入特殊符号"对话框,在这个对话框中有六个选项卡,分别列出了六类不同的特殊符号;从列表中选择要插入的特殊字符,如图 3 - 16 所示,单击"确定"按钮,选中的字符就插入到了文档中。

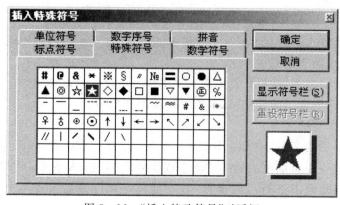

图 3 - 16　"插入特殊符号"对话框

②选择"插入"菜单中"字符"命令,打开"符号"对话框。从这里可以插入所有在 Word

中能辨认的字符,包括一些特殊的图形符号。

(2)插入日期和时间

①自动插入

这里指的是自动插入当天的日期。例如,在文件的末尾一般会署上日期,用户只需要输入当前年份,如"2005",Word 就会自动按照计算机上的系统日期给出提示,这时按下回车键"Enter"键即可快速插入当天的日期。

②手动插入

使用"插入"菜单中"日期和时间"选项打开"日期和时间"对话框,如图 3-17 所示,在该对话框中,用户可以自由地选择日期格式。可以将当前日期和时间以多种格式快速地插入到文档中。

(3)插入数字

一般的数字当然不需要插入,但使用"插入数字"可以插入一些比较特殊的数字。例如经常用到繁体数字表示金额。可以选择"插入"菜单中"数字"选项,打开"数字"对话框,如图 3-18 所示,从"数字类型"列表中选择"壹,贰,叁..."项,然后在"数字"输入框中输入"12345",单击"确定"按钮,就可以在文档中插入一个大写的金额数"壹万贰仟叁佰肆拾伍"。

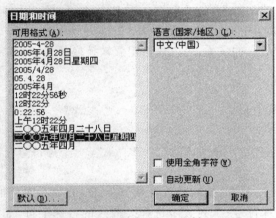

图 3-17　"日期和时间"对话框

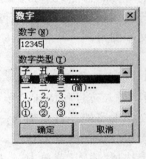

图 3-18　"数字"对话框

3.3.4　移动文本

所谓移动就是将选定的文本从一个位置移到另一个位置,可以利用以下几种方法:

(1)使用鼠标拖动移动文本

先选中要移动的文字,然后在选中的文字上按下鼠标左键拖动鼠标,一直拖动到要插入的地方松开,即可完成文字的移动,这常用于小范围的移动。

(2)使用剪贴板移动文本

①先选定要移动的文字,单击常用工具栏上的"剪切"按钮(✄)或使用"编辑"菜单中的"剪切"命令或右键快捷菜单中的"剪切"命令或快捷键 Ctrl+X 命令,此时选定的文本从原位置处删除(如果此时不进行后续操作,其功能就是删除选定文本),并将其存放到剪贴板中;

②然后将插入点定位到目标位置,单击常用工具栏上的"粘贴"按钮(📋)或使用"编辑"

菜单中的"粘贴"命令或右键菜单中的"粘贴"命令或快捷键 Ctrl＋V，即可实现文本的移动。

3.3.5　复制文本

复制文本与移动文本的操作相类似，只是复制后，被复制的内容仍在原位置。

（1）使用鼠标拖动复制文本

先选中要复制的文字，在按下 Ctrl 键的同时，于选中的文字上按下鼠标左键拖动鼠标，一直拖动到要插入的地方松开，即可完成文字的复制。与移动区别的是，按住 Ctrl 拖拽时，鼠标箭头处会出现一个小虚线框和一个"＋"号。

（2）使用剪贴板复制文本

①先选定要复制的文字，单击常用工具栏上的"复制"按钮（🖹）或使用"编辑"菜单中的"复制"命令或右键菜单中的"复制"命令或快捷键 Ctrl＋C 命令，将其存放到剪贴板中；

②然后将插入点定位到目标位置，单击常用工具栏上的"粘贴"按钮（🖹）或使用"编辑"菜单中的"粘贴"命令或右键菜单中的"粘贴"命令或快捷键 Ctrl＋V，即可实现文本的复制。

（3）关于粘贴信息的格式

完成粘贴文本后，"粘贴选项"按钮🖹显示在粘贴文本的下面。单击这个按钮，将会显示一个列表，如图 3－19 所示，让用户确定如何将信息粘贴到文档中。

注：在 Word 2003 中，可以多次向剪贴板中复制文本（对象），最多可保留 24 次内容。可以从"编辑"菜单中选择"Office 剪贴板"选项，在"任务窗格"中显示 Microsof tOffice 剪贴板。选择待粘贴的对象，或将其从剪贴板中清除，如图 3－20 所示。

图 3－19　粘贴信息的格式

图 3－20　MicrosoftOffice 剪贴板

3.3.6　撤消与恢复

撤消和恢复是相对应的，撤消是取消上一步的操作，而恢复就是把撤消操作再重复回来。编辑过程中经常会出现误删除或对先前操作不满意，即可用"撤消"按钮（↻ ▾），还原到以前的状态。例如在文档中输入"知识"，结果一不小心输成了"只是"，单击"撤消"按钮，可以撤消这一步操作，再用鼠标单击"恢复"按钮（↻ ▾），刚才输入的文字又出现了，如图 3－21所示。

另外还可以一次撤消多次的操作。单击"撤消"按钮上的向下小箭头（↻ ▾），会弹出一个列表框，这个列表框中列出了目前你能撤消的所有操作，从中选择若干步操作来撤消，如

图 3-21 所示。但是这里不允许选择任意一个先前的操作来撤消,而是只能连续撤消一些操作。

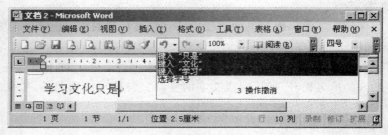

图 3-21　撤消与恢复操作

　　同样也允许实施重复前面撤消的多次操作,选择"重复"按钮上的向下小箭头( ),在动作列表中选择重复的动作。

3.3.7　查找和替换

　　文章输入完以后,往往要对全文进行校对。使用 Word 系统中提供的"查找和替换"功能,将为用户操作带来很大的方便。

　　把文档中所有的"计算机"替换成"电脑",不必一个一个去替换。可以使用"替换"命令来做:打开"编辑"菜单,单击"替换"命令,就出现这样一个"替换"对话框,如图 3-22 所示,在"查找内容"文本框中输入要替换的内容"计算机",在下面输入要替换成的内容"电脑",单击"查找下一处"按钮,Word 就自动在文档中找到下一处使用这个词的地方,这时单击"替换"按钮,Word 会把选中的词替换掉并自动选中下一个词。如果确定了文档中这个词肯定都要被替换掉,那就直接单击"全部替换"按钮,完成后 Word 会告知替换的结果。

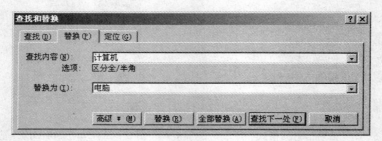

图 3-22　"查找和替换"对话框

　　如果只是为了查找某些特定的文本或符号,可以使用"查找"项。单击"查找"选项卡,在"查找内容"输入框中输入要查找的内容,单击"查找下一处"按钮,就可以找到文档中下一处使用这个字的位置了。

　　实际上查找、替换和定位功能是在同一个对话框中的三个选项卡中完成,在 Word 中对应着三个功能都有其各自的快捷键,查找是 Ctrl+F,替换是 Ctrl+H,定位是 Ctrl+G。

3.3.8　自动更正与拼写检查

　　(1)自动更正选项

　　Word 2003 提供的自动更正功能可以帮助用户检测并更正一些常见的键入错误、拼写错误、语法错误和大小写错误等。例如,如果键入"teh"及空格,则"自动更正"会将键入内容替换为"the"。还可以使用"自动更正"快速插入文字、图形或符号。例如,可通过键入"(r)"来插入"®",或通过键入":)"来插入"☺"符号等。

　　自动更正对中文输入来说,更常用的是为一些常用的长词句定义自动更正的词条,再用一个缩写词条来自动替换它。

　　操作步骤如下:单击"工具"菜单中的"自动更正"命令,打开"自动更正"对话框,如图 3-23 所示。在"替换"框中键入缩写词条,在"替换为"框中键入该词条对应的长词句;单击"添加"按钮即可。使用时,输入缩写词条(如:ahyz),按空格键或逗号之类的标点符号,Word就会将相应的词条(如"安徽医学高等专科学校")来代替它的名字。

图 3-23　自动更正

　　(2)拼写检查

　　Word 2003 的拼写检查虽然能帮助用户检查拼写上的错误,但真正有用的还是对英文文档的校对,对于中文的校对常常会出现漏判和误判现象。当 Word 检查认为文档中输入有错误或不可识别的单词时,会在该单词下面用红色的波浪线标记;当判为语法上的错误时,就用绿色的波浪线标记。

3.3.9　文档的显示

　　在文档编辑的同时,用户就可以看到文档显示的样子,默认是在"页面视图"方式中编辑和查看显示效果。Word 文档的显示有多种视图方式,通常使用的是页面视图,它以页面的形式显示编辑的文档,所有的图形对象都可以在这里完整地显示出来,因此也是平时用得最多的一种显示形式。

　　各种显示方式之间可以相互切换,切换方法可在"视图"菜单中选择有关显示命令,也可以直接单击水平滚动条左端的有关显示按钮,选择"普通"、"Web 版式"、"页面"、"阅读版式"和"大纲"等 5 种视图切换,如图 3-24 所示。

普通视图　　Web版式视图　　页面视图　　大纲视图　　阅读版式

图 3-24　视图切换按钮

（1）页面视图

页面视图是一种"所见及所得"的视图显示方式，其显示效果与打印效果完全相同。它是一种默认的显示方式，在此视图方式下，可以看到图形、表格、页眉、页脚、页边距等各种对象在页面中的分布情况，以及这些对象在每个页面中的确切位置，以便对其编辑修改。

（2）普通视图

在普通视图中可以快速地输入和编辑文本、图形和表格等，并可以进行简单的排版，但是不如页面视图中页面的格式明晰，文档的分页用一条虚线来表示。另外在普通视图中无法看到图形层中的图文对象、插入的页码、页眉和页脚等内容，也不能显示分栏或文本竖向排版的效果，所以这个视图通常用来进行文字的输入、编辑和查阅纯文字的文档等。

（3）Web 版式视图

在 Web 版式视图下，可以创建能显示在屏幕上的 Web 页或文档。Web 版式视图的最大优点是联机阅读方便，在此视图方式下段落将自动换行以适应当前窗口的大小，且图形位置与在 Web 浏览器中的位置一致；而且只有它可以添加文档背景颜色和图案。

（4）大纲视图

在大纲视图中，能查看文档的内容框架，对组织文档的结构非常方便，如移动标题以及下属标题于文本的位置、提升或降低标题的级别等等。有助于用户根据标题的级别分级组织文档结构，如图 3-25 所示，而不必考虑其下级标题或文本信息。

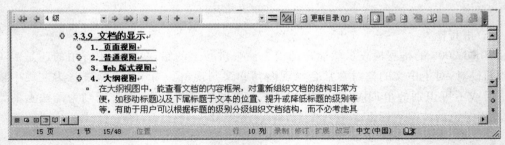

图 3-25　大纲视图

另外在大纲视图中可以方便地对较长文档（如有很多部分的报告或多章节的书）进行有效的组织和管理，可以很方便地创建文档间参考资料、目录和子文档索引等。

大纲视图中不显示页边距、页眉和页脚、图片和背景。

（5）文档结构图

文档结构图作为大纲视图的补充，它可以在任何视图中显示大纲视图的标题结构，在该视图方式下，将文档窗口分成左右两个窗格，在左窗格中显示文档的标题和各级目录结构，如图 3-26 所示，右窗格中可以用各种视图显示文档内容。

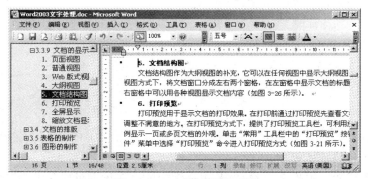

图 3 - 26　文档结构图视图

（6）打印预览

打印预览用于显示文档的打印效果。在打印前通过打印预览先查看文档全貌，以便及时调整不满意的地方。在打印预览方式下，提供了打印预览工具栏，可利用放大镜或按缩放比例显示一页或多页文档的外观。单击"常用"工具栏中的"打印预览"按钮（　）或在"文件"菜单中选择"打印预览"命令进入打印预览方式，如图 3 - 27 所示。

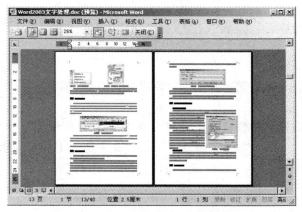

图 3 - 27　打印预览

（7）全屏显示

全屏显示的目的是为了有效利用屏幕空间，将 Word 的菜单栏、工具栏、标尺和状态栏等隐藏起来，使得一屏可以看到更多的文档内容，在此方式下也可进行编辑操作，但必须使用键盘命令。此种显示方式一般只作为文档信息浏览，要想继续编辑或排版，最好还是返回其他视图方式下进行，单击屏幕中浮动的"关闭全屏显示"按钮即可。

（8）缩放文档显示比例

无论是何种视图显示文档，都可以调整显示比例，可以"放大"文档，以便更清晰地查看文档；或者"缩小"文档，以按照缩小的尺寸看到页面中更多的内容。通过常用工具栏中的"显示比例"列表框选择所需的比例显示，如图 3 - 28 所示。

图 3 - 28　显示比例

3.4 文档的排版

3.4.1 字符格式设置

字符格式设置是指对英文字母、汉字等各种符号进行如字体、大小、字形、颜色、效果以及字符间距等各种格式的设置。

对字符格式设置主要有两个途径,其中最常用的格式设置可以借助于"格式"工具栏,另外可以通过"格式"菜单中的"字体"命令来完成。在字符键入前后均可设置其格式,在键入字符前可以先设置格式,再键入文本;对于已经键入的文本,同样要遵循"先选择,再设置"原则来重新定义字符格式。

(1)利用"格式"工具栏设置

图 3-29 为格式工具栏,格式工具栏中所显示的格式为当前光标所在字符的格式,若不改变格式设置,该格式会成为后续键入字符的格式。

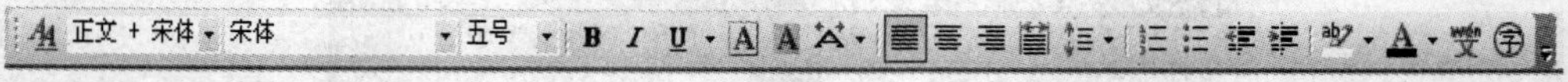

图 3-29 "格式"工具栏

①"字体"列表框:列出的是在系统中可以设置的各种中、英文字体,可以直接从字体的实际外观显示中判断选何种字体。

②"字号"列表框:定义将要键入字符的大小,字符大小的中文字号从"初号"到"八号"依次减小,英文磅值从"5 磅"至"72 磅"依次增大。当然字体大小并不局限于此范围,可以直接在"字号"列表框中输入一个 1~1638 之间的数字表示字体磅值,由此可以完成一些特大字符输出打印等功能。

③"字体颜色"选框:定义将要键入字符的颜色,在选框按钮"A"字母下方的颜色块即表示将要键入字符的颜色。默认字体颜色为黑色,也可以从"其他颜色…"中选择标准或自定义颜色。

④"加粗、倾斜、下划线"按钮:属于开关型按钮(其快捷键分别为"Ctrl+B","Ctrl+I","Ctrl+U"),即对所需按钮单击一下,按钮凹陷下去,同时对应设置起作用;再次单击,按钮恢复同时该设置取消。其中"下划线"按钮可以通过按钮 U 字母右边的下拉箭头进一步选择下划线的样式和颜色。

⑤"加边框、加底纹、字符缩放"按钮:也属于开关型按钮。其中边框和底纹可以通过"边框和底纹"菜单命令进一步设置;字符缩放操作将字符按比例"变胖"或"变瘦"。

(2)利用"字体"对话框设置

"格式"工具栏中仅给出一些常用字符格式设置,功能更全的字符格式设置可以通过"格式"菜单中"字体"命令来实现。

选择"格式"菜单中"字体"命令,打开"字体"对话框,如图 3-30 所示,该对话框包含有三个选项卡:"字体"、"字符间距"和"文字效果"。

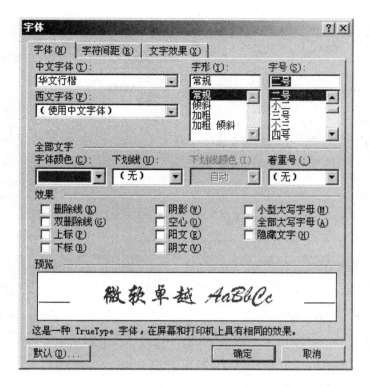

图 3-30　"字体"对话框

①"字体"选项卡在该选项卡里,可以设置字体、字形、字号、字体颜色、下划线类型、下划线颜色、着重号及效果等字符格式,如图 3-30 所示。需要说明的是,这里的字体设置是把中文字体和西文字体分开的,而不是像工具栏把中西文一起设置。单击"中文字体"下拉列表框,选择"黑体",单击"西文字体"下拉列表框,选择"使用中文字体",这样就可以让西文字体也使用黑体。格式设置完毕,从预览框中可以看到文字的变化。

其中"效果"选项组中可以设置删除线、上标、下标、阴影、空心、阳文和阴文等各种效果,例如利用上标和下标可以编辑一些简单的公式,部分效果设置如图 3-31 所示。

$$y = \log_2 4^2 \qquad 阴影 \qquad 空心 \qquad 阳文$$

图 3-31　部分文字设置的效果

②"字符间距"选项卡

在该选项卡中,可以调整字符与字符之间的距离。如图 3-32 所示,其中字符缩放比例可以在下拉列表框中直接输入,字符间距的选择项有:标准、加宽和紧缩,字符位置的选择项也有三种选择项:标准、提升和降低。

③"文字效果"选项卡

在该选项卡"动态效果"列表中列出 6 动态效果供字符设置,如图 3-33 所示。不过这些效果只能在屏幕中显示出来,不能在打印机上打印出来;且平常能用到的不多。如果感兴趣的话,可以在预览框中查看效果。

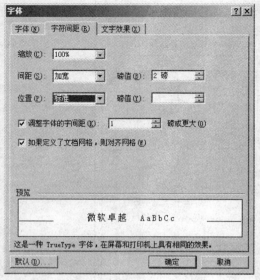

图 3-32　"字符间距"选项卡　　　　　　图 3-33　"文字效果"选项卡

3.4.2　段落格式设置

在 Word 文档中按下回车键即可产生段落标记(↵)，它不仅表明一个段落的结束，同时还包含有段落的格式。段落格式设置是指对整个段落的外观进行设置，包括对齐方式、缩进、行间距、段间距、制表位等。

段落格式设置可以通过"格式"工具栏、标尺和"段落"对话框来完成。对段落格式的设置同样要遵循"先选择，再设置"原则，若只是对某一个段落操作，不用将整个段落文本都选中，只需在操作前将光标置于该段落的任意位置，再进行各种段落格式设置。

（1）对齐方式

在 Word 里常用的段落的对齐方式有五种，分别是两端对齐、左对齐、居中、右对齐和分散对齐。

①两端对齐(▤)：通过自动调整词与词间空格的宽度，使得正文沿页面的左右页边对齐。

②左对齐(▤)：使用频率较低，日常使用中通常都是用两端对齐来代替左对齐。实际上，左对齐的段落里最右边是不整齐的，会有一些不规则的空，而两端对齐的段落则没有这个问题。

③居中(▤)：正文居于左右页边的正中，通常用于标题、表格等文本的对齐方式设置。

④右对齐(▤)：使正文向右页边对齐，一般常用于签名、日期等落款对齐方式设置。

⑤分散对齐(▤)：以字符为单位，均匀分布在一行上。通常用于不同字数文本的对齐设置。例如在表格中输入课程名称，课程名称字数虽不同，但可以设置为如图 3-34 所示的效果。

课 程 名 称	成绩
毛泽东思想概论	86
大 学 英 语	84.5
计算机应用基础	87
人 体 解 剖 学	79.5

图 3-34　分散对齐示例效果

注:分散对齐的设置是针对段落的,操作时不能仅仅选择文字内容,应选择段落,否则得不到正确的显示效果。

(2)段落的缩进

段落的缩进是指文本正文与页边距之间的距离,包括首行缩进、左缩进、右缩进和悬挂缩进四种形式。缩进可以直接通过标尺设置,也可借助于"格式"工具栏或"段落"对话框设置,其中标尺设置最为直观和快捷。

①使用标尺设置缩进

每种缩进标尺上都有对应的游标,拖动对应的游标即可设置相应的缩进。如果在 Word 窗口中标尺没有显示,可以通过选择"视图"菜单的"标尺"选项使标尺显示,如图 3-35 所示。

图 3-35　标尺

利用标尺设置缩进时,首先选择欲进行缩进的一个或多个段落,然后将相应的缩进游标拖动至合适的位置即可。

◆ 首行缩进:首行缩进游标控制的是段落的第一行开始的位置;

◆ 悬挂缩进:悬挂缩进游标控制段落中除第一行以外的其他行左边的开始位置;

◆ 左缩进:左缩进游标则控制整个段落左边界缩进的位置,且保持段落的首行缩进或悬挂缩进的量不变。

实际上标尺中左缩进和悬挂缩进两个游标是不能分开的,但是拖动不同的游标会有不同的效果。拖动左缩进游标,首行缩进和悬挂缩进游标跟着一起动;而拖动悬挂缩进游标则只有左缩进跟着一起动。

◆ 右缩进:右缩进游标控制整个段落右边界缩进的位置。

注:缩进设置要求比较精确时,可以在按住 Alt 键后再拖动缩进游标,这样就可以平滑地拖动,并且在标尺上显示出缩进的尺寸,如图 3-36 所示。

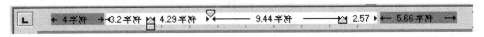

图 3-36　标尺上所呈现的精确数字

②使用"格式"工具栏缩进按钮

"格式"工具栏上的缩进按钮和,可以很快地设置一个或多个段落的缩进量。每单击一次按钮,会增加或减少一个制表位宽度的缩进量。

③使用"段落"对话框设置缩进

选择"格式"菜单中的"段落"命令,在"段落"对话框"缩进和间距"选项卡中,利用"缩进"选框可以分别精确设置 4 种缩进,如图 3－37 所示。在各种缩进后面的输入框中输入缩进的数值,设置左右缩进的距离(可以设置负值),单击"确定"按钮即可。

图 3－37　"段落"对话框中"缩进和间距"选项卡

注:对于已经设置了缩进的段落,若要取消缩进,只要将相应的缩进游标还原,或者在"段落"对话框中将相应缩进量设置为 0 或无。

(3)段落间距与行距

文档中的间距有字符间距、段落间距和行间距,其中字符间距可以在"字体"对话框中设置;而段落间距和行间距均可以在"段落"对话框中设置,其大小设置的适当与否直接关系到文档的整洁与美观。

①段落间距

段落间距用于控制当前段落与其前一段落及后一段落之间分隔的距离,有"段前"和"段后"的间距设置,可使得文档显示更清晰。

把光标定位在要设置的段落中,选择"格式"菜单中"段落"命令,打开"段落"对话框,在"间距"选择区中,单击"段前"设置框中向上的箭头,例如把间距设置为"0.5 行",单击"确定"按钮,这样这个段落和后面的段落之间的距离就拉开了,这里的段和段之间并不是用回车来分开的。

②行间距

行间距则用于设置段落中各文本行之间的距离,有单倍行距、多倍行距、最小值、固定值等选项。例如,选中全文,打开"格式"菜单,单击"段落"命令,单击对话框中"行距"下拉列表框中的下拉箭头,选择"1.5 倍行距",单击"确定"按钮,就可以改变整个文档的全部行距了。

在段落对话框中还有"换行和分页"和"中文版式"选项卡,如图 3－38 所示。其中在"换行和分页"选项卡可以对段落在页面布局中换行和段落分页进行设置；中文版式主要用于对中文的处理，常用的是"文字的对齐方式"。

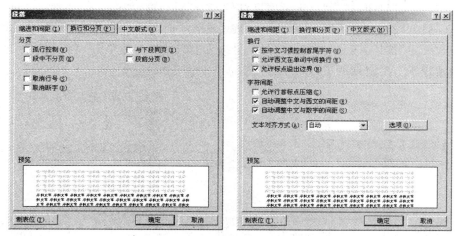

图 3 - 38　"段落"对话框中"换行和分页"及"中文版式"选项卡

3.4.3　项目符号和编号

在 Word 中可以快速添加项目符号和编号，使得文档条理清楚和重点突出，可提高文档编辑速度，同时也易于阅读和理解。

(1) 自动创建项目符号和编号

在 Word 2003 中，可以在输入时自动产生带项目符号和编号的列表。在段落开始位置键入诸如"1."、"一、"、"A)"等格式的起始编号时，再输入文本，当按 Enter 键时，Word 会自动将该段落转换为列表，同时插入下一个编号于下一段的开始处。

同样在段落开始位置键入诸如"　"、">"等符号，再按空格键或 Tab 键，然后键入文本，当按下 Enter 键以添加下一列表项时，Word 会自动将该段落转换为项目符号列表，即自动产生"●""➢"等项目符号。

要删除单个项目符号或编号，可先将光标置于项目符号或编号与对应文本之间，再按下 Backspace 键。要结束列表，可连续按两次 Enter 键，也可通过按 Backspace 键删除列表中的最后一个编号或项目符号。

当调用了自动编号功能，对在段落中添加或删除列表项的操作都很方便，编号会自动更新，而不必一一去更改。若要取消自动创建项目符号和编号功能，可选择"工具"菜单中的"自动更正"选项，选择"键入时自动套用格式"选项卡，将"自动项目符号列表"和"自动编号列表"两个复选框中的钩取消即可。

(2) 添加项目符号

Word 的编号功能是很强大的，可以轻松地设置多种格式的编号以及多级编号等。一般在一些列举项目的地方会采用项目符号来进行。对已有文本添加项目符号，可以先选中段落，单击"格式"工具栏上的"项目符号"按钮，就给它们加上了项目符号。和去掉自动编号的方法一样，把光标定位到项目符号的后面，按 Backspace 键即可；也可以直接把光标定位到要去掉的项目符号的段落中，单击"格式"工具栏上的"项目符号"按钮，去掉项目符号。

对默认的项目符号不满意时，可以选择"格式"菜单的"项目符号和编号"命令，打开"项目符号和编号"对话框，在"项目符号"选项卡中选择一个喜欢的项目符号，如图 3-39 所示；或者单击"自定义"按钮，打开"自定义项目符号列表"对话框，如图 3-40 所示。单击"项目符号"按钮，打开"符号"对话框，从"字体"列表中选择一种喜欢的字体，然后选择一个喜欢的符号，单击"确定"按钮，回到"自定义项目符号列表"对话框，然后单击"确定"按钮，就可以给选定的段落设置一个自选的项目符号了。

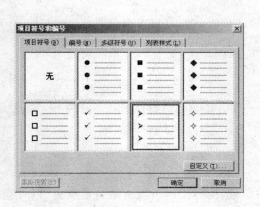

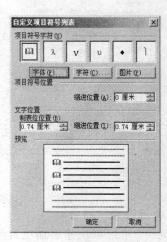

图 3-39　"项目符号和编号"对话框　　　　图 3-40　自定义项目符号

在"项目符号和编号"对话框中还可以单击"图片"按钮，从图片符号库里选择一个合适的图片符号。

（3）设置编号格式

对已有文本添加编号，可以先选中段落，单击"格式"工具栏上的"编号"按钮，就会给段落自动加上编号；也可以在"项目符号和编号"对话框中，选择"编号"选项卡，从中选择合适的编号，如图 3-41 所示。

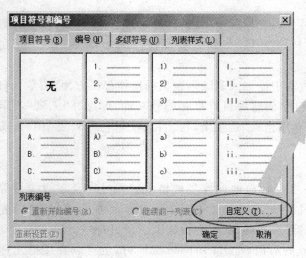

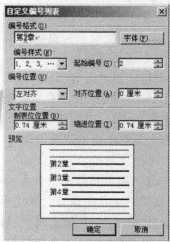

图 3-41　选择编号样式及自定义编号设置

更多的编号样式,可以单击"自定义"按钮,打开"自定义编号列表"对话框,如图 3 - 41 所示。从"编号样式"下拉列表框中选择一种合适的样式,在上面的"编号格式"的输入框中就出现了用户选择的样式,可以在编号前后添加或修改其他字符,从而构成各种格式的编号。如添加括号编号列表变成(A)、(B)、(C)……添加"第"、"章"两字变成第 1 章、第 2 章、第 3 章……同时在右面的预览框中就可以看到设置的效果。

如果编号、正文的排版位置不合意,可在"自定义编号列表"对话框中修改。其中"编号位置"框架内的"对齐位置"即相当于"首行缩进","文字位置"框架内的"缩进位置"相当于"左缩进";而实际上,这些值也可以直接用标尺上的"左缩进"和"首行缩进"游标来修改。

(4)多级符号设置

多级符号可以清晰的表明段落列表各个层次之间的关系。多级符号列表最多可拥有 9 个级别。创建多级符号必须通过"项目符号和编号"对话框中的"多级符号"选项卡来确定多级格式。

对于每一编号级别,都可以更改多级符号列表格式。若要降低或提升项目的编号级别,请单击该项目的任意一处,再单击"增加缩进量"或"减少缩进量"按钮,也可以使用 Tab 或 Shift＋Tab 来修改当前项目的编号级别。例如:输完某一级中一个编号(如 1、2、3……)后的正文内容,按回车键即自动进入下一个编号,再按"Tab"键即可改为下一级编号样式(如 A、B、C……),要返回到上一级继续编号,按"Shift＋Tab"即可。灵活运用这两项,同样能少费力气多办事。

注:如果在编辑过程中想全权控制"编号",不愿受"自动更正"干扰或摆布,可在"自动更正"中关闭"自动编号列表"。如果用户在"编号"时误操作,导致"编号"乱套,不妨多使用快捷键"Ctrl＋Z",它能省不少力。

3.4.4　边框和底纹

(1)添加边框

在 Word 中,可以为文档中的文本、段落和整个页面添加边框,它们的区别就在于选定的对象或应用的范围。

①为文本添加边框,首先选定文本,可以直接用格式工具栏中的"字符边框"按钮设置;也可以选择"格式"菜单,打开"边框和底纹"对话框,选择"线型"、"颜色"和"宽度"等进行边框设置。

②为段落添加边框

先把光标定位到要设置的段落中,选择"格式"菜单,打开"边框和底纹"对话框,进入"边框"选项卡进行相关设置,如图 3 - 42 所示;然后在"应用于"下拉列表框中选择"段落",单击"确定"按钮,就给这个段落加上了一个边框。

③为页面添加边框

打开"边框和底纹"对话框,单击"页面边框"选项卡,注意这里的"应用于"是"整篇文档",如图 3 - 43 所示,单击"确定"按钮,就给这个文档设置了页面边框。例如可以为整个文档设置一个艺术型的边框,单击"艺术型"的下拉列表框,选择一个自己喜欢的艺术型边框。

注:若要取消已经设置的边框,可以打开"边框和底纹"对话框,在"设置"框选择"无"即可。

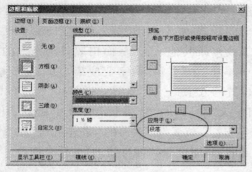
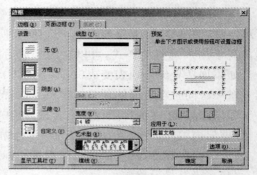

图 3-42　段落边框设置　　　　　　　　　　图 3-43　页面边框设置

（2）添加底纹

选定要添加底纹的文本或段落，打开"边框和底纹"对话框，单击"底纹"选项卡，可以选择填充颜色和图案等，根据需要在"应用范围"列表框中选择为"文本"或"段落"，如图 3-44所示，单击"确定"按钮，即可完成底纹的设置。

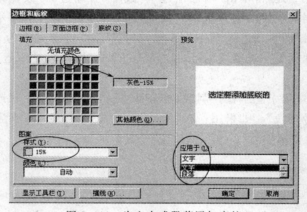

图 3-44　为文本或段落添加底纹

也可以通过格式工具栏添加底纹。选中要添加底纹的文本，单击格式工具栏上的"字符底纹"按钮，将添加默认为"15％"式样的底纹。

3.4.5　分栏

在报纸、杂志、试卷等一些特殊的文档中经常可以看到，文档是分为多栏显示的。这使文档版面更加生动，编排更合理。

（1）使用"格式"菜单设置分栏

①选择要进行分栏操作的文本，单击"格式"菜单的"分栏"选项，弹出如图 3-45 所示的分栏对话框。

②在"分栏"对话框中的"预设"框中选择预设样式，也可以在栏数框中自定义分几栏显示。

③在"栏宽和间距"框中可以根据需要调整栏宽，同时"间距"也随之变化；若想使多栏平均分布，可以选中"栏宽相等"复选框；若要设置不同的栏宽，取消"栏宽相等"复选框后即可分别设置各栏的栏宽。

④还可选择"分割线"复选框,在所有分栏之间加上分割线。
⑤设置完毕后,单击"确定"按钮即可。

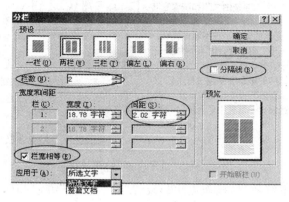

图 3-45　"分栏"对话框

(2)使用"其他格式"工具栏设置分栏
①选择"视图"菜单"工具栏"选项中的"其他格式"选项,显示如图 3-46 所示的"其他格式"工具栏。

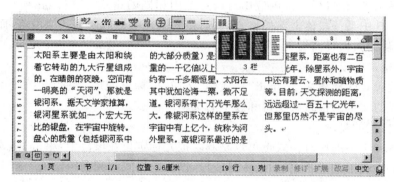

图 3-46　利用"其他格式"工具栏设置分栏

②选择要进行分栏操作的文本,单击"其他格式"工具栏中的"分栏"按钮(▤),并将鼠标拖动,即可根据需要将文档设置成多栏显示。
注:如对整篇文档进行分栏,则不需要选择任何文本,仅将输入光标置于文档中即可。在"分栏"对话框中注意分栏设置的应用范围。若要取消多栏设置,只需要在"分栏"对话框中还原成"一栏"设置即可。

3.4.6　首字下沉

在很多图书、杂志中经常可以看到,一些文章为了突显排版效果,文档的第一段的首字加大下沉显示,在 Word 中可以很轻松实现。
将光标定位到要设置的段落中,选择"格式"菜单中"首字下沉"选项,打开"首字下沉"对话框。在"位置"框中选择下沉,在"字体"框中选择下沉字体,还可设置下沉行数距正文的距离。设置完毕后,单击"确定"按钮,效果如图 3-47 所示。

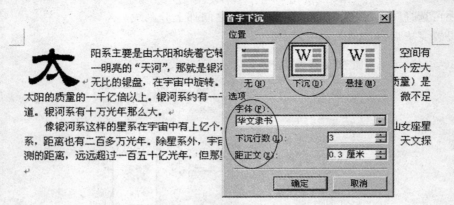

图 3 - 47 "首字下沉"设置与效果

如果要取消首字下沉效果，操作方法与设置"首字下沉"方法相同，只要在对话框的"位置"选项中选择"无"即可。

3.4.7 使用格式刷

格式刷（<img>）的功能就是"刷"格式，也就是将选定范围内应用的字体和段落等格式，快速复制到目标范围，在目标范围内应用与选定范围相同的格式。这样，在编辑多段文本时，可以先设置好其中某一段落文本的格式，然后格式刷轻松地应用到其他段落，而不必再一段一段的设置，从而大大提高编辑效率。

（1）文本格式的复制

选中已设置好的样板文本，单击"格式刷"按钮，鼠标就变成了一个小刷子的形状，用这把刷子"刷"过的文本的格式就变得和选中的文本一样了。

（2）段落格式的复制

整个段落和文字的所有格式也可以复制。把光标定位在段落中，单击"格式刷"按钮，鼠标变成了一个小刷子的样子，然后选中另一段，该段的格式就和前一段的一模一样了。

（3）复制格式到多个段落

如果有好几段的话，先设置好一个段落的格式，然后双击"格式刷"按钮，这样在复制格式时就可以连续给其他段落复制格式；再次单击"格式刷"按钮即可恢复正常的编辑状态。

注：在复制格式的对象选择上，若仅仅是文本块，则复制所选内容的字符格式；若包含段落标记，则复制所选段落的段落格式及字符格式。

3.4.8 制表位

制表位的作用主要是在段落中定位文字。要使文字在分隔后再对齐，可以使用空格，但这样往往没有办法对齐，因此可以用制表位来进行设置。选择"格式"菜单中"制表位"选项，打开"制表位"对话框，如图 3 - 48 所示，可以对制表位进行相关设置。制表位的对齐方式有5 种方式，即左对齐、居中、右对齐、小数点对齐和竖线对齐。

设置制表位还可以在标尺栏中进行。选定要在其中设置制表位的段落，单击水平标尺最左端的 <img> 按钮，直到出现所需制表符类型：<img>，在水平标尺上单击要插入制表位的位置。

　　制表位通常用在不想使用表格但又想获得合适对齐方式的列表中,先设置好制表位,在标尺上单击,设置一个左对齐式制表位,单击标尺左上角的制表符,把当前设置的制表位变成居中式制表位,再在标尺的合适位置单击,设置一个居中式制表位,然后输入文字;每个制表符后的文字都按照制表位的位置对齐了,在左对齐制表位下的文字靠左对齐,而居中式制表位下的文字则是居中对齐。

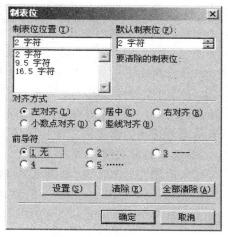

图 3-48　"制表位"对话框

　　在文档中,每按一下 Tab(制表位)键,插入点的文字将向右移动一个制表位的距离,同时在文档中会有一个灰色的箭头出现,这个就是制表符。例如在问卷选择中输入一组选项,将光标定位到第一个选项 A 的后面,按一下 Tab 键,再输入一个 B 选项,选项 B 就是以设置的制表位的地方来对齐的,如图 3-49 所示。

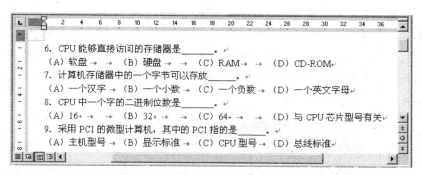

图 3-49　利用制表位设置文本对齐

3.5　图文混排

　　用户在编辑文本的同时,适当插入一些精美的图片,并将这些图片和文字以一定的方式排在同一个文档中,能使版面更加生动、页面更具美感。在 Word 文档中,可以使用 Windows 系统支持的多种格式的图片文件、剪辑库中的剪贴画文件、绘制的自选图形以及艺术字等各种类型的图形。在 Word 中可以插入并编辑修改这些图形对象,实现图文混排。

3.5.1　插入图片

　　插入的图片来源主要有两个:剪贴画和来自文件的图片。

　　(1)插入剪贴画

　　Office 2003 的"剪辑库"中包含了大量的剪贴画和图片,如果安装时选择了它,就可以使用这些图片。剪辑库中的图片内容包罗万象,从地图到人物、从建筑到风景名胜,应有尽有。插入剪贴画的操作步骤如下:首先定位好插入点,然后选择"插入"菜单中的"图片"命

令,进入"图片"子菜单后选择"剪贴画"命令,也可以单击"绘图"工具栏上的"插入剪贴画"按

钮(),在"剪贴画"任务窗格的"搜索文字"框中,键入描述所需剪辑的类别名称,还可以在"搜索范围"和"结果类型"列表中进一步选择以缩小搜索范围。单击"搜索"按钮,在列表中选择所需剪贴画。直接单击即可插入,也可以选择图片右侧下拉箭头,选择"插入"选项完成插入,如图3-50所示。关闭对话框回到文档中,可以看到刚才选择的剪贴画已经插入到了文档中。

(2)插入图形文件

插入的图片也可以从其他程序和磁盘目录中选择。在 Word 中可以直接插入的常用图形文件有:.bmp(位图)、.wmf(图元)、.jpg(JPEG 文件交换格式)等。

图 3-50　剪贴画任务窗格

插入图片步骤如下:选择"插入"菜单中"图片"选项,单击"来自文件"命令,也可以单击"绘图"工具栏上的"插入图片"按钮(　),或者单击"图片"工具栏上的"插入图片"按钮,打开"插入图片"对话框选择要插入的图片,如图3-51所示,单击"插入"按钮,图片就插入到文档中了。

选中插入的图片后,界面中一般还会自动弹出一个"图片"工具栏,以供编辑设置。

图片的基本编辑操作与文本操作类似:第一步先选中图片,再进行剪切、复制或删除(Delete 键)等操作,这里不再赘述。

图 3-51　"插入图片"对话框

3.5.2　设置图片格式

图片文件插入到文档中后,可以调整其大小、位置、修剪以及与文字环绕的方式等。可以利用"图片"工具栏进行设置;也可以在图片上单击鼠标右键,选择快捷菜单中的"设置图片格式"命令,或者直接双击图片,在打开的"设置图片格式"对话框中设置。

注:选中图片后,一般会自动弹出"图片"工具栏,如果没有,可以从"视图"菜单的"工具栏"子菜单下选择"图片",也可以在图片上单击右键,从快捷菜单中选择"显示'图片'工具

栏",即可打开"图片"工具栏,如图 3-52 所示。

图 3-52　"图片"工具栏

(1)图片的简单处理

①图片的缩放

使用鼠标可以快速调整图片的大小。在图片中任意位置单击,图片的四周会出现 8 个尺寸控点(尺寸控点:出现在选定对象各角和各边上的小圆点或小方点),将鼠标置于其中一个控点上,鼠标指针将变成双箭头的形状,按下左键拖动鼠标,即可改变图片的大小。

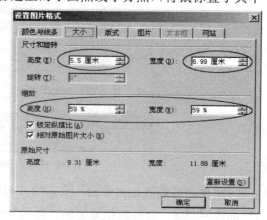

注:为了保留原有图片的长宽比例,调整时最好只拖拉图片四个角落上的控制点来调整图片的大小。

有时为了得到规定尺寸的图片,可以通过"设置图片格式"对话框来设置。在"大小"选项卡中的"尺寸和旋转"和"缩放"比例框中进行精确设置,如图 3-53 所示。

②改变颜色

选中图片,单击"图片"工具栏上的"图像控制"按钮( ),可以选择自动、灰度、黑白和冲蚀 4 种效果,如图 3-54 所示。

图 3-53　"设置图片格式"对话框

　　(自动)　　　　　　(灰度)　　　　　　　　(黑白)　　　　　　　(冲蚀)

图 3-54　设置不同颜色的效果

③调整亮度和对比度

选中图片,通过调节图片亮度按钮可"增加亮度"( )或"降低亮度"( );通过调整对比度按钮可"增加对比度"( )或"降低对比度"( )。

④图片的裁剪

选中待裁剪的图片,图片四周出现八个尺寸控点;单击"图片"工具栏上的"裁剪"按钮,鼠标变成"裁剪"形状( ),在图片的尺寸句柄上按住左键拖动,虚线框所到的地方就是图片的裁剪位置;若在拖动鼠标左键的同时按住 Alt 键,就可以平滑地改变虚线的位置,从而能够更精确地裁剪图片。若想将图片从中心向外垂直、水平或沿对角线方向裁剪,可按住 Ctrl 键,并且用裁剪按钮拖动尺寸控点即可。

精确的裁剪也可以单击"图片"工具栏上的"设置图片格式"按钮（ ）或选择快捷菜单中的"设置图片格式"命令，选择"设置图片格式"对话框中"图片"选项卡，如图 3-55 所示，在裁剪栏的左、右、上、下 4 个方向以具体尺寸进行裁剪。

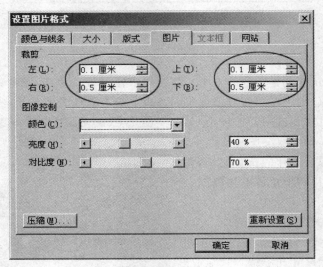

图 3-55　精确裁剪图片

注：如果在剪裁或是调整图片大小的过程中，设定错误或对设置不满意，可以单击"重新设置"的按钮（ ），就可以恢复为图片原始的大小与格式。

（2）图片的综合设置

①文字环绕

图形插入在文档中的位置有两种：嵌入式和浮动式。嵌入式图片为直接放置到文本中的插入点处，占据文本的位置；而浮动式图片为插入在绘图层的图形对象，可以在页面上精确定位，也可使其浮于文字或其他对象的上方，或衬于文字或其他对象的下方。从图 3-56 中可以看出嵌入型图片与浮动型图片被选定时的区别。在默认的情况下，Word 2003 将插入的图片作为嵌入式对象。

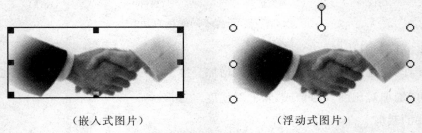

（嵌入式图片）　　　　　　　　　（浮动式图片）

图 3-56　嵌入型图片与浮动型图片被选定时的区别

图片的嵌入式和浮动式的转换方法为：选定该图片，在"图片"工具栏的"文字环绕"下拉菜单中选择"嵌入型"或其他环绕格式（为浮动型）；也可以在"设置图片格式"对话框的"版式"选项卡中选择"嵌入型"或其他环绕格式（为浮动型）。

若要实现图文混排，选中图片后单击"图片"工具栏上的"文字环绕"按钮，或者通过"设置图片格式"对话框的"版式"选项卡,如图 3 - 57 所示,选择一种文字环绕方式,如选择"四周型"环绕方式,即是将文字环绕在图片的四周。

　　②图片的对齐

　　对于插入的图片,如果是嵌入式的,可以像文字一样,通过"格式"工具栏上的文字对齐方式进行设置;如果是浮动型的,可以通过"设置图片格式"对话框中"版式"选项卡的"水平对齐方式"栏进行设置,如图 3 - 57 所示。

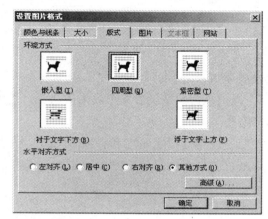

图 3 - 57　设置图片的文字环绕格式

　　③图片位置的移动

　　若图片为嵌入型,则图片随着插入点的移动而变化;若为浮动型则可以在页面上精确定位,其操作步骤为:选中图片,按下左键进行拖动,文档中就出现了一个虚线框表示图片拖动到的位置;若先按住 Alt 键再拖动,可以平滑地将图片移动到需要的位置;还通过 Ctrl 键+上、下、左、右 4 个方向键,可以实现图片的微移;图片的微移还可以使用"绘图"工具栏的"绘图"按钮菜单中的"微移"子菜单来调整图形的位置。

　　④图片的旋转

　　当插入的图片为浮动型时,才能实施旋转。选中待旋转的图片,其上方会出现一个绿色的旋转控点,如图 3 - 58 所示,向所需的方向拖动旋转控点,可以旋转任意角度。

　　也可以通过"绘图"工具栏上的"绘图"按钮,打开"旋转和翻转"子菜单,使用这些选项来旋转图形;或者利用快捷菜单,打开"设置对象格式"对话框,在"大小"选项卡中,输入"旋转"的角度来设置图形的旋转。

图 3 - 58　旋转图片

　　⑤图片的叠放次序

　　应版面设计需要,有时需要在文档中插入多个图片叠放排成一定的形状。而在 Word 中,将按插入的先后顺序进行叠放,即最先插入的在最下面,后插入的图片在先插入图片的上面,这时要想把下面的图片调到上面,就要改变图片的叠放次序。

选中图片,单击鼠标右键,在快捷菜单中选择"叠放次序"选项,弹出如图3-59所示的子菜单。Word共提供了6种不同的叠放次序。

图3-59　设置图片的叠放次序

3.5.3　艺术字的使用

Word 2003提供了为文字设置图形效果的功能。艺术字的制作步骤如下:

(1)插入艺术字

单击"绘图"工具栏上的"插入艺术字"按钮(　　),或者从"插入"菜单"图片"选项中选择"艺术字"命令,从打开的"'艺术字'库"对话框中选择一个样式,如图3-60所示,单击"确定"按钮。

(2)编辑艺术字

在弹出的"编辑'艺术字'文字"对话框中,输入文字,选择"字体"项,如图3-61所示,单击"确定"按钮,文档中就插入了艺术字,同时Word自动显示出了"艺术字"工具栏。

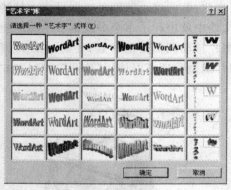

图3-60　"'艺术字'库"对话框

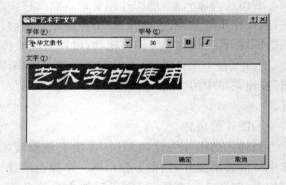

图3-61　编辑艺术字

(3)改变艺术字的属性

对于插入的艺术字进行属性设置,其操作方法与图形对象操作一样可以设置填充颜色、对齐、环绕等格式。选中艺术字对象,出现八个尺寸控点,可以缩放和位置移动等,同时Word 2003自动显示"艺术字"工具栏,可以利用艺术字工具栏按钮对艺术字进行各种属性设置。

①拖动黄色的菱形控制点,可以改变艺术字的形状。

②单击"艺术字库"按钮,可以打开"'艺术字'库"对话框,以供重新选择艺术字样式。

③单击"艺术字形状"按钮,从打开的面板中可选择一种艺术字的形状。

④单击"艺术字字符间距"按钮,可选择艺术字的文字之间的间距的大小。

图 3－62　改变艺术字属性

3.5.4　绘制、编辑图形

日常工作中经常会绘制一些流程图、路线图，或者为了美化文档，都需要使用绘图工具，而 Word 2003 本身提供了比较强大的绘图功能，能够完成一些常用图形的绘制。

绘制图形是利用"绘图"工具栏来完成的。单击"常用"工具栏上的"绘图"按钮（ ）弹出"绘图"工具栏，如图 3－63 所示。

图 3－63　"绘图"工具栏

（1）绘制图形

①绘制基本图形

"绘图"工具栏提供了"直线"、"箭头"、"矩形"和"椭圆"4 种绘制基本图形按钮。

单击这些图形按钮后，文档中会弹出一个"绘图画布"，即一块带有虚线边框的矩形区域，如图 3－64 所示，鼠标指针变成十字形，拖拽鼠标到所需大小即可。

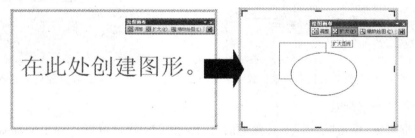

图 3－64　"绘图画布"及"绘图画布"工具栏

"绘图画布"是从 Word XP 开始新增的功能，移动画布时，画布内的全部内容都随之移动。并不一定非要在画布中才能创建图形，也可在画布外绘制，如果觉得画布碍事，也可按 Delete 键删除。如果不希望在绘图时总出现画布，可以选择"工具"菜单中"选项"命令，在"常规"选项卡中将"插入'自选图形'时自动创建绘图画布"前复选框中的选中标记取消即可。

所绘制的图形和插入的图片一样，其四周同样具有尺寸控点，可以缩放或旋转这些图形，其叠放次序的调整也同图片一样。

注：在绘制正方形、正圆及水平、垂直的直线或箭头时，可在拖拽鼠标时按住 Shift 键来

完成绘制。

②绘制自选图形

Word 不仅提供了基本图形的绘制,还提供了多种自选图形的绘制工具。单击"绘图"工具栏中的"自选图形"按钮,如图 3－65 所示,在弹出的菜单中选择所需类型及该类型中合乎需求的图形,此时,鼠标指针变成十字形,按下左键拖动鼠标到所需的大小即可。

（2）编辑修改图形

对于自选图形或手工绘制的基本图形,直接用鼠标双击图形对象或通过快捷菜单的"设置自选图形格式"命令,打开"设置自选图形格式"对话框,与设置图片格式类似,可以在相应的选项卡中设置线型、线条颜色、填充颜色、箭头类型、大小调整和版式设置等。这些操作还可以直接从"绘图"工具栏中相应按钮进行设置。

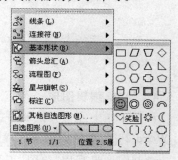

图 3－65　选择自选图形

①设置线框和颜色

置于文档中的图形可以设置线框和背景颜色,图形的背景可以用渐变颜色、纹理、图案和图片来填充。双击待设置的图形,打开"设置图片格式"对话框,在"线条和颜色"选项卡中,可选择线条的颜色、虚实、线型和粗细,如图 3－66 所示;也可从"填充颜色"列表中选择一种颜色或某种填充效果,如图 3－67 所示。

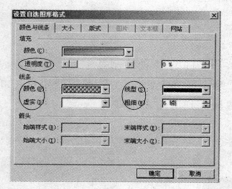

图 3－66　设置线框和背景格式

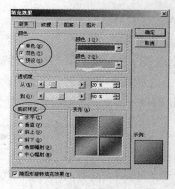

图 3－67　设置颜色填充效果

②设置阴影和三维效果

选中图形对象,单击"绘图"工具栏上的"阴影"按钮(▨),可以从弹出的面板中选择阴影样式,文档中的图形就有了阴影。并且阴影还可以进一步调整:单击"阴影"按钮,单击"阴影设置"按钮,打开"阴影设置"工具栏可以设置阴影;若要取消阴影,单击"阴影"按钮,选择"无阴影"按钮即可。三维也是同样,单击"三维"按钮(▱),选择面板中的一种形式单击就可以了,图 3－68 所示为阴影和三维效果图。

图 3－68　图形的阴影和三维效果

③在绘制图形中添加文字

可以在自选图形中（直线和任意多边形除外）添加文字，增添图形的信息表达能力。添加到图形中的文字可以进行格式设置，移动图形时其中的文字位置也随之改变。操作方法很简单，用鼠标右键单击图形对象，从快捷菜单中选择"添加文字"命令，Word 2003 自动在图形对象上显示文本框，然后输入文字即可，如图 3-69 所示。

图 3-69　图形中添加文字

④图形的组合

对于那些在画布外的图形，若想将其作为一个整体同时移动或缩放时，就必须将他们组合在一起。这就要考虑多个图形的对齐分布、叠放次序以及组合。

其操作步骤归结如下：

◆选中待组合的多个图形

单击"选择对象"按钮（🔖），鼠标指针变成标准的选择形状，在文档中画一个虚线框将整个图形对象包括起来，松开左键即可；也可以先按住 Shift 键，再分别单击每一个待组合的图形。被选中的每个图形对象四周都会出现尺寸控点。

◆设置对齐和分布

选中要对齐的若干图形，单击"绘图"按钮，打开"对齐和分布"子菜单，选择一种对齐方式，如图 3-70 所示，也可根据需要多次设置不同的对齐方式，直至满足分布需求。

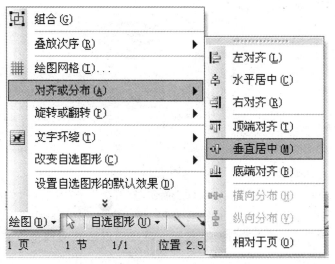

图 3-70　设置图形的对齐与分布

◆设置叠放次序

选中图形，单击鼠标右键，利用快捷菜单的"叠放次序"命令可改变图形的叠放次序。如果图形不可见，可按 Tab 或 Shift＋Tab 组合键，直到选定该图形。

◆图形的组合

选择待组合的多个图形，单击"绘图"按钮，在"绘图"菜单中选择"组合"命令，就把待组合的多个图形对象组合成了一个图形。再移动它们时，可以看到移动的是整个图形。选中组合后的图形对象，四周也有八个尺寸控点，拖动它可以将组合后的整体统一缩放。

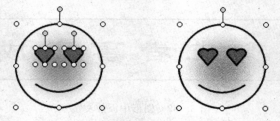

图 3－71　图形组合前后控点的变化

对于组合图形，若需要再次对其中的某一图形对象单独编辑，在选中的组合图形上单击右键，在快捷菜单中"组合"子菜单中选择"取消组合"选项，单击图形外的任意位置，取消当前选择；对要单独编辑的对象进行操作完毕，再次选中其中的一个对象，单击"绘图"按钮，选择"重新组合"命令，这个图形就再次组合起来。

（3）水印的制作

①页面的文字水印制作

Word 2003 提供了一个简易的文字作为水印功能：打开"格式"菜单的"背景"面板，单击"水印"命令，打开"水印"对话框，如图 3－72 所示，从左边的"文本"列表中选择文字，在"字体"列表框中选择字体，然后设置尺寸，选择颜色，单击"确定"按钮，页面中就出现了显示在文字下面的水印了；单击"打印预览"按钮，可以看到设置的水印效果，如图 3－73 所示。

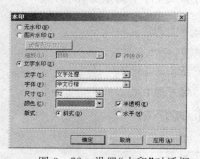

图 3－72　设置"水印"对话框

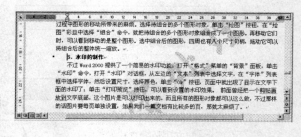

图 3－73　文字水印效果

②页面的图片水印制作

选择"格式"菜单中"背景"面板中"水印"命令，打开"水印"对话框，如图 3－72 所示，在"图片水印"栏中单击"选择图片"按钮，在打开的"插入图片"对话框中选择图片，在"缩放"列表框中选择缩放比例，以及图片的"冲蚀"效果。确定后返回到文档中查看效果，如图 3－74 所示。

实际上，页面的水印是添加在"页眉和页脚"状态下的文字或图片。打开"视图"菜单，单击"页眉和页脚"命令，或者在"格式"菜单再次选择"背景"面板中的的"水印"，可以进入到水印的可编辑状态，可以对添加的水印文本或图片作进一步的编辑设置。

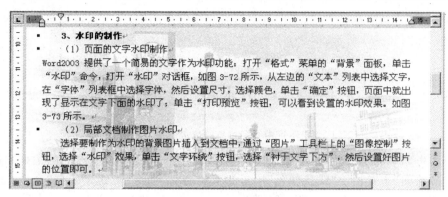

图 3-74　图片水印效果

③局部文档制作图片水印

选择要制作为水印的背景图片插入到文档中,通过"图片"工具栏上的"图像控制"按钮,选择"水印"效果,单击"文字环绕"按钮,选择"衬于文字下方",然后设置图片的位置即可。

在页面视图或打印出的文档中可以看到水印。如果使用图片,可将其淡化或冲蚀,以不影响文档文本的显示。如果使用文字,可从内置词组中选择或自己输入文字,并设置半透明效果。

3.5.5　文本框

文本框在 Word 2003 文档排版中应用较广,其主要特点就是能将文字、表格、图形等精确定位,实现复杂文档版面的设计。文本框实际上为文本、表格、图形等对象提供一个独立的编辑容器,可以在其中进行各种编辑设置,并且装入文本框内的各种对象,可以随着文本框置于页面的各个地方,实现与正文的文字环绕设置等各种操作。

(1)文本框的建立

①插入空文本框

单击"绘图"工具栏上的"文本框"按钮( ),鼠标变成"+"字形,在文档中拖动鼠标到所需大小与形状后放开即可;也可以插入一个空的横排文本框;插入竖排的文本框只要使用"竖排文本框"按钮( )即可。

②将已有的内容纳入文本框

选中要纳入到文本框的所有内容(可以是文字、图片和表格等),单击"绘图"工具栏上的"文本框"按钮,或者选择"插入"菜单的"文本框"命令,就将这些对象添加到文本框中。

注:插入到文本框中的对象若是图形对象(包括图片、艺术字、自选图形和公式等),则它们必须是嵌入式的,才能够被看成为文本框的一部分,以整体进行设置。

(2)文本框的格式设置

文本框具有图形的属性,所以对其编辑同对图形的编辑类似,即可以利用快捷菜单中选择"设置文本框的格式"命令,在"设置文本框的格式"对话框进行如填充颜色、线框、大小、文字环绕等设置。文本框置于文档中的位置非常灵活,可以将文本框放在文档的任何位置。

对文本框的格式设置,首先要选中文本框对象,与图形对象不同的是,文本框的选定是通过单击文本框边线位置,而非选择文本框中的内容;另外,添加了文字的矩形从外表上看与文本框差不多,但毕竟是图形,所以选中后有一个绿色的旋转控点,可以自由旋转,而文本框却没有。如图3-75所示。

图3-75　区别文本框内容和对象的选定以及与添加文本的矩形

有时为考虑版面上的效果,需要去掉文本框的黑色边框:单击文本框的边框,选中该文本框,单击"绘图"工具栏上"线条颜色"按钮的下拉箭头,选择"无线条颜色"命令,单击文本框以外的地方,就看不出文本框的痕迹了。

(3)文本框的应用

①同一页面中横排与竖排段落并存

若在文档的同一页中既有横排也有竖排的段落,用文本框来处理很方便,先插入一个横排的文本框,输入要横排的文字;再在文档中插入一个竖排的文本框,输入竖排的文本,调整好这两个文本框的大小和位置就可以了。

②文本框的链接

文本框不能随着其内容的增加而自动扩展,但可以利用文本框之间的链接功能来解决,使得内容在文本框之间自动衔接。其操作步骤如下:

◆首先在文档的不同位置建立多个文本框;

◆选中第一个文本框的边框,单击鼠标右键,从中选择"创建文本框链接",鼠标指针变为"水杯形状",然后将鼠标指针移至第二个文本框上,单击左键,就完成了文本框的链接。同样可为多个文本框依次建立好所有的链接;

◆在第一个文本框中输入文字内容,如果该文本框已填满,则超出的文字将自动转入其链接的下一个文本框。

3.5.6　公式编辑器的使用

一些特殊的文档,例如数学试卷、论文中常用到一些数学公式、数学符号等,利用公式编辑器(Equation Editor)可以轻松实现。在Word中产生的数学公式可以和前面介绍的图形对象操作方法类似,即可以进行各种公式编辑操作。

(1)公式的输入

将插入点定位到需要添加公式的位置,单击"常用"工具栏上的"公式编辑器"按钮;或者选择"插入"菜单中"对象"命令,在"对象类型"列表中选择"Microsoft公式3.0",单击"确定"按钮,Word将自动进入公式编辑的界面,如图3-76所示,即可以进行公式编辑。

(2)公式的编辑

公式编辑主要依靠"公式"工具栏上的数学符号以及运算模板,其中工具栏的上面一行为数学符号栏,可以插入各种数学符号;下面一行为各种运算模板,根据需要选择相应的模板,在模板的空插槽中输入数字及各种符号,可插入一些分式、根式、求和、积分、矩阵等公式符号,如图3-77所示。公式编辑结束后,在公式外围的Word文档窗口中单击,即可回到文本编辑状态,建立的数学公式将默认作为嵌入型图形对象插入到光标所在位置。

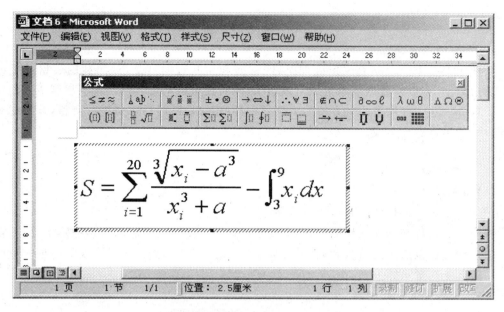

图 3 - 76　公式编辑界面

（3）公式的重新设置

①移动或缩放

如果对插入的公式需要进行位置的移动或缩放等图形操作,可选中该公式对象,拖动完成位置移动,拖曳公式对象周围的尺寸句柄可调整其大小。

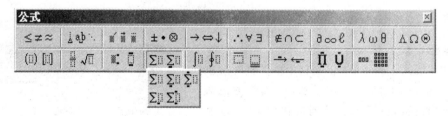

图 3 - 77　"公式"工具栏

②对公式内容或格式修改

双击该公式对象,再次进入到公式编辑环境,可以重新修改公式内容。其中公式模板中各部分的格式调整可利用"格式"、"样式"和"尺寸"等菜单中的相关选项进行设置。如图 3 - 78 所示。

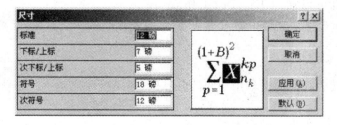

图 3 - 78　公式中的对象尺寸的调整

3.6　表格的制作

在使用 Word 2003 进行文字处理时,经常要和一些数据打交道,而利用表格或统计图表来表示数据,可以使数据展示更加清晰明了;同时还可以利用表格实现不规则版式的排版工作。Word 2003 提供了非常方便的表格处理环境,可以随时对表格进行调整,并且能对表格进行部分运算处理。

3.6.1　表格的建立

(1)插入表格

①使用常用工具栏的"插入表格"按钮

将插入点定位在插入表格的位置,单击"常用"工具栏上的"插入表格"按钮(⊞),在制表框中拖动光标至满足的行数和列数,释放鼠标左键,便可得到一个带有实线边框的空的表格。如图 3 - 79 所示。

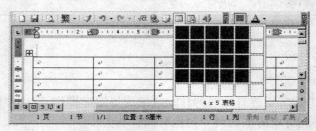

图 3 - 79　"插入表格"按钮插入空表格

②使用"表格"菜单

将光标定位在需插入表格的位置,选择"表格"菜单中"插入"子菜单中"表格"命令,打开"插入表格"对话框,如图 3 - 80 所示,设置要插入表格的列数和行数,也可以定义列宽和利用"自动套用格式"按钮套用 Word 提供的固有格式,单击"确定"按钮,所需表格就插入到文档中了。

插入表格还可以使用"表格和边框"工具栏中的"插入表格"按钮,单击"插入表格"按钮,打开"插入表格"对话框,其操作同上。

在 Word 中也可以插入 Excel 的工作表,并

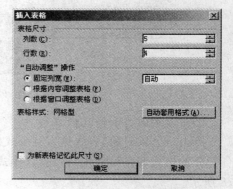

图 3 - 80　"插入表格"对话框

可以将 Excel 工作表作为文档中的对象来处理,双击这个工作表对象,又可以再次编辑这个工作表。

(2)将文本转换为表格

①将需要转换为表格的文本用相同的分隔符(如段落标记、空格、逗号和制表符等)将文本分成行和列;

②选定需要转换为表格的文本;

　　③选择"表格"菜单"转换"选项中的"文字转换成表格"命令,在显示的对话框中将自动出现文本的分割符和转换后表格的列数。如图 3-81 所示。

　　注:表格也可以转换成文字,即首先选定表格,再通过"表格"菜单"转换"选项中的"表格转换成文字"命令,在对话框中选择适当的分割符,即可完成转换。如图 3-82 所示。

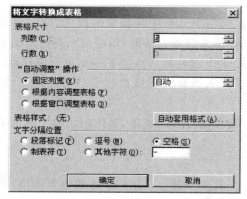 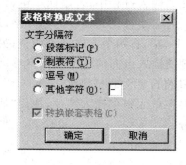

　　图 3-81　"将文字转换成表格"对话框　　　　图 3-82　"将表格转换成文字"对话框

（3）插入嵌套表格

　　Word 2003 允许表格嵌套,即在表格中插入另一个表格。插入嵌套表格的操作与插入正常表格一样。将光标定位在表格的单元格中,通过"插入表格"按钮或"插入表格"菜单都可以,也可以在单元格中单击右键,选择"插入表格"命令来完成。

3.6.2　表格的编辑

（1）表格中对象的选定

　　表格是由一个或多个单元格组成的。就像对文档操作一样,对表格进行的任何编辑操作必须遵循"先选定,后操作"的原则。表格中对象的选定可以直接在表格区域中完成,也可以通过菜单操作来完成。

　　①选定单元格:把光标指向单元格的左边界的选择区,鼠标变成一个右向上黑色的箭头" ➚ ",单击可选定一个单元格,拖动可选定多个。

　　②选定行:像选中一行文字一样,在表格左边界外侧的文档选定区中单击,可选中表格的一行单元格。

　　③选定列:将光标指向某一列的上边界,当光标变成向下的箭头"⬇"时单击鼠标即可选取一列,拖动可选定多列。

　　④选定整个表格:把光标移到表格任意位置上,当表格的左上方出现了一个移动标记时,在这个标记上单击鼠标即可选取整个表格,如图 3-83 所示。

图 3-83　表格的移动标记

　　为选定表格的单元格、行、列和整个表格,也可以先将光标定位到单元格里,然后在"表格"菜单里的"选定"选项中可选取行、列、单元格或者整个表格。

（2）输入内容

向表格中输入文本或其他对象，首先单击单元格，然后输入文本、图形等内容。Word 2003 将每个单元格看成是一个独立的文本编辑区域，可以对其中的对象进行各种编辑和排版。

在文本输入过程中，若敲回车键，则会在同一单元格中开始新的段落，而非跳到后一个单元格。若需要移动到需要的单元格，用鼠标单击该单元格即可；还可以通过键盘上编辑键区的上、下、左、右四个方向键来调整；另外按 Tab 键使插入点向下一个单元格移动，按 Shift＋Tab 键使插入点向前一个单元格移动。当插入点移到表格最后一个单元格时，再按 Tab 键，Word 将自动为表格添加一行。

若要在单元格中插入图片，使用"插入"菜单的"图片"选项，具体用法参照 3.5 节的图文混排部分。

（3）复制表格

表格可以全部或者部分的复制，与文本的复制一样，先选中要复制的单元格，单击常用工具栏上的"复制"按钮，把光标定位到要复制表格的地方，单击"粘贴"按钮，刚才复制的单元格形成了一个独立的表。

（4）标题行重复

当表格分在了两页显示，而第二页中的表格没有表头，这样在单独浏览第二页的表格时就会不知所云。在 Word 中可以使用标题行重复来解决这个问题：选中第一行表格标题，打开"表格"菜单，单击"标题行重复"命令，在第二页的表格中标题行就出现了。

（5）插入单元格、行、列和表格

首先将光标定位在待插入的单元格里，在"表格"菜单中的"插入"选项中选择所需选项，就会相应的插入行、列、单元格，从插入菜单中可以看出，插入位置与选定位置的关系很强，如图 3—84 所示。另外，也可以根据在表格中选取的对象，可以是一个单元格、一行或一列，单击常用工具栏上的"插入单元格"、"插入行"或"插入列"按钮，完成相应的插入操作。若一次插入多行或多列，只要在选定同等数量的行或列，再通过常用工具栏上的插入表格等按钮即可。

注：在表格中选择的对象不同，常用工具栏上的插入按钮也会随之不一样。选择一个单元格，工具栏按钮为（ ）；选择一行，工具栏按钮为（ ）；选择一列，工具栏按钮为（ ）；选择整个表格或什么也不选，工具栏按钮为（ ）。

将光标定位到表格最后一行的最右边的回车符前面，然后按一下回车，就可以在最后面插入一行单元格了。将光标定位在表格下面的段落标记前，单击工具栏上的"插入行"按钮，Word 会弹出一个对话框，选择要插入的行数，单击"确定"按钮，行单元格就插入进来了。

（6）删除单元格、行、列和表格

删除操作基本同插入操作，同样首先选定欲删除的单元格、行或列，再执行"表格"菜单中的"删除"选项中的相应命令。

当删除单元格时，选中要删除的单元格，按一下 Backspace 键，弹出一个"删除单元格"对话框，其中的几个选项同插入单元格时的是对应的，单击"确定"按钮即可，如图 3－85 所示。

若要删除整个表格,选定表格左上角的移动标记,可以使用键盘上的 Backspace 键执行删除,也可以单击工具栏上"剪切"按钮或执行"剪切"菜单命令删除整个表格。

注:Delete 键只能删除表格中的内容,而 Backspace 键则是删除表格的单元格。

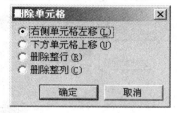

图 3-84　"插入"子菜单　　　　　图 3-85　"删除单元格"对话框

(7)调整表格大小、行高和列宽

①调整表格大小

将鼠标放在表格右下角的一个小正方形上,鼠标就变成了一个拖动标记,按下左键,拖动鼠标,就可以改变整个表格的大小了,拖动的同时表格中的单元格的大小也在自动地调整。

②调整行高和列宽

将鼠标置于表格中待调整行的任一单元格的下边框线上,鼠标会变成一个上下箭头的双线标记,按下左键拖动鼠标,即可改变当前行的行高。同样,将鼠标置于表格中待调整列的任一单元格的右边框线上,鼠标会变成一个左右箭头的双线标记,按下左键拖动鼠标,即可改变当前列的列宽。此外,在拖动鼠标时按住 Alt 键,可以平滑地调整行高或列宽。若只改变某一个单元格的大小,先选中要改变大小的单元格,用鼠标拖动它的右框线,则仅改变该单元格的列宽。

调整行高和列宽还可以通过标尺来进行,选中待调整的表格,则其每一行和列在标尺上都有一个对应的编辑标记"调整表格行"和"移动表格列",拖动这个标记即可完成行高或列宽的调整。

③自动调整和均匀分布

在表格中单击右键,选择快捷菜单中的"自动调整"选项中相应命令,可以"根据内容调整表格"、"根据窗口调整表格"或"固定列宽"。

通常希望输入相同性质的文字的单元格宽度和高度一致,先选中这些行或列,选择"表格"菜单中的"自动调整"选项中的"平均分布各行"或"平均分布各列",或者单击"表格和边框"工具栏上的"平均分布各行"或"平均分布各列"按钮,选中的行或列就自动调整到了相同的高度或宽度,如图 3-86 所示。

图 3-86　"表格和边框"工具栏

(8)单元格的拆分与合并

①拆分单元格

选定要拆分的单元格,选择"表格"菜单中"拆分单元格"命令,弹出"拆分单元格"对话框,选择拆分成的行和列的数目,单击"确定"按钮。也可以在单元格中单击鼠标右键,在打开的快捷菜单中选择"拆分单元格",或者单击"表格和边框"工具栏上的"拆分单元格"按钮,可以打开"拆分单元格"对话框,如图 3-87 所示。

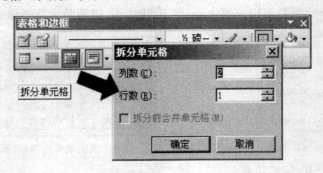

图 3-87　单元格的拆分

②合并单元格

先选定需要合并的若干单元格,选择"表格"菜单中"合并单元格"命令,把选中的单元格合并成一个。同样也可以使用鼠标右键快捷菜单或"表格和边框"工具栏来完成。

(9)表格的拆分

拆分表格的含义是指:将表格从某一行开始拆分为上下两个独立的表格。其操作方法是将光标移到要拆分为第 2 个表格的行首处,选择"表格"菜单中"拆分表格"命令即可。

(10)制作复杂不规则表格

通常不规则表格可以通过"表格和边框"工具栏上的"绘制表格"工具来制作,因为该工具的使用更加随意、自由,而且很方便。操作步骤如下:

单击"表格和边框"工具栏上的"绘制表格"按钮(　），鼠标指针会变为铅笔形状,然后在空白的文档上框画表格,在表格内使用该工具,就便成绘制线段了;单击"擦除"按钮(　），鼠标指针会变为橡皮擦形状,只要在需要擦除的线段上单击,即可擦除该线段。这样可以绘制出各种复杂的不规则表格。再向各单元格中输入内容,按照预先设计的效果就能得到所需要的表格形式。例如制作的读者调查登记表效果如图 3-88 所示。

读 者 调 查 登 记 表

姓名			性别	□男□ 女	出生年月	年　　月		籍贯
联系电话		E－mail 地址						
联系地址				邮编				
职业		教育程度				婚姻状况	□未婚	□已婚
在校学生	□高中 □职业学校 □大学 □研究生		已从业人员 月收入(元)	□1000 以下 □1001－2000 □2001－3000 □3001－4000 □4001－5000 □5001 以上				
每月读书时间(小时)			□10 以内 □10－20 □20－30 □30－40 □50 以上					

图 3-88　不规则表格制作完成后的表格效果

3.6.3　表格的格式化

表格的格式与段落的设置很相似,有对齐、底纹和边框修饰等,其操作过程仍必须遵循"先选中,再操作"的原则。对表格进行格式化设置可以通过"表格和边框"工具栏来完成。

（1）表格的对齐与移动

①表格的对齐

表格的对齐方式设置与段落类似，可先选中整个的表格，单击"格式"工具栏上的"居中"和"左对齐"等按钮，即可调整表格的位置。

也可以选择"表格"菜单中的"表格属性"选项，在"表格属性"对话框中的"表格"选项卡，如图 3-89 所示，可以对表格的对齐方式和文字环绕等进行设置。

②表格的移动

对于已经制作好的表格，若需要调整其在文档中的位置，可以拖动表格左上角的移动标记，将表格移动到页面上的其他位置。

（2）表格内容的对齐

同文本一样，表格中对象的对齐也有两端对齐、居中、右对齐等，另外还有垂直方向上的靠上、中部、靠下对齐，选取单元格里的文本、图片等对象，单击鼠标右键，选择快捷菜单中的"单元格对齐方式"项，会弹出九个对齐按钮供选择，单击需要的格式，如图 3-90 所示。同样也可以使用"表格和边框"工具栏的对齐方式下拉按钮来选择设置。

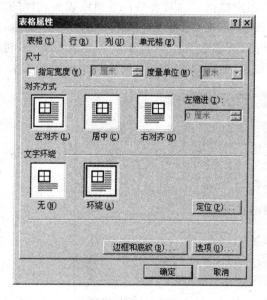

图 3-89　"表格属性"对话框　　　　　　图 3-90　表格中内容的对齐方式

单元格中的文字竖排对齐：将光标定位到单元格中，单击常用工具栏上的"更改文字方向"按钮。则单元格中的文字变成竖排，其对齐方式同样也有九种。

（3）边框和底纹的设置

①表格边框修饰

首先选定要添加边框的单元格或整个表格，然后使用"表格和边框"工具栏上的"线型"、"粗细"和"边框颜色"下拉列表框，分别选择合适的线条、线宽和颜色等，然后单击"框线"按钮的下拉箭头，选择添加边框的位置，以便在表格中的适当位置放上一条所选线条的边框。

表格的边框还可以通过手工绘制来完成。按上述方法在"表格和边框"工具栏上选择线条、线宽和颜色后,通过"表格和边框"按钮,鼠标呈铅笔型,如图 3-91 所示,在要设置表格边框的位置拖动即可。通过这种方式可以很方便地在表格中添加横线和竖线来拆分单元格。

②绘制斜线表头

许多表格的表头部分,以斜线区分表格的行与列的内容。最简单的是二维表格的斜线表头,可以使用"表格和边框"工具栏上的"表格和边框"按钮在表头单元格的左上角按下左键,拖动鼠标到单元格的右下角,松开左键,就在单元格中加上了一条斜线。

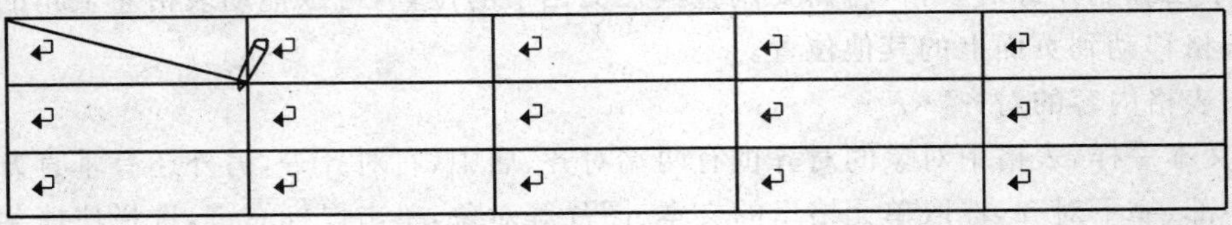

图 3-91　手工绘制简单的斜线表头

但是许多表头比较复杂,Word 2003 为用户提供了的对表格设置斜线表头式样的功能,其操作方法为:选择"表格"菜单中"绘制斜线表头"命令,打开"绘制斜线表头"对话框,如图3-92 所示,选择"表头样式"列表框,同时可以调整表头字体大小以适合表头大小,再输入行标题、数据标题和列标题等,单击"确定"按钮,就可以在表格中插入一个合适的表头了。

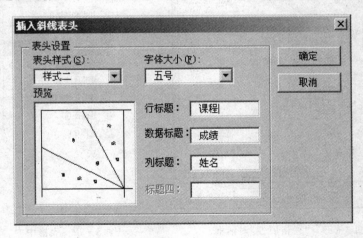

图 3-92　"插入斜线表头"对话框

③表格添加底纹

表格底纹的设置方法是:先选定要设置底纹的单元格或整个表格,然后使用"边框和底纹"工具栏上的"底纹颜色"下拉箭头,选择填充颜色,即可完成底纹设置。

(4)自动套用格式

Word 提供了表格自动套用格式的功能。选中"表格"菜单中"表格自动套用格式"选项,打开"表格自动套用格式"对话框,如图 3-93 所示。在常见的格式里选择所需类型,单击"确定"按钮,表格的格式设置好了。如果需要个别调整其中部分格式,可以单击"修改"按钮,在打开的"修改样式"对话框作进一步调整,如图 3-94 所示。

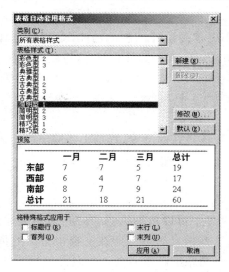

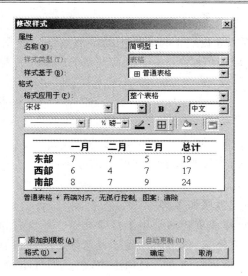

图 3 - 93 "表格自动套用格式"对话框　　　　图 3 - 94 "修改样式"对话框

3.6.4 表格的数据处理

（1）表格的排序

表格可根据其中某几列的数据内容按字母、数字或日期顺序进行排序。能够排序的表不能包含合并的单元格。如果为单列排序，则可以直接选中需要排序的一列，单击"表格和边框"工具栏上的"降序"或者"升序"按钮即可；如果为多列排序（最多可选三列），则要确定主要、次要和第三排序依据，通过"表格"菜单中的"排序"选项进行设置。

（2）表格的计算

表格中的单元格位置用列号（A，B，C……）与行号（1，2，3……）来定位，如 B3 表示为第 3 行第 2 列的单元格，对于单元格区域的描述为：左上角单元格：右下角单元格，如 A1：D3 表示从第 1 行第 1 列到第 3 行第 4 列的连续的单元格区域。

数据的计算操作如下：

将光标定位到需要放置计算结果的单元格中，然后选择"表格"菜单的"公式"选项，在公式对话框中，如图 3 - 95 所示，确定计算的公式和结果的数字格式。公式中函数的选择可以通过"粘贴函数"列表框选择，常见的函数如 SUM( )为求和函数，AVERAGE( )为求平均值函数等。

姓名	计算机	英语	解剖	总分
张三	87	84	90	261
李四	83	81	86	
段丽丽	65	77	83	
陈兰	78	57	71	

图 3 - 95 利用"公式"对话框完成计算

（3）由表生成图表

Word 提供了将表格中的全部或部分数据生成各种统计图表的功能，以便更直观地表示一些统计数字。关于图表将在 Excel 电子表格处理中有详细的介绍，这里就不再赘述了。

3.7　页面排版与打印

文档的基本编辑和格式设置完毕后，要进行页面格式的设置，它是文档输出前的最后一道工序，直接影响到文档的打印效果。

3.7.1　页眉和页脚

页眉或页脚通常用于打印文档。在页眉和页脚中可以包括页码、日期、公司徽标、文档标题、文件名、章节名称或作者名等文字或图形，这些信息通常打印在文档中每页的顶部或底部。页眉打印在上页边距中，而页脚打印在下页边距中。

（1）设置页眉和页脚

选择"视图"菜单中"页眉和页脚"命令，Word 自动弹出"页眉和页脚"工具栏，如图 3-96 所示，同时进入页眉和页脚的编辑状态，默认的是编辑页眉，输入内容，单击"页眉和页脚"工具栏上的"在页眉和页脚间切换"按钮，切换到页脚的编辑状态，编辑完毕后，单击"页眉和页脚"工具栏上的"关闭"按钮回到文档的编辑状态，设置好页眉和页脚后，单击"打印预览"按钮，可以看到设置的页眉和页脚就出现在文档中。

在文档中可自始至终用同一个页眉或页脚，也可在文档的不同部分用不同的页眉和页脚。例如，可以在首页上使用与众不同的页眉或页脚或者不使用页眉和页脚。还可以在奇数页和偶数页上使用不同的页眉和页脚（在页面设置中有介绍），而且文档不同部分的页眉和页脚也可以不同（需要使用分节来设置）。

图 3-96　"页眉和页脚"工具栏

（2）使用分页符

在 Word 中输入文本时，Word 会按照页面设置中的参数使文字填满一行时自动换行，填满一页后自动分页，这叫做自动分页（软分页），而分页符则可以使文档从插入分页符的位置强制分页（硬分页）。

若想把标题放在页首处或是将表格完整地放在一页上，敲回车，加几个空行的方法虽然可行，但如果前面内容有所调整时，只要有行数的变化，原来的排版就全变了，还需要再把整个文档调整一次。其实，只要在分页的地方插入一个分页符就可以了，其步骤为：把光标定位在要分页的位置，选择"插入"菜单中"分隔符"命令，在打开"分隔符"对话框中选择"分页符"，如图 3-97 所示，单击"确定"按钮即可。插入分页符还有一个很方便的快捷键：Ctrl＋回车。分页符插入以后会自动占据一行，可以很方便地找到。

取消分页显示，把插入的分页符删除就可以了。默认的情况下分页符是不显示的，单击"常用"工具栏上的"显示/隐藏编辑标记"按钮（🛠），在插入分页符的地方就出现了一个分页符标记(——————————分页符——————————),用鼠标在这一行上单击,光标就定位到了分页符的前面,按一下 Delete 键,分页符就被删除了。

（3）插入页码

一般普通的文档只要能看到页码就可以了,因此没有必要使用页眉和页脚来设置,Word 中有一个简单的插入页码的功能:选择"插入"菜单中"页码"命令,打开"页码"对话框,如图 3-98 所示,选择要插入页码的位置和对齐方式,单击"确定"按钮就可以了。

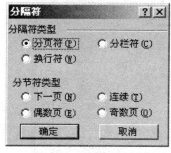

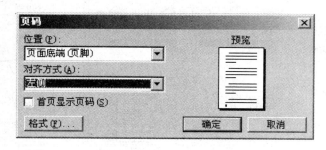

图 3-97 使用"分隔符"   图 3-98 插入"页码"

3.7.2 页面排版

新建的文档的页面是按照 Word 预定义的 Normal 模板来设置的,该设置适合于大部分文档。如有特殊要求,可选择"文件"菜单中的"页面设置"命令,在"页面设置"对话框中根据需要进行设置。"页面设置"对话框共有 5 个选项卡,分别可以设置页边距、纸型、纸张来源、版式和文档网。

注:直接用鼠标双击标尺,也可以打开"页面设置"对话框。

（1）设置纸张大小与来源

在"页面设置"对话框选择"纸型"选项卡,如图 3-99 所示:

①从"纸张"下拉列表框的列表中选择纸张的大小,默认纸型为"A4(21×29.7 厘米)",也可以自定义纸张大小。

②在"方向"选择区中选择页面的打印方向,可选择"纵向"或"横向"。

③在"应用于"列表框中指定页面设置的作用范围。

④在"纸张来源"栏中,用户可查看或改变打印机的送纸方式。

（2）设置页边距

所谓页边距是指正文与纸张边缘的距离,也就是页面四周的空白区域。Word 设置的页边距与所用纸型有关,也可根据需要调整。通常情况下,在页边距内的可打印区域中插入文字和图形。也可以将某些项目放置在页边距区域中:如页眉、页脚和页码等。如图3-100所示。

①在上、下、左、右四个方向的页边距框中输入或调整边距大小,这样可得到精确的页边距。

也可以在页面视图或打印预览模式下,通过水平和垂直标尺上的页边距标志(标尺两端的灰色区域)来调整,即用鼠标拖动页边距标志,使鼠标变成双向箭头,按住鼠标拖曳到所需的位置即可。

　　②设置装订线位置和添加装订线边距：在"装订线位置"选项中选择"左"或"上"，在"装订线"框中指定装订线边距。

　　③另外可根据版面需要，设置打印的文档为"横向"或"纵向"。

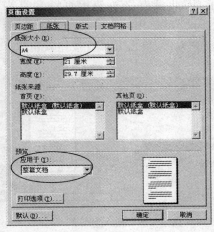
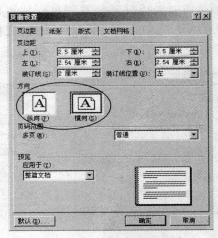

　　　　图 3-99　"纸张"选项卡　　　　　　　　　图 3-100　"页边距"选项卡

　　(3)设置页面版式

　　在"版式"选项卡中，可以分别为奇数页与偶数页设置不同的页眉和页脚，以及将首页的页眉和页脚单独设置。另外，对于正文内容不多的通知或公告等，可以考虑将正文的"垂直对齐方式"设为"顶端"、"居中"和"两端对齐"；但如果文本内容占满一页，则垂直对齐就失去了意义。还可以为整个页面设置边框和行号等。如图 3-101 所示。

　　(4)设置文档网格

　　在"文档网格"选项卡中，可设置页面的行数和字符数，如果没有特别指定，Word 会根据纸张大小、字体大小等来决定每页中的行数和每行中的字符数，也可通过相关单选按钮和选框来设置。另外，在此选项卡中还可设置文字的排列方式（横排或竖排）以及对文档设置分栏操作等。如图 3-102 所示。

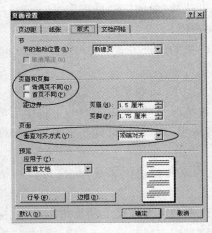
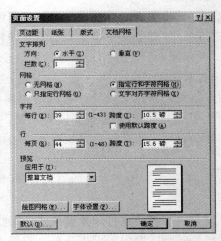

　　　　图 3-101　设置页面版式　　　　　　　　　图 3-102　设置文档网格

3.7.3 文档打印

　　文档排版完成,经过打印预览查看满意后,就可以打印文档。打印文档的前提是系统已经安装了打印机(包括硬件的连接和打印驱动程序的安装)。

　　打印操作很简单,可以直接单击"常用"工具栏上的"打印"按钮(🖶),可打印当前活动的文档;也可以在打印时选择一些参数来设置。选择"文件"菜单中的"打印"命令,在打开的"打印"对话框进行设置,如图 3-103 所示。

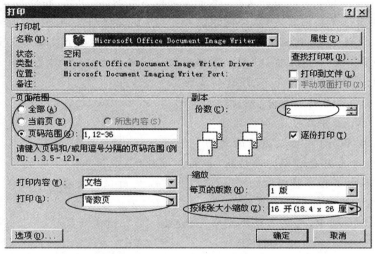

图 3-103　"打印"对话框

　　(1)"打印机"选框:名称列表中选择可用的打印机资源,自动为系统默认打印机,显示当前打印机的类型、打印驱动程序、连接端口等信息;

　　(2)"页面范围"框:提供打印范围的选择,可全部、或打印当前页,若打印部分页面,在"页码范围"框中填入要打印的页码,每两个页码之间加一个半角的逗号分隔,连续的页码之间加一个半角的连字符"-"分隔开就可以了;

　　(3)"副本"框:表示要打印的"份数";

　　(4)"缩放"选择区:通过"每页的版数"设定,可以将几页的内容缩小到一页中打印;"按纸型的缩放"下拉列表框,可以为与页面设置中纸型不同的打印纸进行缩放打印。例如,文档页面设置为 16 开,但是打印纸只有"A4"纸,打印时可以选择"按纸型的缩放"到"A4"就可以轻松完成,而不用另外排版页面格式。

练　习　题

一、单项选择题

　　1. 启动 Word 2003 时,系统自动创建一个＿＿＿＿的新文档。

　　　A. 以用户输入的前 8 个字符作为文件名　　　B. 没有名

　　　C. 名为"∗.DOC"　　　　　　　　　　　　　D. 名为"文档 1"

　　2. 在 Word 2003 中,文本编辑区内有一个闪动的粗竖线,它表示＿＿＿＿。

　　　A. 插入点　　　　B. 文章结尾符　　　　C. 字符选取标志　　　　D. 鼠标光标

3. 在中文 Windows 环境下,文字处理软件 Word 2003 工作过程中,切换两种编辑状态(插入与改写)的命令是按_____键。

　　　A. Delete(Del)　B. Ctrl+N　　　　C. Ctrl+S　　　　D. Insert(Ins)

4. 当一个 Word 2003 窗口被关闭后,被编辑的文件将_____。

　　　A. 被从磁盘中清除　　　　　　　　B. 被从内存中清除

　　　C. 被从内存或磁盘中清除　　　　　D. 不会从内存和磁盘中被清除

5. 在 Word 2003 中编辑某一文档,单击该文档窗口的"最小化"按钮后_____。

　　　A. 不显示该文档内容,但未关闭该文档　　B. 该窗口和文档都被关闭

　　　C. 该文档未关闭,且继续显示　　　　　　D. 该窗口未关闭,但文档被关闭

6. 在 Word 2003 中,在"窗口"菜单下部列出一些文档名称,它们是_____。

　　　A. 最近在 Word 里打开、处理过的文档

　　　B. Word 本次启动后打开、处理过的文档

　　　C. 目前 Word 中正被打开的文档

　　　D. 目前在 Word 中已被关闭的文档

7. Word 2003 具有自动保存的功能,其主要作用为_____。

　　　A. 在内存中保存一临时文档　　　　　B. 定时保存文档

　　　C. 以 BAK 为扩展名保存文档　　　　　D. 以上均不对

8. 在 Word 2003 中,选定一竖块文字,应按住_____键拖动鼠标。

　　　A. ALT　　　　　B. SHIFT　　　　C. CTRL　　　　D. ENTER

9. 在 Word 2003 中,关于用户可以编辑的文档个数,下面说法正确的是_____。

　　　A. 用户只能打开一个文档进行编辑

　　　B. 用户只能打开两个文档进行编辑

　　　C. 用户可以打开多个文档进行编辑

　　　D. 用户可以设定每次打开的文档个数

10. 在 Word 2003 中,能显示实际排版效果及页码、页眉、页脚的显示方式为_____。

　　　A. 普通视图　　　B. 页面视图　　　　C. 大纲视图　　　　D. 主控文档

11. 在 Word 2003 编辑状态,要在文档中添加符号"★",应当使用_____中的命令。

　　　A. "文件"菜单　B. "编辑"菜单　　　C. "格式"菜单　　　D. "插入"菜单

12. 在 Word 2003 中,不能通过"格式"菜单中的"段落"选项实现的操作是_____。

　　　A. 设置行间距　　B. 设置段落缩进　　C. 设置字符间距　　D. 设置段落间距

13. Word 2003 常用工具栏中的"格式刷"按钮可用于复制文本或段落的格式,若要将选中的文本或段落格式重复应用多次,应该_____。

　　　A. 单击"格式刷"按钮　　　　　　　B. 双击"格式刷"按钮

　　　C. 右击"格式刷"按钮　　　　　　　D. 拖动"格式刷"按钮

14. 在 Word 2003 中,段落对齐方式中的"分散对齐"指的是_____。

　　　A. 左右两端都要对齐,字符少的则加大间隔,把字符分散开以使两端对齐

　　　B. 左右两端都要对齐,字符少的则靠左对齐

　　　C. 或者左对齐或者右对齐,统一就行

D. 段落的第一行右对齐, 末行左对齐

15. 在 Word 2003 编辑状态, 当前编辑的文档是 C 盘中的 Table.doc 文档, 要将文档拷贝到软盘, 应当使用_____。

A. "文件"菜单中的"另存为"命令

B. "文件"菜单中的"保存"命令

C. "文件"菜单中的"新建"命令

D. "插入"菜单中的命令

16. 将文档的一部分文本内容复制到别处, 首先要进行的操作是_____。

A. 复制　　　　　　B. 粘贴　　　　　　C. 剪贴　　　　　　D. 选定

17. 在 Word 2003 中, 若想控制段落的第一行第一字的起始位置, 应该调整_____。

A. 悬挂缩进　　　B. 首行缩进　　　C. 左缩进　　　　D. 右缩进

18. 在 Word 2003 中, 查找操作_____。

A. 只能无格式查找　　　　　　　　B. 只能有格式查找

C. 可以查找某些特殊的非打印字符　　D. 查找的内容不能夹带通配符

19. 在 Word 2003 中, 调整段落左右边界以及首行缩进格式最方便、直观、快捷的方法是_____。

A. 使用菜单命令　　　　　　　　　B. 使用常用工具栏

C. 使用标尺　　　　　　　　　　　D. 使用格式工具

20. 在 Word 文档设置字间距时, "间距"中没有_____。

A. 标准　　　　　　B. 加宽　　　　　　C. 紧缩　　　　　　D. 固定值

21. 在 Word 文档中, 通过_____菜单设置"页眉和页脚"。

A. 编辑　　　　　　B. 插入　　　　　　C. 视图　　　　　　D. 格式

22. 如果要了解 Word 文档的页数、行数及字数等统计信息, 可以选择_____菜单中的"属性"选项。

A. 文件　　　　　　B. 工具　　　　　　C. 视图　　　　　　D. 格式

23. 如果要在一篇 Word 2003 的文档中设置两种不同的页面格式, 必须将该文档分成_____。

A. 两个独立的文件　　B. 两节　　　　C. 两个段落　　　　D. 两页

24. 下列四种对齐方式中, _____不是段落对齐方式。

A. 顶端对齐　　　　B. 两端对齐　　　　C. 居中　　　　　　D. 分散对齐

25. 关于 Word 2003 的分栏, 下列说法正确的是_____。

A. 最多可以分 2 栏　　　　　　　　B. 各栏的宽度必须相同

C. 各栏的宽度可以不同　　　　　　D. 各栏之间的间距是固定的

26. 关于 Word 2003 中的"样式", 下面描述中错误的是_____。

A. "样式"可以通过"工具"菜单中的"自定义"选项设置

B. 已定义好的"样式"可以根据用户需要调整

C. 使用"样式"可以提高编辑效率

D. 同一个"样式"可以在文档的不同位置被多次引用

27. 关于 Word 2003 中的图形, 下列说法错误的是_____。

A. 在 Word 2003 中,不仅可以插入图形,还可以绘制图形'

B. 在 Word 2003 中既可插入从剪辑库中选择的图形,还可以插入图形文件中的图形

C. 对文档中的图形还能进行缩放、裁剪等操作

D. 对插入文档的图形,其上下可环绕文字,左右不能环绕文字

28. 在 Word97 文档编辑中,对于插入的图片,不能进行的操作是_____。

 A. 放大或缩小   B. 从矩形边缘裁剪

 C. 修改其中的图形   D. 移动其在文档中的位置

29. 在 Word 2003 中,下面关于表格创建的说法错误的是_____。

 A. 只能插入固定结构的表格

 B. 插入表格可自定义表格的行、列数

 C. 插入表格能够套用格式

 D. 插入的表格可以调整列宽

30. 在 Word 2003 中,文本与表格的转换,下列正确的说法是_____。

 A. 只能将文本转换成表格   B. 只能将表格转换成文本

 C. 不能进行相互转换   D. 可以互相转换

31. 在 Word 2003 中,表格拆分指的是_____。

 A. 从某两行之间把原来的表格分为上下两个表格

 B. 从某两列之间把原来的表格分为左右两个表格

 C. 从表格的正中间把原来的表格分为两个表格,方向由用户指定

 D. 在表格中由用户任意指定一个区域,将其单独存为另一个表格

32. 在 Word 2003 中,"表格"菜单里的"排序"命令功能是_____。

 A. 在整个表格中,根据某一列各单元格内容的大小,调整各行的上下顺序

 B. 在整个表格中,根据某一行各单元格内容的大小,调整各列的左右顺序

 C. 在某一列中,根据各单元格内容的大小,调整它们的上下顺序

 D. 在某一行中,根据各单元格内容的大小,调整它们的左右顺序

33. 在 Word 2003 中,可以通过"打开"或"另存为"对话框对选定的文件进行管理,但不能对选择的文件进行_____操作。

 A. 复制   B. 重命名

 C. 删除   D. 以上都不对

34. 在 Word 2003 中,关于文档页边距,下列说法正确的是_____。

 A. 每页都要设置页眉边距

 B. 每页都要设置上下左右边距

 C. 可设置整个文档的页眉、页脚、上、下、左、右边距

 D. 每页都要设置页脚边距

35. 在 Word 2003 中,在文档打印对话框的"打印页码"中输入"3—7,9,11",则_____。

 A. 打印第 3 页、第 7 页、第 9 页、第 11 页

 B. 打印第 3 页至第 7 页、第 9 页、第 11 页

 C. 打印第 3 页、第 7 页、第 9 页至第 11 页

 D. 打印第 3 页至第 7 页、第 9 页至第 11 页

二、多项选择题

1. 在 Word 2003 中,有关"保存"和"另存为"命令叙述,错误的是_____。
   A. Word 保存的任何文档,都不能用写字板打开
   B. 保存新文档时,"保存"与"另存为"的作用时相同的
   C. 保存旧文档时,"保存"与"另存为"的作用时相同的
   D. "保存"命令只能保存新文档,"另存为"命令只能保存旧文档

2. 在 Word 2003 中,下列_____不会被打印。
   A. 水线　　　　　　　　　　　　B. 边框
   C. 段落标记　　　　　　　　　　D. 页眉、页脚

3. 在 Word 2003 文本中_____。
   A. 文字颜色和背景可以相同　　　B. 文字颜色和背景可以不同
   C. 文字颜色和背景必须相同　　　D. 文字颜色和背景必须不同

4. 在 Word 2003 中,有关撤消操作中,正确的是_____。
   A. 只能撤消一步　　　　　　　　B. 可以撤消多步
   C. 不能撤消页面设置　　　　　　D. 撤消的命令可以恢复

5. Word 文档的显示方式有_____。
   A. 大纲视图　　　　　　　　　　B. 普通视图
   C. Web 版式视图　　　　　　　　D. 页面视图

6. 在 Word 2003 中,可以对_____加边框。
   A. 图文　　　　　　　　　　　　B. 表格
   C. 段落　　　　　　　　　　　　D. 选定文本

7. 在 Word 2003 中,可以对_____加边框。
   A. 表格　　　　　　　　　　　　B. 段落
   C. 图片　　　　　　　　　　　　D. 选定文本

8. Word 2003 中,下面说法正确的是_____。
   A. 可以设页眉,不设页脚
   B. 可以只设页脚,不设页眉
   C. 奇数页和偶数页可设置不同的页眉或页脚
   D. 首页可与其他页页眉、页脚不同

9. 通过"页面设置"选项,可以完成_____设置。
   A. 页边距　　　　　　　　　　　B. 纸张大小
   C. 打印页码范围　　　　　　　　D. 纸张的打印方向

10. 使用 Word 2003 的"打印预览"功能,_____。
    A. 可以调整页面显示的比例
    B. 可以在一屏中显示多页文档
    C. 可以选定部分文档并对其进行编辑
    D. 可以设置页边距

三、上机练习题

1. 制作从 2005 年 9 月至 10 月两个月的日历,然后将文件以"日历 .DOC"保存到指定

文件夹下(指定文件夹由授课老师统一确定)。

2. 编辑一封求职信(内容自定,至少包含一个标题和 4 个正文段落),然后将文件以"求职信.DOC"保存到指定文件夹下;然后将全文中"求职信"替换为"自荐信",再将文件另存为"自荐信.DOC"。

3. 将自荐信.DOC 的标题文本设为黑体,加粗,小二号字,字体颜色蓝色,加双下划线,居中对齐;将正文第一段落设置为楷体,小四号,段落格式设置为首行缩进 0.75cm,两端对齐,行间距为 1.5 倍行距,段前距为 1 行,段后为 0.5 行;第二段文本字符间距加宽 3 磅,行距固定值为 25 磅,段落左缩进 2 个字符;将正文第一段的格式复制给第三段。设置完毕后将文件另存为"自荐信_GS.DOC"。

4. 设置页眉内容为"有志者事竟成",居中,设置页脚内容为"第 x 页",右对齐;设置页面格式为 B5 纸,左、右页边距为 2.5cm,上、下页边距为 2.8cm,装订线置于左侧,边距 0.6cm,指定所设置页面的行数为 30,字数为 20,文件另存为"自荐信_DY.DOC"。

5. 打开求职信.DOC,在正文中间插入一副图片或剪贴画,调整好其位置与大小,设置为冲蚀效果,并"衬于文字下方",环绕方式设置为穿越型,文件另存为"自荐信_BJ.DOC"。

6. 为自荐信制作一个封面,封面标题利用一种式样的艺术字,并通过无边框的文本框来调整封面上文字信息的位置,文件保存为"封面.DOC"。

7. 新建文档"公式.DOC",输入公式:$S = \sum_{}^{10} i = 1 \sqrt[3]{a - x_i} + \dfrac{e^3 x_i}{e^3 - x_i^3} - \int_2^5 x_i \mathrm{d}x$

8. 新建文档制作如下表格,以文件名"履历表.DOC"。

姓名	王老五	性别	男	出生年月	1984.10	
民族	汉	政治面貌	团员	健康状况	良好	
专业	临床医学		辅修专业	口腔医学		
学历	本科	学制	五年	培养类别	统招	
特长爱好	写作、美术、篮球、足球					
家庭所在地	安徽省合肥市王大郢 123 号 4#502 室					

9. 建立如下学生成绩表,利用 SUM 函数计算每个学生的总分成绩和每科成绩的平均分,并按计算机成绩从高分到低分重新排序,保存为"成绩表.DOC"。

姓名	大学英语	计算机基础	解剖学	病理学	总分
蔡士方	82	79	66	74	
陈清华	79	86	71.5	78	
张三	57	92	64	60	
刘翠云	62	87	75	69	
陈兰	71	61	68	81	
平均分					

第 4 章　Excel 2003 电子表格处理

【本章要点】

本章介绍电子表格处理的基本概念,详细介绍了单元格、工作表以及工作簿相关的处理技术,数据的排序、筛选以及汇总方法等。并对图表的建立方法、函数的应用、宏的录制进行了说明。

【核心概念】

单元格　工作簿　工作表　宏　图表　公式　函数

4.1　Excel 2003 简介

Excel 2003 是微软公司出品的 Office 2003 系列办公软件中的一个组件,确切地说,它是一个电子表格处理软件,可以用来制作电子表格、完成许多复杂的数据运算,进行数据的分析和预测并且具有强大的制作图表的功能。

4.1.1　电子表格相关的基本概念

(1)工作簿:在 Excel 2003 中,它是计算和存储数据的文件。每个工作簿是有多张工作表组成,每张工作表可以存放不同的数据信息。

(2)工作表:它是处理数据的最重要的单元。使用它可以显示和分析数据,在不同的数据表之间可以同时进行相同的操作(如:在不同的工作表中可以同时进行输入操作),也可以对不同的工作表的数据信息进行处理等。

(3)单元格:它是构成工作表的基本单元,由行号和列标组成。如 B4 是位于第 4 行第 B 列的单元格。

4.1.2　Excel 2003 的启动和退出

(1)启动 Excel 2003

启动 Excel 2003 的方法有很多,通常可以双击桌面上的“Microsoft office Excel 2003”快捷图标;或者在“开始”菜单中选择“程序”命令,然后再在“程序”菜单中选择“Microsoft office Excel 2003”即可。Excel 2003 界面如图 4－1 所示。

(2)退出 Excel 2003

退出 Excel 2003 的方法可以有以下四种:

①单击“文件”菜单中的“退出”;

②单击 Excel 2003 左上角的控制菜单框,选择“关闭”命令;

③单击 Excel 2003 右上角的“关闭”按钮;

④按 ALT＋F4 组合键。

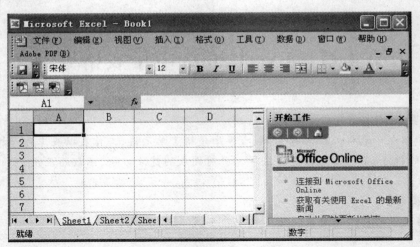

图 4-1　Excel 2003 界面

4.1.3　Excel 2003 界面的介绍

Excel 2003 窗口主要由以下几部分组成,分别为:标题栏、菜单栏、工具栏、编辑栏、工作表和状态栏。

（1）标题栏

用于显示应用程序名称 Microsoft Excel 和当前打开的工作簿文件,默认工作簿名为 Book1。右端的三个按钮分别为:最小化、最大化/还原、关闭按钮。如图 4-2 所示。

图 4-2　标题栏

（2）菜单栏

标题栏下是菜单栏,每个菜单都包括一个下拉菜单。打开下拉菜单后,有些选项是黑色字体,有些选项是灰色字体,其中黑色字体选项是可执行命令,而灰色字体属于不可执行命令。如图 4-3 所示。

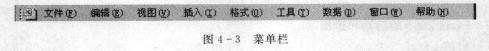

图 4-3　菜单栏

（3）工具栏

菜单栏下是工具栏,熟练使用工具栏中的按钮可以提高工作效率。如图4-4所示。

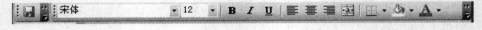

图 4-4　工具栏

工具栏可以根据用户的需要显示或隐藏,通常有以下两种方法:

①单击“视图”菜单,选择“工具栏”,根据需要自行选择;

②将鼠标指针指向菜单栏或工具栏的任意位置,单击鼠标右键,弹出菜单,单击其中的项目。

（4）编辑栏

工具栏下是编辑栏。它由三部分组成：最左端是引用区，显示活动单元的地址，中间为确认区，最右端是公式区。如图 4-5 所示。

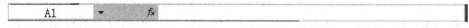

图 4-5　编辑栏

（5）状态栏

状态栏位于 Excel 2003 窗口的底部，用于显示当前工作区的状态信息，一般情况下会显示"就绪"。当你打开菜单选定命令时，状态栏将显示所选命令的操作提示信息；当输入数据时，会显示相关编辑信息。

（6）工作表

编辑栏下面的表格为 Excel 的工作表，它是 Excel 的主体，由单元格组成。每一个行和列所对应的单元称为工作单元，通过定位可以在表中组织数据。

4.2　Excel 2003 基本操作

4.2.1　工作簿

Excel 工作簿是计算和存储数据的文件。每个工作簿可以包含多张工作表，因此可以在单个工作簿文件的工作表中管理各种相关信息。

（1）新建工作簿

①新建一个基于默认工作簿模版的工作簿。方法是单击"常用"工具栏上的"新建"按钮。

②新建一个基于某一固定模版的工作簿。方法如下：

◆单击"文件"菜单的"新建"命令，打开"新建"对话框，如图 4-6 所示；

◆单击列有自定义模板的选项卡；

◆选中所需要使用的模板，按"确定"即可。

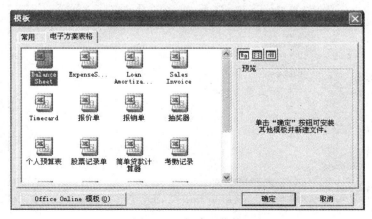

图 4-6　新建工作簿

（2）保存工作簿

单击工具栏中的"保存"按钮或"文件"菜单中的"保存"命令可以实现保存操作，在工作中要注意随时保存工作的成果。

在"文件"菜单中还有一个"另存为"选项。前面已经打开的工作簿，如果是已经保存过的文件，再使用"保存"命令时就不会弹出"保存"对话框，而是直接保存到相应的文件中。但有时用户希望把当前的工作做一个备份，或者不想改动当前的文件，要把所做的修改保存在另外的文件中，这时就要用到"另存为"选项了。打开"文件"菜单，单击"另存为"命令，弹出"另存为"对话框，如图 4 - 7 所示。

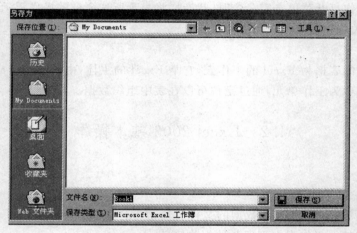

图 4 - 7　"另存为"对话框

单击"保存位置"下拉列表框，从中选择相应目录，进入对应的文件夹，在"文件名"中键入文件名，单击"保存"按钮，这个文件就保存到指定的文件夹中了。

（3）打开工作簿

通过菜单命令或工具按钮可以打开任何一个工作簿，步骤如下：

①单击"打开"工具按钮或者选择"文件"菜单中的"打开"命令，出现"打开"文件对话框，如图 4 - 8 所示；

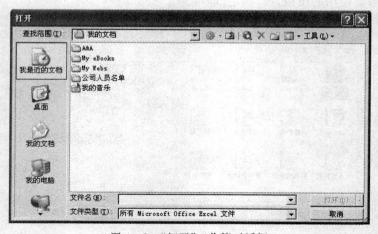

图 4 - 8　"打开"工作簿对话框

②在"查找范围"中选择相应的驱动器，文件夹等；

③选择需要打开的文件名；

④单击"打开"按钮。

如果要打开的是最近使用过的工作簿，可以从"文件"菜单底部列出的文件清单中选择需要的工作簿。

（4）关闭工作簿

关闭工作簿的方法有如下几种：

①单击"文件"菜单中的"关闭"命令；

②单击工作簿窗口右上角的"关闭"按钮；

③按组合键 Alt＋F4；

④按组合键 Ctrl＋W。

如果在关闭工作簿之前没有对工作簿进行保存，则在关闭此工作簿时 Excel 将询问你是否保存。如果需要关闭所有工作簿文件但不退出 Excel 2003，可以按下 Shift 键，然后单击"文件"菜单中的"全部关闭"命令。

（5）多个工作簿之间切换

编辑工作簿还要知道的就是如何在几个同时打开的工作簿之间切换。打开"窗口"菜单，当前同时打开的文件簿列表如图4－9所示。

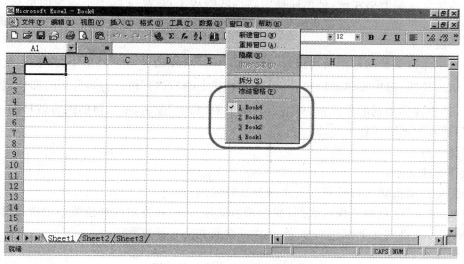

图 4－9　多个工作簿之间切换

菜单中列出了当前打开的所有工作簿的名称，而且在当前正在编辑的工作簿前有一个对号。单击其他的工作簿名称可以进行当前工作簿切换。如果要想再回到刚才的工作簿就再单击"窗口"菜单，选择原来的工作簿名称即可。

4.2.2　单元格

在单于格中可以输入中英文文本、数字和公式等内容。

（1）定位单元格

定位单元格一般有以下几种方法：

①使用鼠标直接定位；

②使用引用区（或叫名称框）定位。单击引用区，输入要定位的单元格号，按 Enter 键；

③使用"定位"命令。单击"编辑"菜单中的定位命令。

（2）数据输入

单击需要输入数据的单元格，键入数据并按 Enter 或 Tab 键。

当输入日期时，用斜杠或减号分隔日期的年、月、日部分（如：可以键入"2002/9/5"或"5－Sep－2002"）；如果输入当天的日期，按 Ctrl＋分号即可。

当输入时间时，如果按 12 小时制键入时间，请在时间后留一个空格，并键入 AM 或 PM（A 或 P），表示上午和下午（如：9：00PM），如果键入 9：00 而不是 9：00PM，将被表示为 9：00AM 处理；如果输入当前的时间，按 Ctrl＋Shift＋冒号即可。

当同时在多个单元格中输入相同的数据时，选定需要输入数据的单元格，选定的单元格可以是相邻的，也可以是不相邻的，键入相应的数据，然后按 Ctrl＋Enter 键。

（3）单元格中内容的复制和移动

①复制单元格：选中要复制内容的单元格，单击工具栏上的"复制"按钮，然后选中要复制到的目标的单元格，单击工具栏上的"粘贴"按钮就可以了。

②移动单元格：有时需对表格或部分单元格的位置进行调整，此时用移动单元格是很方便的。选中要移动的单元格，把鼠标移动到选区的边上，鼠标变成十字箭头的形状，按下左键拖动，会看到一个虚框，这就表示移动的单元格到达的位置，在合适的位置松开左键，单元格就移动过来了。

如果单元格要移动的距离比较长，超过了一屏，这样拖动起来就很不方便了，这时可以使用剪切的功能：选中要移动的部分，单击工具栏上的"剪切"按钮，剪切的部分就被虚线包围了，选中要移动到的单元格，单击工具栏上的"粘贴"按钮，单元格的内容就移动过来了。

（4）插入和删除操作

①插入行和列

操作方法如下：

◆用鼠标单击插入行或列的头来选择整行或列；

◆从"插入"菜单中选择行或列；或者单击鼠标右键，在弹出的快捷菜单中选择"插入"命令，则从该行或该列往下或往右移动，出现一个新的空行或空列。

②删除行和列

操作方法如下：

◆用鼠标单击要删除的行或列头来选择整行或列；

◆从"编辑"菜单中选择"删除"命令；或者单击鼠标右键，在弹出的快捷菜单中选择"删除"命令，则该行或该列被删除。

③单元格的插入

操作方法如下：

◆选择要插入单元格的位置；

◆选择"插入"菜单中的"单元格"命令，或者单击鼠标右键，在弹出的快捷菜单中选择"插入"命令，弹出对话框，如图 4－10 所示；

◆选择相应的选项,按"确定"按钮。

④单元格的删除

操作方法如下:

◆选择要删除的单元格;

◆选择"编辑"菜单中的"删除"命令,或者单击鼠标右键,在弹出的快捷菜单中选择"删除"命令,弹出对话框,如图 4 – 11 所示;

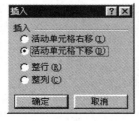

图 4 – 10　"插入"框

图 4 – 11　"删除"框

◆选择相应的选项,按"确定"按钮。

(5)查找和替换

下面来看看在 Excel 中的数据的查找和替换。

假设有一个表,要把其中的"可乐"替换成"可口可乐",这时就要用到查找和替换功能了。打开"编辑"菜单,单击"替换"命令,打开"替换"对话框,如图 4 – 12 所示,在上面的"查找内容"文本框中输入"可乐",在下面的"替换值"输入框中输入"可口可乐",然后单击"查找下一个"按钮,Excel 就会自动找到第一个,如果需要替换,就单击"替换"按钮。如果直接单击"全部替换"按钮,就可以将全部的符合条件的字符替换掉了。

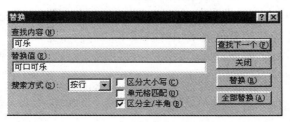

图 4 – 12　"替换"对话框

如果用户想知道"雪碧"都在哪里,打开"编辑"菜单,单击"查找"项,打开"查找"对话框,如图 4 – 13 所示,在文本框中输入"雪碧",在下面的下拉列表框中选择"值"一项,单击"查找下一个"按钮,就可以一个一个地找到使用这些字符的位置了。

图 4 – 13　"查找"对话框

　　查找和替换可以使用 Excel 提供的查找和替换对话框来进行,也可使用快捷键,按 Ctrl
＋F 键,可以打开"查找"对话框,单击"查找"对话框上的"替换"按钮,可以把"查找"对话框
变成"替换"对话框;在 Excel 中按快捷键 Ctrl＋H 键也可以打开"替换"对话框。设置查找
范围:在查找和替换时可以设置范围,打开"查找"对话框,单击"范围"下拉列表框,可以设置
从公式、值和批注中进行查找,如图 4－14 所示。

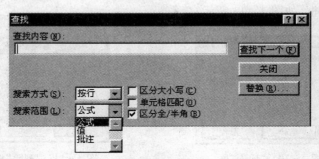

图 4－14　"查找"范围选择对话框

4.2.3　工作表

　　(1)在单元格中输入数据

　　在建立表格之前,应该先把表格的大概模样考虑清楚,比如:表头有什么内容,标题列是
什么内容等,因此在用 Excel 建立一个表格的时候开始是建立一个表头,然后就是确定表的
行标题和列标题的位置,最后才是填入表的数据。

　　首先把表头输入进去:单击选中 A1 单元格,输入文字,然后从第三行开始输入表的行
和列的标题,然后再把不用计算的数据添加进去。

　　输入的时候要注意合理地利用自动填充功能,先输入一个,然后把鼠标放到单元格右下
角的方块上,当鼠标变成一个黑色的十字时就按下左键向下拖动,到一定的数目就可以了。
填充还有许多其他的用法:例如,输入一个 7－11,回车,它就自动变成了一个日期,向下拖
动,日期会按照顺序变化,如图 4－15 所示。

1	7月货物销售总表				
2					
3					
4	购买人	物品	日期	折后价	
5	陈松				7月11日
6	陈松				
7	陈松				
8	陈松				
9	陈松				
10	陈松				
11	陈松				
12	陈松				
13	陈松				7月18日

图 4－15　填充样例

　　其实,按 F2 键就可以直接在当前单元格中输入数据,其效果与双击单元格类似。

　　如果不希望双击单元格可以输入数据,可以把这个设置去掉:打开"工具"菜单,选择"选

项"命令,打开"选项"对话框,单击"编辑"选项卡,清除"在单元格内容直接编辑"前的复选框,单击"确定"按钮,这样就不能通过在单元格中双击来编辑单元格内容了,按 F2 也只能在编辑栏中进行编辑了,如图 4 - 16 所示。

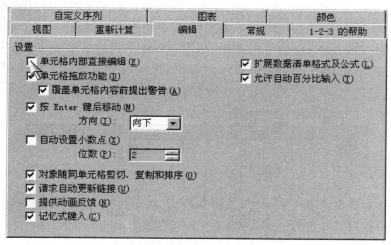

图 4 - 16　选项对话框

有时使用 Excel 进行一些资料的整理,会需要在一个单元格中输入几段的内容,按回车的作用并不是在单元格中进行分段,在一段的结束按住 Alt 键按回车,这样才能在一个单元格中使用几个段落。

(2)简单的计算

在电子表格中经常需要计算数据,当然可以在外面把数据计算好了再输入进去,不过,最好还是使用 Excel 自身的计算功能,这样改动起来就很方便。现在来看一个表格,把每人每次的购买总额计算出来:选中"总值"下第一个单元格,在编辑栏中单击,直接输入"= C5 ＊D5",在这里,不用考虑大小写,单击"输入"按钮,确认输入,就在这个单元格中输入了一个公式,如图 4 - 17 所示。

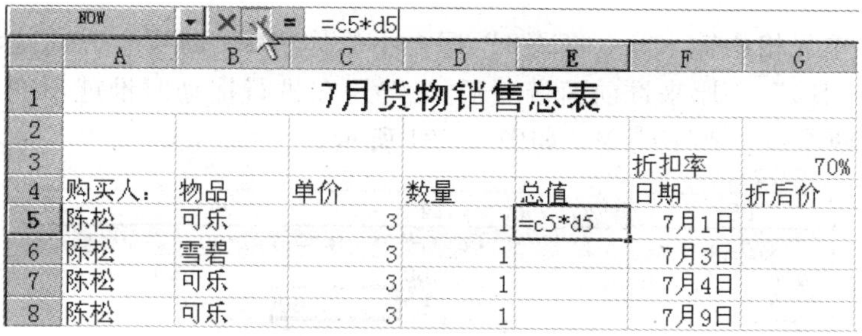

图 4 - 17　简单计算

输入公式可以从表里选,也可以直接输入,只要保证正确就行了。这两种方法各有各的用途:有时输入有困难,就要从表里选择;而有时选择就会显得很麻烦,那就直接输入。还有一点要注意,这里是在编辑公式,所以一定要在开始加一个等号,这样就相当于在开始单击了"编辑公式"按钮。

现在,单击 E5 单元格,然后用鼠标向下拖动边框右下角的小方块即可。

（3）相对引用和绝对引用

随着公式的位置变化，所引用单元格位置也在变化的是相对引用；而随着公式位置的变化所引用单元格位置不变的就是绝对引用。

下面通过"C4"、"＄C4"、"C＄4"和"＄C＄4"之间的区别来说明相对引用和绝对引用。

在一个工作表中，如图 4－18 所示，在 C4、C5 中的数据分别是 60、50。如果在 D4 单元格中输入"＝C4"，那么将 D4 向下拖动到 D5 时，D5 中的内容就变成了 50，里面的公式是"＝C5"，将 D4 向右拖动到 E4，E4 中的内容是 60，里面的公式变成了"＝D4"，如图 4－18 所示。

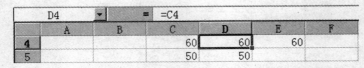

图 4－18　相对引用

现在在 D4 单元格中输入"＝＄C4"，将 D4 向右拖动到 E4，E4 中的公式还是"＝＄C4"，而向下拖动到 D5 时，D5 中的公式就成了"＝＄C5"，如图 4－19 所示。

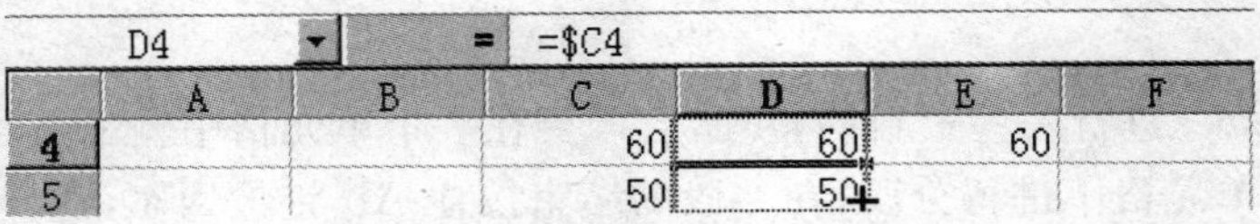

图 4－19　列绝对引用行相对引用

如果在 D4 单元格中输入"＝C＄4"，那么将 D4 向右拖动到 E4 时，E4 中的公式变为"＝D＄4"，而将 D4 向下拖动到 D5 时，D5 中的公式还是"＝C＄4"，如图 4－20 所示。

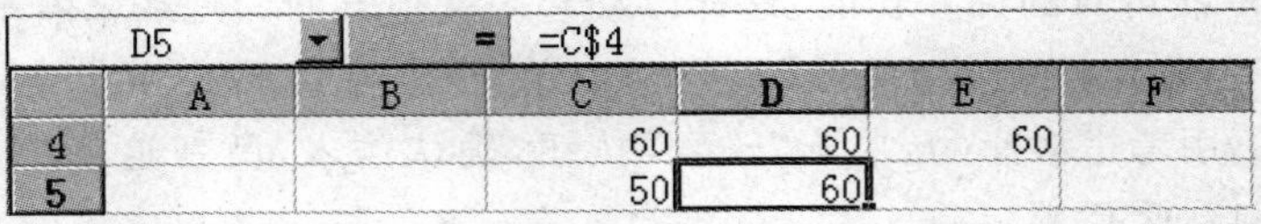

图 4－20　列相对引用行绝对引用

如果在 D4 单元格中输入"＝＄C＄4"，那么不论你将 D4 向哪个方向拖动，自动填充的公式都是"＝＄C＄4"。 原来谁前面带上了"＄"号，在进行拖动时谁就不变；如果都带上了"＄"，在拖动时两个位置都不能变。如图 4－21 所示。

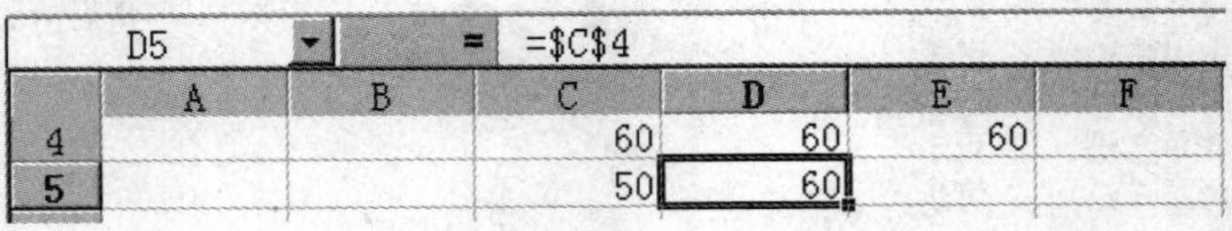

图 4－21　绝对引用

（4）名称的使用

命名后的单元格可以通过名字选择该单元格，可以直接从名称框的下拉列表中进行选择，并直接在公式中进行调用。

命名方法是选中一个单元格，在公式编辑器左边的输入框中输入该单元格的名称，如图 4－22 所示。

折扣	I	▼	=	70%		
	A	B	C	D	E	F	G
1	7月货物销售总表						
2							
3						折扣率	70%

图 4-22　命名单元格

在编辑栏中直接输入公式"＝E5 * 折扣",然后向下填充,这一列填充的效果与左面一列的结果是完全相同的,使用名称对单元格调用是绝对调用,如图 4-23 所示。

H5	▼	=	=E5*折扣		
	A	B	F	G	H
1	7月货物销售总表				
2					
3			折扣率	70%	
4	购买人:	物品	日期	折后价	
5	陈松	可乐	7月1日	2.1	2.1
6	陈松	雪碧	7月3日	2.1	

图 4-23　名称的应用

（5）调整行、列宽度

调整单元格的宽度,可以使表格看起来更紧凑一些。拖动两个单元格列标中间的竖线可以改变单元格的大小,当鼠标变成如图 4-24 所示的形状时,直接双击这个竖线,Excel 会自动根据单元格的内容给这一列设置适当的宽度。

=				
C	D	✛ E	F	
			折扣率	
单价	数量	总值	日期	
3	1	3	7月1日	
3	1	3	7月3日	

图 4-24　调整列宽

也可以拖动单元格边框线来设置行高和列宽,但不能达到精确的效果,下面的方法可以精确的设定行高和列宽:

①行高的设置:打开"格式"菜单,单击"行"项,从打开的子菜单中选择"行高",可以打开"行高"对话框,如图 4-25 所示,设置行高,按下"确定"按钮。选择"格式"菜单的"行"子菜单中的"最适合的行高"命令,其效果和双击行标间的横线相同。

②列宽的设置:打开"格式"菜单,单击"列"项,从打开的子菜单中选择"列宽",打开"列宽"对话框,如图 4-26 所示,在这里输入列宽的数值,单击"确定"按钮。选择"格式"菜单中"列"子菜单中的"最适合的列宽"命令,其效果同双击列标中间的竖线效果相同。

图 4-25　"行高"对话框

图 4-26　"列宽"对话框

（6）回车后的单元格选定

在编辑栏或单元格中输入单元格内容后，按回车可以将输入的内容确认，同时当前选择的单元格将变成输入内容单元格下面的一个单元格。可以设置回车后选择的移动方向：打开"工具"菜单，选择"选项"命令，打开"选项"对话框，单击"编辑"选项卡，如图 4-27 所示，在这里有一个"按 Enter 键后移动"复选框，可以从下面的下拉列表框中选择移动的方向是上、下、左或右。

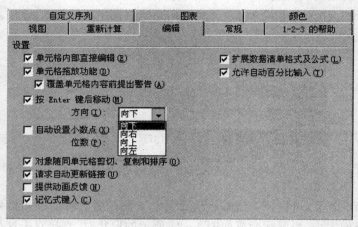

图 4-27　"选项"对话框

如果取消这个复选框的选择，那按回车的作用就只是确认当前的输入，而不会移动了。

（7）其他快速填充方式

用鼠标拖动进行填充时可以向下进行填充，也可以向上、向左、向右进行填充，只要在填充时分别向上、左、右拖动鼠标就可以了。

除了使用鼠标拖动进行填充外，还可以使用菜单项进行填充：选中要填充的单元格，打开"编辑"菜单，单击"填充"项，从打开的子菜单中选择填充的方向，就可以了。

有时需要输入一些等比或等差数列，这时使用填充功能就很方便了，在上面输入"1"，下一个单元格输入"2"，然后从上到下选中这两个单元格，向下拖动第二个单元格的黑色方块进行填充，可以看到所填充出来就是一个等差数列了。

等比数数列的填充需要这样来做：首先在单元格中填入数列开始的数值，然后选中要填充数列的单元格，打开"编辑"菜单，单击"填充"项，选择"序列"命令，选择"等比数列"，步长值设置为"2"，单击"确定"按钮，如图 4-28 所示，就可以在选定的单元格中填入了等比数列。

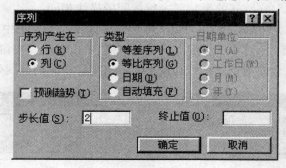

图 4-28　"序列"对话框

　　使用菜单项打开的对话框来设置序列还可以设置序列产生的方向是横向或竖向，也可以填充日期。如果需要填充的日期的变化不是以日为单位的话，就要用到这里的日期填充；有时不知道要填充的东西到底有多少个单元格，比如一个等比数列，只知道要填充的开始值和终值，此时就可以先选择尽量多的单元格，在"序列"对话框中设置步长和终值。

4.3　工作表的编辑

4.3.1　编辑工作表

　　（1）选定操作区域

　　选定操作区域的方法有很多：如单击行标可以选中一行，单击列标可以选中整列，单击全选按钮（表格左上角的第一个格）可以选中整个工作表，还有单击某个单元格就可以选中此单元格。

　　如果要选择一些连续的单元格，就是在要选择区域的开始的单元格按下左键，拖动鼠标到最终的单元格就可以了。

　　如果要选定不连续的多个单元格，就是按住 Ctrl 键，一一单击要选择的单元格就可以了。

　　同样的方法可以选择连续的多行、多列；不连续的多行、多列；甚至行、列、单元格混合选择等等。

　　选择连续单元格时会遇到要选择的单元格在一屏上无法全部显示的情况，如果用拖动鼠标的方式很难准确选择，这时可以使用键盘的 Shift 键配合鼠标的单击来进行单元格的选择。先选中要选择区域的开始单元格，使用滚动条翻动到末尾的单元格，按住"Shift"键单击要选择区域的结束单元格，就可以选择这些单元格了。

　　（2）对工作表的操作

　　①增加工作表：假设有一个员工的考查表，现在如果又新来了两名员工，需要为他们添加两张表格。

　　使用移动和复制功能来添加另外两个人的表格：在标签栏中的任意标签上单击右键，在打开的菜单中单击"移动或复制工作表"项，如图 4－29 所示，出现"移动和复制工作表"对话框（如图 4－30 所示），将"建立副本"复选框选中，选择"下列选定工作表之前"列表中的"移到最后"项，单击"确定"按钮，就在最后面建立了当前选中的工作表的一个副本；修改一下人员名字和部门等信息，这个表格就可以使用了；同样的方法建立另外一个表，这样两个表就添加完成了。

　　双击表底下的标签，就可以在标签上输入文字了，输入这个人的名字，然后按回车，现在就把这个表的标签改动了；同样把其他的人的也改动过来，如图 4－31 所示，这样就直观多了。

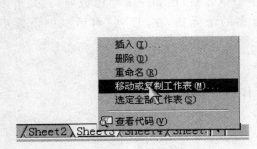
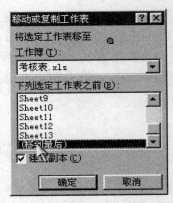

图 4-29　工作表移动或复制　　　　　图 4-30　移动或复制工作表对话框

陈松 / 高靖 / 牛利 / 雪莉 / 李汇 / 李晓 / 曾春

图 4-31　工作表标签

②调整工作表位置：首先看哪些人是稿件人员，在标签栏中单击右键，从快捷菜单中选择"选定全部工作表"命令，然后打开"编辑"菜单，单击"查找"命令，在查找内容输入框中输入"稿件"，然后单击"查找下一个"按钮，Excel 就会自动在所有选中的工作表中查找符合条件的字符；现在 Excel 找到了合适的字符，并把当前编辑的工作表自动切换到了这个工作表中，单击"关闭"按钮关闭"查找"对话框；在标签栏中选中这个表，打开"编辑"菜单，选择"移动或复制工作表"命令，打开"移动或复制工作表"对话框，选择列表中的第一个表，不要选中这个建立副本复选框，单击"确定"按钮，就把这个工作表移动到了第一个表的位置上；同样把其他的部分工作表也移动到合适的位置就可以了。

③插入工作表：或者称为新建工作表，可以直接打开"插入"菜单，选择"工作表"命令，就可以在当前编辑的工作表前面插入一个新的工作表，而且会自动把当前编辑的工作表设置为新建的工作表。

④删除工作表：选中要删除的工作表，打开编辑菜单，选择"删除工作表"项单击，就可以把当前编辑的工作表删除了。

⑤移动工作表：在要移动的表的标签上按下鼠标左键，然后拖动鼠标，在拖动鼠标的同时可以看到鼠标的箭头上多了一个文档的标记，同时在标签栏中有一个黑色的三角指示着工作表拖到的位置，在目标位置松开鼠标左键，就把工作表的位置改变了，如图4-32(a)所示。

⑥复制工作表：这个同移动工作表是相对应的，用鼠标拖动要复制的工作表的标签，同时按下 Ctrl 键，此时，鼠标上的文档标记会增加一个小的加号，现在拖动鼠标到要增加新工作表的地方，就为选中的工作表制作了一个副本，如图 4-32(b)所示。

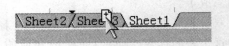

图 4-32(a)　移动工作表　　　　　图 4-32(b)　复制工作表

工作表的重命名：除了双击工作表的标签栏外，还可以右键单击要更改名称的工作表，在弹出的菜单中选择"重命名"命令，然后在标签处输入新的工作表名；还可以先选中要重命名的工作表,打开"格式"菜单的"工作表"子菜单,选择"重命名"命令,也同样可以改变当前工作表的名称。

4.3.2　使用公式与函数

(1)创建公式

我们在 Excel 中计算公式 $y=(3x+1)/2$ 在 x 从 1 变化到 20 时 y 的值:先在第一列中输入 1 到 20 这些数,然后在 B1 单元格中输入"$=(3\ \ A1+1)/2$",将其填充到下面的单元格中,就可以得到直观的结果了;可以很容易看出,这里"　"表示的是乘,"/"表示的就是除,括号的作用和平时是相同的,如图 4-33 所示。

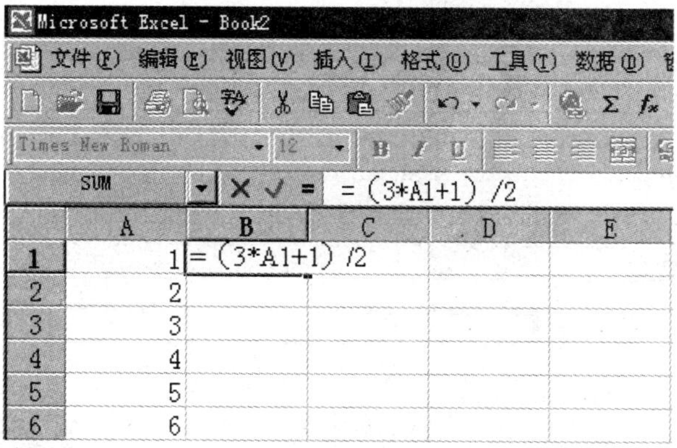

图 4-33　使用公式

创建公式是很容易的,关键在于你要想好怎么去创建这个公式,以及合理的使用单元格的引用。

(2)编辑公式

公式和一般的数据一样可以进行编辑,编辑方式同编辑普通的数据一样,可以进行拷贝和粘贴。先选中一个含有公式的单元格,然后单击工具栏上的复制按钮,再选中要复制到的单元格,单击工具栏上的粘贴按钮,这个公式复制到下面的单元格中了,可以发现其作用和上节填充出来的效果是相同的。

其他的操作如移动、删除等也同一般的数据是相同的,只是要注意在有单元格引用的地方,无论使用什么方式在单元格中填入公式,都存在一个相对和绝对引用的问题。

(3)函数的使用

最常用的函数就是求和,Excel 中求和功能有很多的用法,最简单的就是自动求和功能。

以下来看一个表格,如图 4-34 所示,现在需要把这个货物表的总值部分的全部款项汇总一下,看看到底有多少:选中这些单元格和下面的"总计"单元格,然后单击工具栏上的"自动求和"按钮,在"总计"栏中就出现了上面单元格的数字的和。

这个自动求和功能可以自动在行或列中求和,对行中数据的求和同对列中数据的求和方法基本一致;但是对于下面这个表,如图 4-35 所示,要加和的单元格并不是在同一个行或者列上,这时自动求和功能就没有办法了。

	A	B	C	D	E	F
74	严枝	活力28	5	1	5	7月23日
75	曾春	可乐	3	1	3	7月13日
76	曾春	冰红茶	1.8	1	1.8	7月15日
77	曾春	可乐	3	1	3	7月23日
78	曾春	冰红茶	1.8	1	1.8	7月28日
79	雪莉	可乐	3	2	6	7月28日
80	曾春	可乐	3	2	6	7月4日
81			总计			

图 4-34　自动求和按钮的使用

BB公司产品统计

1998	一季度	二季度	三季度	四季度
产品一	1100	235	1365	1144
产品二	1120	268	1568	224
产品三	154	235	255	141
产品四	136	154	355	154
年度产品数量总计				

图 4-35　使用求和函数

这时就要用到 Excel 提供的函数功能来实现了:单击要填入和的单元格,单击工具栏上的"输入公式"按钮,现在左边的名称框变成了一个函数的选择列表框,单击这个列表框的下拉箭头,从中选择"SUM"项,如图 4-36 所示。

图 4-36　函数调用

在编辑栏中就出现了函数 SUM,单击"SUM"栏的 Number1 输入框的拾取按钮,从工作表中选择要将数值相加的单元格,单击输入框中的"返回"按钮回到刚才的对话框,单击"确定"按钮就可以了,如图 4-37 所示。如果要求和单元格不连续的话,也可以用 Ctrl 键来配合鼠标进行选取。

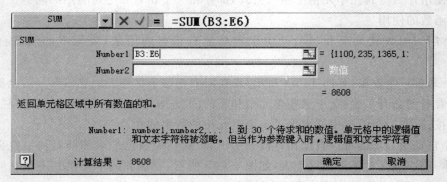

图 4-37　求和函数调用对话框

　　Excel 也有求平均数等函数：选中要放置平均数的单元格，单击"输入公式"按钮，单击左边的函数选择下拉列表框的下拉箭头，选择平均数函数"AVERAGE"项，然后选择取值的单元格，单击"确定"按钮就可以了。其他函数的使用方法雷同。

4.4　工作表的管理

4.4.1　视图的切换

　　用户经常会遇到这种情况：工作表的内容在视图中看起来不是很完整，这时可以试一下全屏显示：打开"视图"菜单，单击"全屏显示"命令，界面中间的数据显示区域比原来大了许多。

　　可是有时这里还是不能全部显示出表格，还可以这样：单击"关闭全屏显示"按钮，回到正常的视图中，单击工具栏上的"显示比例"下拉列表框的下拉箭头 100%，选择 75%，把视图中的表变小，如果还是不全，可以直接在输入框中输入"50"，然后回车，就可以了。

　　在编辑的时候，如果想知道这个表有几页，可以打开"视图"菜单，单击"分页预览"命令，会出现一个对话框，告诉用户现在的视图状态下可以直接拖动分页符的位置，单击"确定"按钮。

　　在 Excel 中分页符的概念比较奇特，现在视图中这些虚线就是分页符，如图 4 - 38 所示，把鼠标放到上面，鼠标就变成了这样的移动标记"↔"；可以发现整个表格被蓝色的线条分成了两个部分，这就表示现在的表打印出来的话会有两页，单击"打印预览"按钮，从状态栏上可以看出现在的表共有两页；把中间的这条竖线向右拖动，与边框蓝线重合，现在看上去表只有一部分了，单击"打印预览"按钮，可以看到现在的表就只有一页了。

图 4 - 38

　　用户还可以自己插入分页符，选中要分页位置的单元格，然后打开"插入"菜单，单击"分页符"命令，在选中的单元格的左边和上面就出现了分页符的标记，这样就设置好分页了。如果只想上下分，选中要分页的行，插入一个分页符就可以了。

　　在 Excel 中，还可以使用视图管理器来在不同的视图形式之间切换：打开"视图"菜单，单击"视图管理器"命令，打开了"视图管理器"对话框，单击"添加"按钮，把当前的视图存储起来，在"名称"输入框中输入"页面视图"，单击"确定"按钮，如图 4 - 39 所示。

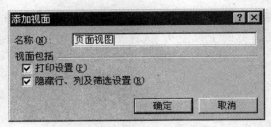

图 4-39　"添加视面"对话框

将视图设置为一般视图并以 75% 的比例显示,打开"视图"菜单,单击"视图管理器"命令,可以看到列表中已经有了刚才设置的"页面视图"项,如图 4-40 所示,再单击"添加"按钮,在对话框的"名称"输入框中输入"普通视图",单击"确定"按钮,再保存一个页面设置。

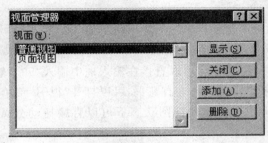

图 4-40　"视面管理器"对话框

再打开"视图管理器"对话框,从列表中选择"页面视图",单击"显示"按钮,视图就切换到了刚才保存的页面视图的样子,这样切换起来就很方便了

4.4.2　拆分窗口

使用视图管理器可以方便地观看工作表的页面效果和分页情况,不过这对于数据浏览的帮助并不大,只有在表比较小的时候才有用,而在表太大时,比例设置小了往往会看不清楚,而用户平时查看的可能是比较大的工作表,看这种表经常遇到的一个困难是表中两个部分的数据进行比较时没有办法同时看到两部分的数据。

对于这种情况可以这样来做:打开"窗口"菜单,单击"拆分"命令,在工作表当前选中单元格的上面和左边就出现了两条拆分线,整个窗口分成了四部分,而垂直和水平滚动条也都变成了两个,如图 4-41 所示。

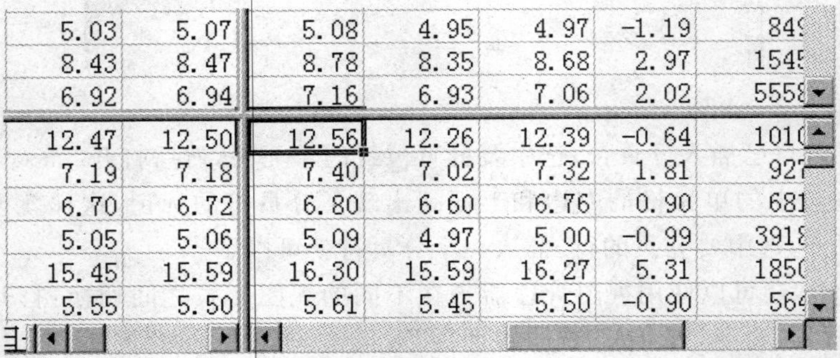

5.03	5.07	5.08	4.95	4.97	-1.19	849
8.43	8.47	8.78	8.35	8.68	2.97	1545
6.92	6.94	7.16	6.93	7.06	2.02	5558
12.47	12.50	12.56	12.26	12.39	-0.64	1010
7.19	7.18	7.40	7.02	7.32	1.81	927
6.70	6.72	6.80	6.60	6.76	0.90	681
5.05	5.06	5.09	4.97	5.00	-0.99	3918
15.45	15.59	16.30	15.59	16.27	5.31	1850
5.55	5.50	5.61	5.45	5.50	-0.90	564

图 4-41　拆分窗口

拖动上面的垂直滚动条,可以同时改变上面两个窗口中的显示数据;单击左边的水平滚动条,则可以同时改变左边两个窗口显示的数据,这样就可以通过这四个窗口分别观看不同位置的数据了。

用户还可以用鼠标拖动这些分隔线:把鼠标放到这里的分隔线上,可以看到鼠标变成了这样的形状⬌,按下左键,拖动鼠标,就可以改变分隔线的位置了。

取消这些分隔线时,只要打开"窗口"菜单,原来的"拆分"命令变成了"撤消窗口拆分"命令,单击它,就可以撤消窗口的拆分了。

4.4.3　新建和重排窗口

前面介绍的只适合一个表格的情况,有时用户需要把一个工作簿中不同的工作表的内容对照着看,这时拆分就帮不上忙了,不过可以使用下面的方法:打开"窗口"菜单,单击"新建窗口"命令,为当前工作簿新建一个窗口,注意现在的标题栏上的文件名后面就多了一个":2",表示现在是打开的一个工作簿的第二个窗口。

打开"窗口"菜单,单击"重排窗口"命令,弹出"重排窗口"对话框,选择一个窗口排列的方式,如选择"垂直并排",选中"当前活动工作簿的窗口"前的复选框,单击"确定"按钮,如图4-42所示。

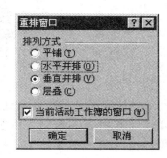

图 4 - 42　"重排窗口"对话框

我们给这个工作簿建立的两个窗口就在这里并排显示了,在两个窗口中选择不同的工作表显示,就可以进行对比查看了,如图 4-43 所示。

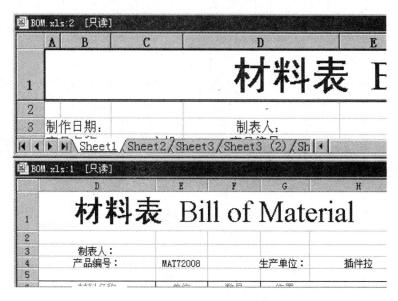

图 4 - 43　重排窗口效果图

同样,如果是两个不同的工作簿中的内容进行比较,也可以使用这个重排窗口命令,只是在打开的"重排窗口"对话框中不要选中"当前活动工作簿的窗口"命令就可以了。

4.4.4 冻结窗格

在查看表格时还会经常遇到这种情况:在拖动滚动条查看工作表后面的内容时看不到行标题和列标题,给查阅带来很大的不便;使用拆分可以很容易地解决这个问题:单击选中这个表的 D7 单元格,如图 4-44 所示,然后打开窗口菜单,单击"拆分"项,把窗口拆分开,现在右下角这个区域就只是数据了,通过拖动这个区域的滚动条,就可以参考上面和左边的数据来看这一部分的内容了。

	A	B	C	D	E	F
2				深圳证券交		
3						
4		1998年9月11日				
6		证券名称	代码	昨收盘	开盘	最高
7		深发展A	0001	16.23	16.30	16.40
8		深万科A	0002	9.69	9.74	9.77
9		深金田A	0003	5.03	5.07	5.08
10		深安达A	0004	8.43	8.47	8.78

图 4-44　拆分窗口效果图

不过这样还是有缺点,当把滚动条拖到边的时候会出现表头,看起来感觉不是很好,可打开窗口菜单,单击冻结窗格项,现在窗口中的拆分线就消失了,取而代之的是两条较粗的黑线,滚动条也恢复了一个的状态,现在单击这个垂直滚动条,改变的只是下面的部分,改变水平滚动条的位置,可以看到改变的只是右边的部分,就和拆分后的效果一样,不同的只是不会出现左边和上面的内容了。

撤消窗口冻结:打开窗口菜单,单击"撤消窗口冻结"项,就可以将这个窗口的冻结撤消了。

4.4.5 数据的排序

在查阅数据的时候,经常需要将表中的数据可以按一定的顺序排列,以方便查看。

例如现在有一张股市的表格,如图 4-45 所示,用户希望找到涨跌幅度最大的几种股票,以找到近日走红和看跌的单股,现在所有的记录从上到下是按照股票的序号排列的,按股票的涨跌幅度来排列:单击"涨跌%"单元格,单击工具栏中的"降序"按钮 ，表中的数据就按照涨跌的幅度从大到小排列了。

最高	最低	收盘	涨跌%	成交量
16.40	15.99	16.05	-1.11	29433
9.77	9.51	9.58	-1.14	11391
5.08	4.95	4.97	-1.19	8491
8.78	8.35	8.68	2.97	15454
7.16	6.93	7.06	2.02	55582
12.56	12.26	12.39	-0.64	10109
7.40	7.02	7.32	1.81	9277
6.80	6.60	6.76	0.90	6817

图 4-45　排序样表

如果是想从小到大排列,单击"升序"按钮，现在排在前面的就成了跌幅大的股票了。

如果想让涨跌相同的股票按照成交量的大小来排列,打开"数据"菜单,单击"排序"命令,打开"排序"对话框,可以看到 Excel 自动选定了一个排序区域,在"排序"对话框中可以设置三个排序的条件,这里只要用两个就可以了,现在工作表排序的主要关键字是"涨跌%",按递增排列,将其改为"递减",设置一下次要关键字:单击"次要关键字"一栏中下拉列表框的下拉箭头,从列表中选择"成交量",后面也选择为递减;注意下面的标题行的设置,这里选择的是"有标题行",对于不想对标题行也一起排序时一定要选这个选项;然后单击"确定"按钮,如图 4-46 所示。

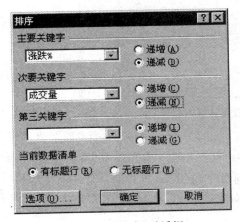
　　　　　　　　图 4-46　"排序"对话框

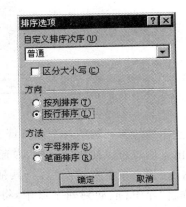
　　　　　　　　图 4-47　"排序选项"对话框

Excel 中也可以实现将表按照行来排序,打开"排序"对话框,单击"选项"按钮,打开"排序选项"对话框,这里可以设置排序的次序、方向、方法、是否区分大小写等,可以选择方向为"按行排序",单击"确定"按钮,这时"主要关键字"下拉列表框中的内容就发生了变化;不过由于在这里不能正确识别标题列,所以单击"确定"按钮后的排序会出现一些问题,这种情况下最好先选中要排序的单元格,然后再进行排序,如图 4-47 所示。

4.4.6　数据透视表

来看下面这个表,如图 4-48 所示,在这个表中存储了国内部分地区从 1995 年到 1997 年的国内生产总值。

地区	国内生产总值	第一产业	第二产业	工业
浙江	3524.79	559.8	1834.47	1632.37
云南	1206.68	305.27	536.63	477.84
新疆	825.11	240.71	302.56	219.01
西藏	55.98	23.44	13.33	4.09
天津	920.11	63.21	501.22	451.84
四川	3534	976.96	1486.63	1215

图 4-48　工作表样例

如果需要将每个地区三年的国内生产总值的和求出来,用分类汇总和排序功能可以做到这一点,但是比较麻烦,这里使用数据透视表来做:打开"数据"菜单,单击"数据透视表和图表报告"命令,打开"数据透视表和数据透视图向导"对话框,第一步是选择数据来源,选择"Microsoft Excel 数据清单或数据库",选择要创建的报表类型为"数据透视表",单击"下一步"按钮,这一步中要选择透视表的数据来源的区域,Excel 已经自动选取了范围,这里它的选取是正确的用户一般不做改动,单击"下一步"按钮;这一步要选择透视表放置的位置,选择"新建工作表"项,单击"完成"按钮,现在就出现了数据透视表,如图 4 - 49 所示。

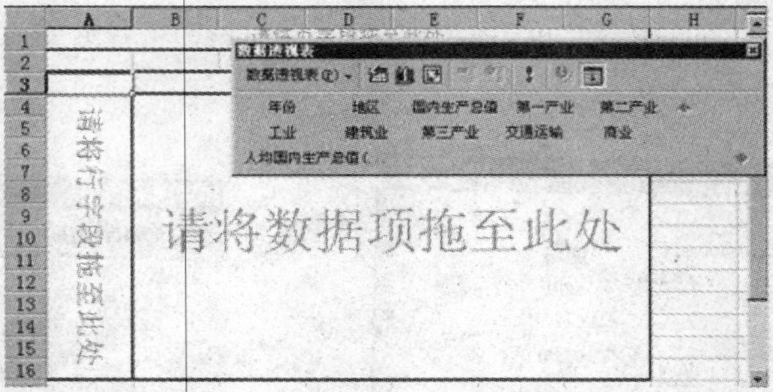

图 4 - 49 数据透视表的使用

在工作表的透视表的各个部分都有提示,同时界面中出现了一个"数据透视表"工具栏,里面列出了所有可以使用的字段,为查看各地区三年生产总值的和,在"数据透视表"工具栏的"地区"按钮上按下左键,然后将其拖动到行字段中,就可以将透视表的行字段设置为地区;同样将"年份"拖动到列字段中,将"国内生产总值"拖动到数据字段中;透视表就有数据了。

双击"计数项:国内生产总值",打开"数据透视表字段"对话框,在"汇总方式"列表框中选择"求和",单击"确定"按钮,现在显示出来的就是正确的数据了,如图 4 - 50 所示。

求和项:国内生产总值	年份	
地区	95年	96年
安徽	2003.58	2339.25
北京	1394.89	1615.73
福建	2160.52	2606.92
甘肃	553.35	714.18
广东	5381.72	6519.14
广西	1606.15	1869.62

图 4 - 50 数据汇总样表

现在的透视表中显示的是三年的和,也可以让它只显示两年的和:单击"年份"单元格的下拉箭头,从弹出的列表框中去掉不想求和的年份前的复选框,单击"确定"按钮,透视表中出现的就只有两年的数据汇总了;对于地区也可以做同样的设置。

也可以根据数据透视表直接生成图表:单击"数据透视表"工具栏上的"图表向导"按钮,Excel 会自动根据当前的数据透视表生成一个图表并切换到图表中,不难看出这个图表跟前面看到的图表基本上一致,所不同的只是这里多了几个下拉箭头,单击"年份"的下拉箭头,这实际上是透视表中的"页"字段,选择"全部",单击"确定"按钮,可以看到图表中的数据也发生了变化,其他有很多在透视表中使用的方法也可以在这个图表中使用,将图表的格式设置一下,一个漂亮的报告图就完成了,如图 4 - 51 所示。

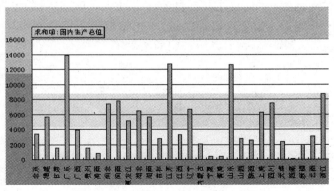

图 4-51　图表生成

添加图表可以使用"常用"工具栏上的"图表向导"按钮;此外,在数据透视表的任意位置单击右键,从右键菜单中选择"数据透视图"命令,也可以增加一个数据透视图。

数据字段的设置:在数据字段所在的单元格中单击右键,从弹出的菜单中选择"字段设置"命令,可以打开"字段设置"对话框,此时就可以设置数据的形式了。在数据透视表的数据区中双击,还可以直接建立一个新的工作表查看双击处的记录。

4.4.7　设置高级筛选

设置自动(或高级)筛选的方法如下:选择"数据"菜单,然后选择"筛选"根据情况自行选择自动(或高级)筛选。

如图 4-52 所示,在设置自动筛选的自定义条件时,可以使用通配符,其中问号(?)代表任意单个字符,星号(＊)代表任意一组字符。

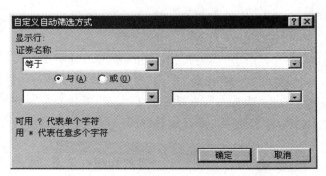

图 4-52　"自定义自动筛选方式"对话框

高级筛选可以设置行与行之间的"或"关系条件,也可以对一个特定的列指定三个以上的条件,还可以指定计算条件,这些都是它比自动筛选优越的地方。高级筛选的条件区域应该至少有两行,第一行用来放置列标题,下面的行则放置筛选条件,需要注意的是,这里的列标题一定要与数据清单中的列标题完全一样才行。在条件区域的筛选条件的设置中,同一行上的条件认为是"与"条件,而不同行上的条件认为是"或"条件。

如图 4-53 所示,要把这个表中比开盘高于 10 元、收盘高于 10 元、成交量大于 10000 的股票显示出来。可以这么来做:先设置一个条件区域,第一行输入排序的字段名称,在第二行中输入条件,建立一个条件区域;然后选中数据区域中的一个单元格,打开"数据"菜单的"筛选"子菜单,单击"高级筛选"命令,Excel 自动选择好了筛选的区域,单击这个"条件区域"框中的"拾取"按钮,选中刚才设置的条件区域,单击拾取框中的按钮返回高级筛选对话框,单击"确定"按钮,现在表中就是我们希望看到的结果了。

成交量	成交金额		收盘	开盘	成交量
331806	22186		>10	>10	>10000
18443	2061				
185852	4121				
511	5				
45752	4444				

图 4-53　筛选样例

4.4.8　分类汇总与分级显示

前几节介绍的都是 Excel 查阅工作表的方法,下面来欣赏 Excel 在数据处理方面的过人之处。

如图 4-54 所示,在这张销货表中用户希望能够把每个人在每个月的花费都统计出来。

7月货物销售总表

购买人	物品	单价	数量	总值	折扣率	70%
					日期	折后价
陈松	可乐	3	1	3	7月1日	2.1
邓康	活力28	5	1	5	7月1日	3.5
李江	冰红茶	1.8	1	1.8	7月1日	1.26
马猊	冰红茶	1.8	1	1.8	7月1日	1.26
牛利	美年达	2.8	1	2.8	7月1日	1.96
单奇	可乐	5	1	5	7月2日	3.5
高靖	冰红茶	1.8	1	1.8	7月2日	1.26
王铭	美年达	2.8	1	2.8	7月2日	1.96
严枝	雪碧	3	1	3	7月2日	2.1

图 4-54　工作表样表

现在用分类汇总来做:首先单击"购买人"单元格,单击工具栏中的"升序"按钮,把表按照"购买人"进行排序,然后打开"数据"菜单,单击"分类汇总"对话框,在这里的分类字段的下拉列表框中选择分类字段为"购买人",选择汇总方式为"求和",汇总项就选择一个"折后价",单击"确定"按钮,如图 4-55 所示,现在就符合用户的要求了。

1 2 3		A	B	C	D	E
	1			**7月货物销售总表**		
	2					
	3				折扣率	70%
	4	购买人	物品	总值	日期	折后价
	5	陈松	可乐	3	7月1日	2.1
	6	陈松	雪碧	3	7月3日	2.1
	7	陈松	可乐	3	7月4日	2.1
	8	陈松	可乐	3	7月11日	2.1
	9	陈松	可乐	3	7月11日	2.1
	10	陈松	活力28	5	7月13日	3.5
	11	陈松	美年达	2.8	7月21日	1.96
	12	陈松	力士	3.4	7月26日	2.38
	13	陈松	冰红茶	1.8	7月31日	1.26
	14	**陈松 汇总**				19.6
	15	单奇	可乐	5	7月2日	3.5

图 4-55　分类汇总

在分类汇总中数据是分级显示的,现在工作表的左上角出现了这样的一个区域 ,单击这个 1,在表中就只有这个总计项出现了,如图 4-56 所示。

1 2 3		A	B	C	D
	1	7月货物销售总表			
	2				
	3			折扣率	70%
	4	购买人	物品	日期	折后价
+	94	总计			153.02

图 4-56　汇总总计

单击这个 2,出现的就只有这些汇总的部分,这样可以清楚地看到每个人的汇总,如图 4-57 所示。

单击 3,可以显示所有的内容。

1 2 3		A	B	C	D
	1	7月货物销售总表			
	2				
	3				
	4	购买人	物品	日期	折后价
+	14	陈松 汇总			19.6
+	19	单奇 汇总			7.28
+	27	邓康 汇总			14.84
+	36	高靖 汇总			15.96
+	44	李江 汇总			11.06
+	52	李晓 汇总			14.56
+	56	马貌 汇总			5.32

图 4-57　个人汇总

4.4.9　引入外部数据

Excel 为用户提供了获取外部数据的简单方法。

以一个例子来看:如图 4-58 所示,这里有这样的一个文本文件,用户可以将其中的数据引入到 Excel 中来。

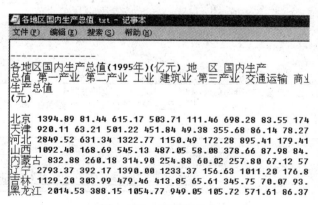

图 4-58　记事本文本

打开 Excel,打开"数据"菜单,打开"获取外部数据"菜单,单击"导入文本文件"命令,打开"导入文本向导"对话框,如图 4-59 所示,这里的原始数据类型就选择"分隔符号"一项,在这个对话框的下面有一个预览框，从这里可以看出来现在的头两行没有什么用处，因此将这里的"导入开始行"输入框中的数值改成3，单击"下一步"。

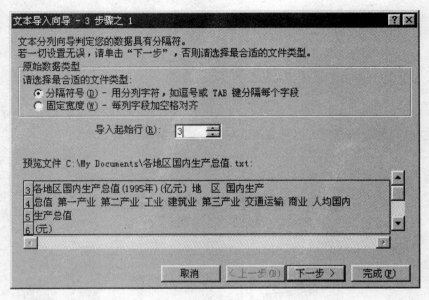

图 4-59 "文本导入向导"对话框步骤一

现在选择文本文件的数据字段分隔符，如图 4-60 所示，根据文件的特点，选择为"空格"，并取消"Tab 键"的复选，注意这里把这个"连续分隔符号视为单个处理"的复选框选中，单击"下一步"按钮。

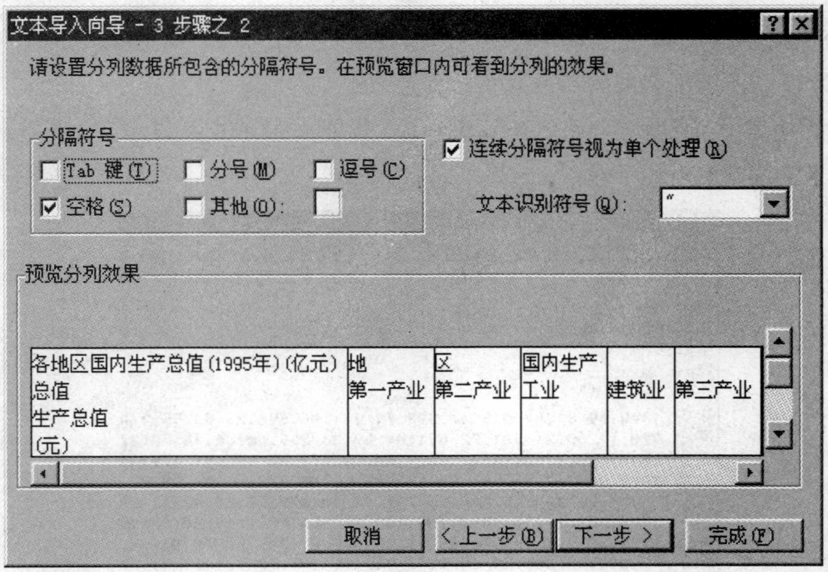

图 4-60 "文本导入向导"对话框步骤二

现在要选择导入数据的默认格式，现在的默认格式是"常规"，单击"完成"按钮，把文本文件中的数据全部引入进来，把它们稍微调整一下，就可以使用这些数据了。

<h1 style="text-align:center">4.5　图表的建立</h1>

4.5.1　建立图表

图表在数据统计中用途很大。例如有一个市场调查表，显示了几种品牌的饮料在各个季度的销量百分比。

我们来做一个表示第三季度的几种商品所占比例的饼图，打开"插入"菜单，单击"图表"命令，打开"图表向导"对话框，如图 4-61 所示，第一步是选择图表的类型，从左边的"类型"列表中选择"饼图"，再从右边的"子图表类型"列表中选择默认的第一个。

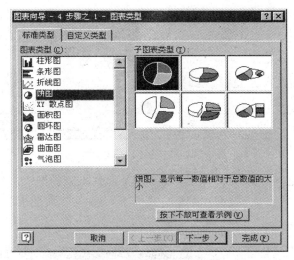

图 4-61　"图标向导"对话框

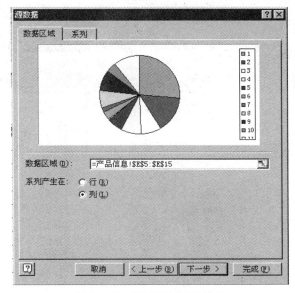

图 4-62　"图标向导"对话框

单击"下一步"按钮,出现步骤2的对话框,如图4-62所示,这个对话框中要为饼图选择一个数据区域:单击"数据区域"输入框中的拾取按钮█,对话框缩成了一个横条,选中"三季度"下面的这些数值,然后单击"图表向导"对话框中的返回按钮,回到原来的"图表向导"对话框,从预览框中可以看到设置的饼图就已经有了一个大概的样子了。

单击"下一步"按钮,现在要设置图表的各项标题,如图4-63所示,因为饼图没有X、Y轴,所以只能设置它的标题,设置它的标题为"三季度"。

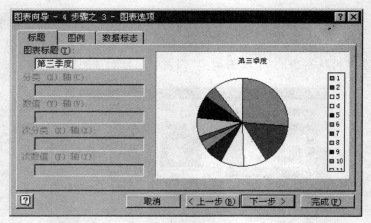

图4-63　"图标向导"对话框

单击"下一步"按钮,如图4-64所示,这一步是选择生成的图表放置的位置,选择"作为其中的对象插入",单击"完成"按钮,饼图就完成了。这样一张图表就做好了,如图4-65所示。

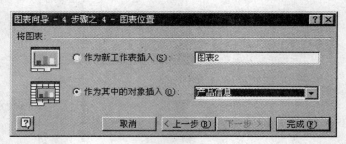

图4-64　"图标向导"对话框

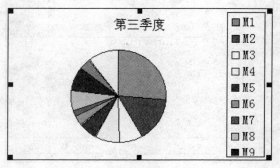

图4-65　完成后的饼图

4.5.2　自定义图表类型

　　如果你总是设置同样一种类型的图表的话,完全可以自定义一个图表类型,到时候直接套用就行了:在这个图表的空白区域单击右键,从菜单中选择"图表类型"命令,打开"图表类型"对话框,如图 4 - 66 所示,单击"自定义类型"选项卡,在"选自"栏中选择"自定义"项,单击"添加"按钮,打开"添加自定义类型"对话框,在"名称"输入框中填上定义的图表类型名"季度饼图",单击"确定"按钮返回"图表类型"对话框,这样就建立了一个自定义的图表类型。

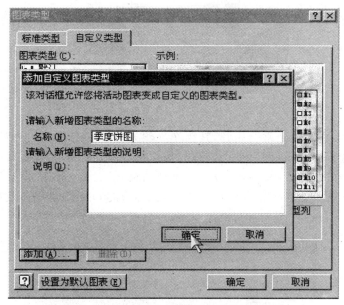

图 4 - 66　"添加自定义图表类型"对话框

　　单击"取消"按钮,回到编辑状态;再来插入一个图表:打开"插入"菜单,单击"图表"命令,在"图表类型"对话框中,选择类型为刚才定义的"季度饼图",直接单击"完成"按钮,就可以插入一个和上面完全相同的饼图了。

4.5.3　图表的修改

　　用户经常可以看到那种有一部分同其他的部分分离的饼图,这种图的做法是:单击这个圆饼,在饼的周围出现了一些句柄,再单击其中的某一色块,句柄到了该色块的周围,这时向外拖动此色块,就可以把这个色块拖动出来了;同样的方法可以把其他各个部分分离出来。如图 4 - 67 所示。

　　将它们合起来的方法是:先单击图表的空白区域,取消对圆饼的选取,再单击任意一个圆饼的色块,选中整个圆饼,按下左键向里

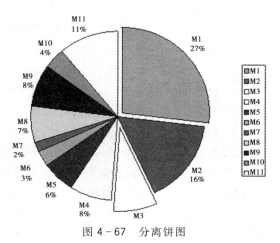

图 4 - 67　分离饼图

拖动鼠标,就可以把这个圆饼合并到一起了。

　　用户也常见到这样的饼图:将占总量比较少的部分单独拿出来做了一个小饼以便看清楚,做这种图的方法是:打开"图表"菜单,单击"图表类型"命令,打开"图表类型"对话框,单击"标准类型"选项卡,从"子图表类型"列表中选择"复合饼图",单击"确定"按钮,图表就生成了。如果图中各个部分的位置不太符合要求,来调整一下:首先把图的大小调整一下,然后把右边小饼图中的份额较大的拖动到左边,同时把左边份额小的拖到右边,饼图就完成了,如图4-68所示。

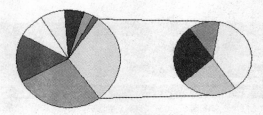

图4-68　饼图生成

　　有一种三维的饼图也经常会用到,其制作步骤为打开它的"图表类型"对话框,在"子图表类型"列表中选择"三维饼图",单击"确定"按钮就行了。如果觉得生成的图表不好看,可以适当修改:打开"图表"菜单,单击"设置三维视图格式"命令,打开"设置三维视图格式"对话框,如图4-69所示,在这里,可以修改三维图形的仰角,旋转角度以及高度,直到令你满意为止。

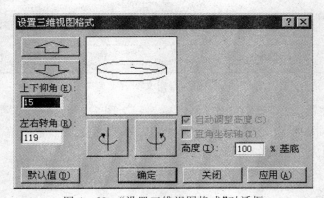

图4-69　"设置三维视图格式"对话框

4.5.4　柱形图的生成

　　柱形图是一种较常用的图形。

　　先选中一个数据单元格,然后单击工具栏上的"图表向导"按钮,打开"图表向导"对话框,选择要建立的图表类型为"柱形图"的"簇状柱形图",单击"下一步"按钮,现在选取数据区,这里Excel所默认选择的数据区是正确的;从预览框中可以看出现在的图表适合查看同一产品在几个季度中所占份额的对比,而我们希望看到的是一个季度中几种产品的数据对比,于是将"序列产生在"选择为"行";单击"下一步"按钮;输入图表的标题为"各产品在不同季度所占份额统计",分类X轴为"季度",分类Y轴为"比率",单击"下一步"按钮,选择"作为新工作表插入"项,后面的输入框中的内容设为"柱形图对比",单击"完成"按钮,在工作簿中就多出了一个"柱形图对比"工作表,在这个工作表中保存着刚才生成的图表,如图4-70所示。

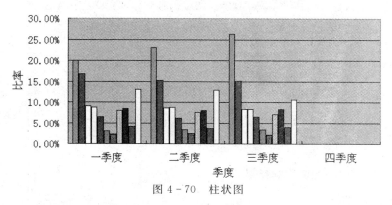

图 4-70　柱状图

这个图同饼图不同的就是有两个坐标轴,分别是 X 轴和 Y 轴;用户常看到 Y 轴坐标经常是在两个大的标记之间会有一些小的间距标记,这里也可以设置:双击 Y 轴,打开"坐标轴格式"对话框,如图 4-71 所示,单击"刻度"选项卡,取消"次要刻度单位"前面的复选框,在后面的输入框中输入 0.005,把次要刻度的间距设置为 0.005;然后单击"图案"选项卡,在"次要刻度线类型"栏中选择次要刻度线的类型为"内部",单击"确定"按钮。现在左边的坐标线就变成所设置的那种格式了。

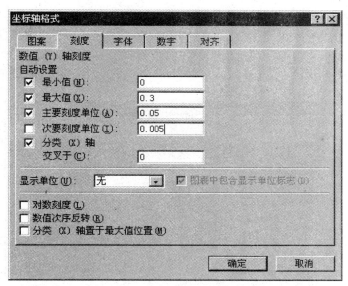

图 4-71　"坐标轴格式"对话框

4.5.5　趋势线的使用

趋势线可以简单地理解成一个品牌在几个季度中市场占有率的变化曲线,使用它可以很直观地看出一个牌子的产品的市场占有率的变化,还可以通过这个趋势线来预测下一步的市场变化情况:打开"图表"菜单,单击"添加趋势线"命令,打开"添加趋势线"对话框,如图

4－72 所示,从现在的类型选项卡中选择类型为二项式,现在下面的这个选择数据系列列表框中选择的是 M1,单击"确定"按钮。

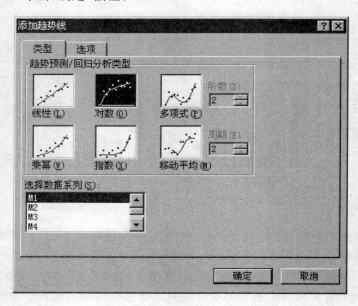

图 4－72　"添加趋势线"对话框

　　现在图表中就多了一条刚刚添加的该产品的趋势线,从这条线用户可以清楚地看出该产品在几个季度中的变化趋势是逐步上升的。

　　还可以用这个趋势线预测下一步的市场走势:双击这个趋势线,打开"趋势线格式"对话框,如图 4－73 所示,单击"选项"选项卡,在"趋势预测"一栏中将"前推"输入框中的数字改为"1",单击"确定"按钮。现在,就看到了下一个季度的趋势变化了,如图 4－74 所示。

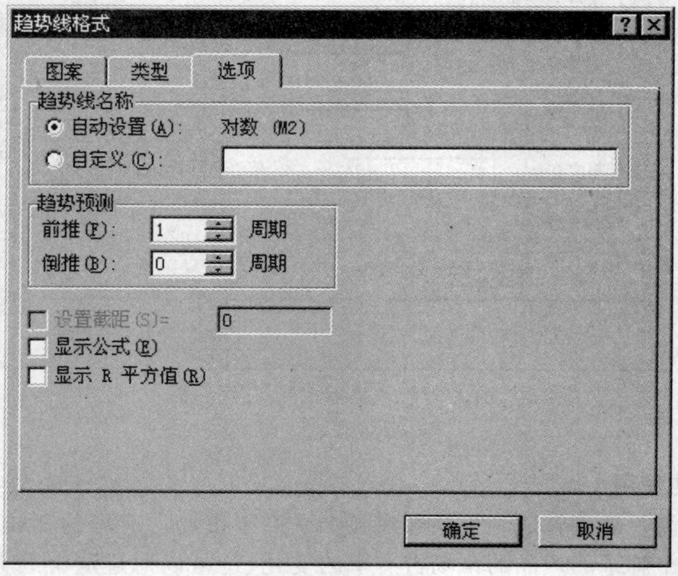

图 4－73　"趋势线格式"对话框

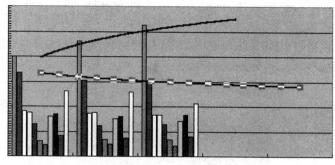

图 4 - 74　趋势线

4.5.6　调整图表文字

　　现在再来把 X 轴和 Y 轴的说明文字移动一下位置，在 Y 轴的说明文字上按下鼠标左键，在它的周围出现了一些句柄，表示现在选中了它，然后拖动鼠标，把它放到 Y 轴的上面，同样把 X 轴的说明文字放到右边，接着来把 Y 轴上的说明文字的方向改为水平的：在标题说明文字上单击右键，在弹出的菜单中选择"坐标轴标题格式"命令，打开"坐标轴标题格式"对话框，单击"对齐"选项卡，将文字的对齐方式选择为"水平"，单击"确定"按钮；再把 Y 轴的说明文字改成"所占比例"：把鼠标放在 Y 轴的标题文字上面，鼠标变成一个"I"字形，单击，在这里就出现了光标，现在就可以输入文字了，把这里的文字改成"所占比例"，然后用鼠标单击视图中的任意位置，标题文字的设置就完成了。

4.5.7　柱形图表的格式设置

　　现在来将上一节所用到的图表的背景设置一下，使图表更漂亮：在中间的方形区域中单击右键，单击"图形区格式"项，打开"图形区格式"对话框，选择颜色为"绿色"，单击"确定"按钮。在图形区的外面单击右键，单击弹出菜单中的"图表区格式"命令，单击"填充效果"按钮，选择"单色"，将下面的滑块向右滑动到大约三分之二处，单击"颜色"下拉列表框，从中选择"浅黄"，单击"确定"按钮，选中"阴影"前的复选框，单击"确定"按钮，图表的底纹就设置好了；同样把图例的底纹像前面一样设置好，这样，这个图表就漂亮多了，如图 4 - 75 所示。

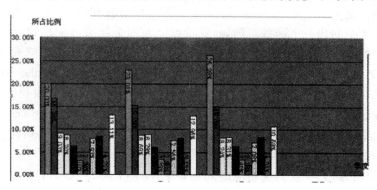

图 4 - 75　设置柱状图格式

也可以把这里的坐标线换个颜色,选中 Y 轴,打开它的"坐标轴格式"对话框,单击"图案"选项卡,在"坐标轴"一栏中选择"自定义",选择颜色为"橘红",选择一种较粗的线,并把主要刻度线类型设置为"交叉",然后单击"确定"按钮,现在这条线就设置成了这个样子;同样可以把网格线也设置好,方法是:选中网格线,打开格式菜单,单击网格线格式命令打开对话框,依次进行设置就可以了,如图 4-76 所示。

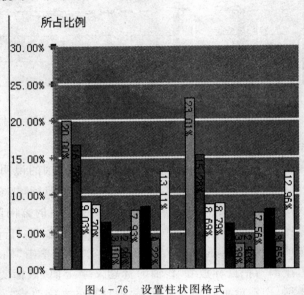

图 4-76　设置柱状图格式

4.6　Excel 2003 高级使用技巧

4.6.1　自定义函数

尽管 Excel 中已有大量的内置函数,但有时可能还会碰到一些计算无函数可用的情况。假如某公司采用一个特殊的数学公式计算工作量的折扣,如果有一个函数来计算岂不更方便? 下面介绍如何创建这样的自定义函数。

自定义函数,也叫用户定义函数,是 Excel 最富有创意和吸引力的功能之一,下面在 Visual Basic 模块中创建一个函数。例如,要给每个人的金额乘一个系数,如果是上班时的工作餐,就打六折;如果是加班时的工作餐,就打五折;如果是休息日来就餐,就打九折。首先打开"工具"菜单,单击"宏"命令中的"Visual Basic 编辑器",进入 Visual Basic 编辑环境,在"工程－VBAobject"栏中的当前表上单击鼠标右键,选择"插入"－"模块",在右边栏创建下面的函数 rrr,代码如下:Function rrr(tatol, rr) If rr ="上班" Then rrr = 0.6　　tatol ElseIf rr ="加班" Then rrr = 0.5　　tatol ElseIf rr ="休息日" Then rrr = 0.9　　tatol End If End Function ,如图 4-77 所示。

这时关闭编辑器,只要我们在相应的列中输入 rrr(F2,B2),那么打完折后的金额就算出来了,如图 4-78 所示。

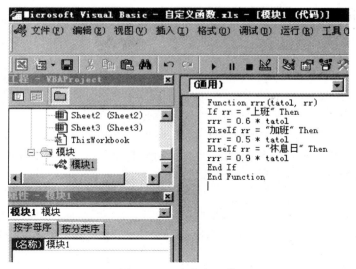

图 4 - 77　自定义函数

	A	B	C	D	E	F	G
1	姓　名	性质	商品名称	数　量	单　价	合　计	实际交付
2	王江飞	上班	鼠标	2	54.00	108.00	64.8
3	王江飞	上班	牛肉干	9	4.30	38.70	23.22
4	刘晓军	上班	钱包	2	75.00	150.00	90
5	刘晓军	加班	冰凌淋	9	1.60	14.40	7.2
6	刘晓军	休息日	手纸	22	0.50	11.00	9.9
7	孙悟空	上班	果冻	5	0.30	1.50	0.9
8	孙悟空	上班	鼠标	43	54.00	2322.00	1393.2
9	孙悟空	加班	口香糖	200	0.30	60.00	30
10	张飞	上班	锈花针	12	3.00	36.00	21.6

图 4 - 78　自定义函数调用

4.6.2　宏的应用

宏是一个指令集,用来告诉 EXCEL 完成用户指定的动作。宏类似于计算机程序,但是它是完全运行于 EXCEL 之中的,用户可以使用宏来完成枯燥的、频繁的重复性工作。宏完成动作的速度比用户自己做要快得多。例如,用户可以创建一个宏,用来在工作表的每一行上输入一组日期,并在每一单元格内居中对齐日期,然后对此行应用边框格式。用户也可以创建一个宏,在"页面设置"对话框中指定打印设置并打印文档。

由于宏病毒的影响和对编程的畏惧心理,使很多人不敢用"宏",或是不知道什么时候可以利用宏。其实用户尽管放心大胆地去用,如果只是用"录制宏"的方法,根本就没有什么难的,只是把一些操作像用录音机一样录下来,到用的时候,只要执行这个宏,系统就会把那操作再执行一遍。

用"录制宏"可以帮用户完成一些任务,而不需要编程。如果想对所录制的宏再进行编辑,就要有一定的 VBA 知识了,下面给出了宏的应用场合:

(1)设定一个每个工作表中都需要的固定形式的表头;

(2)将单元格设置成一种有自己风格的形式;

（3）每次打印都固定的页面设置；

（4）频繁地或是重复地输入某些固定的内容，比如排好格式的公司地址、人员名单等；

（5）创建格式化表格；

（6）插入工作表或工作簿等。

需要指出的是，EXCEL 中的宏与 WORD 中的宏有些不同之处，对于录制的操作，它会记住单元格的坐标（即所有的引用都是绝对的），所以在涉及到与位置有关的操作时，要格外注意。如果相对引用，可以借助于 Offset 方法，比如下面的语句：ActiveCell. Offset（1,0）. range（"A1"）. select 宏的应用是很广的，上面提到的只是一点点，如果真的用起来，用户会发现它有更丰富的内容和更灵活的应用方法。

4.6.3　矩阵计算

Excel 具有强大计算功能，不仅能够进行简单的四则运算，也可以进行数组、矩阵的计算。

（1）数组和矩阵的定义

矩阵不是一个数，而是一个数组。在 Excel 里，数组占用一片单元域，单元域用大括号表示，例如{A1：C3}，以便和普通单元域 A1：C3 相区别。设置时先选定单元域，同时按 Shift＋Ctrl＋Enter 键，大括弧即自动产生，数组域得以确认。

一个单元格就是一个变量，一片单元域也可以视为一组变量。为了计算上的方便，一组变量最好给一个数组名。例如 A＝{A1：C3}、B＝{E1：G3}等。数组名的设置步骤是：选定数组域，单击"插入"菜单，选择"名称"项中的"定义"命令，输入数组名，单击"确定"按钮即可。更简单的命名办法为：选择数组域，单击名称框，直接输入名称就行了。

矩阵函数是 Excel 进行矩阵计算的专用模块。用"插入"\"函数"命令打开"粘贴函数"对话框，如图 4－79 所示，选中函数分类栏中的"数学与三角函数"，在右边栏常用的矩阵函数有：MDETERM——计算一个矩阵的行列式；MINVERSE——计算一个矩阵的逆矩阵；MMULT——计算两个矩阵的乘积；SUMPRODUCT——计算所有矩阵对应元素乘积之和。

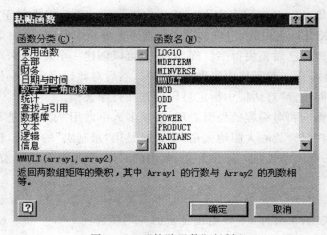

图 4－79　"粘贴函数"对话框

（2）矩阵的基本计算

数组计算和矩阵计算有很大的区别，比如下面这个例子中，A 和 B 都是已定义数组，因为这两个数组都是 3×3 的，输出结果也是 3×3 个单元格。计算时先选定矩阵计算结果的输出域，为 3×3 的单元格区域，然后输入公式。如果输入"＝A＋B"或"＝A－B"，计算结果是数组对应项相加或相减，输入"＝A＊B"表示数组 A 和 B 相乘，输入"＝A/B"表示数组 A 除数组 B。如果要进行矩阵计算，就要用到相应的矩阵函数。矩阵相加、相减与数组的加减表达形式是一样的，也是"＝A＋B"和"＝A－B"，表示矩阵相乘可以输入"＝MMULT(A，B)"，而矩阵相除是矩阵 A 乘 B 的逆矩阵，所以计算公式是"＝MMULT(A，MINVERSE (B))"。公式输入后，同时按 Shift＋Ctrl＋Enter 键得到计算结果。对于更复杂的矩阵计算，可以采用分步计算。

练　习　题

一、单项选择题

1. Excel 2003 新建的工作簿中默认有（　　　）个工作表。

    A. 1　　　　　　　　B. 2　　　　　　　　C. 3　　　　　　　　D. 4

2. 在 Excel 2003 工作表中，单元格区域 D2:E4 所包含的单元格个数是（　　　）。

    A. 5　　　　　　　　B. 6　　　　　　　　C. 7　　　　　　　　D. 8

3. 在 Excel 2003 工作表中，选定某单元格，单击"编辑"菜单下的"删除"选项，不可能完成的操作是（　　　）。

    A. 删除该行　　　　B. 右侧单元格左移　C. 删除该列　　　　D. 左侧单元格右移

4. 在 Excel 2003 工作表的某单元格内输入数字字符串"456"，正确的输入方式是（　　　）。

    A. 456　　　　　　　B. \456　　　　　　　C. ＝456　　　　　　D. "456"

5. 在 Excel 2003 工作表中，有以下数值数据，在 C3 单元格的编辑区输入公式"＝C2＋C2"，单击"确认"按钮，C3 单元格的内容为（　　　）。

    A. 22　　　　　　　　B. 24　　　　　　　　C. 26　　　　　　　　D. 28

6. 在 Excel 2003 中，关于工作表及为其建立的嵌入式图表的说法，正确的是（　　　）。

    A. 删除工作表中的数据，图表中的数据系列不会删除

    B. 增加工作表中的数据，图表中的数据系列不会增加

    C. 修改工作表中的数据，图表中的数据系列不会修改

    D. 以上三项均不正确

7. 在 Excel 2003 工作表中，单元格 C4 中有公式"＝A3＋C5"，在第 3 行之前插入一行之后，单元格 C5 中的公式为（　　　）。

    A. ＝A4＋C6　B. ＝A4＋C5　C. ＝A3＋C6　D. ＝A3＋C5

8. 启动 Excel 2003 之后，自动建立一个名为（　　　）的空白工作簿。

    A. SHEET1　　　　　B. SHEET　　　　　　C. BOOK　　　　　　D. BOOK1

9. 默认情况下，启动 Excel 2003 工作窗口之后，每个工作簿由三张工作表组成，工作表名字为（　　　）。

    A. 工作表 1、工作表 2 和工作表 3　　　　B. BOOK1、BOOK2 和 BOOK3

　　C. SHEET1、SHEET2 和 SHEET3　　　　D. 工作簿 1、工作簿 2 和工作簿 3

10. 在 Excel 2003 中,在自动筛选的"自定义"筛选中,选择"与"条件,表示是(　　)的复合条件。

　　A. 两个条件需要同时满足　　　　　　B. 两个条件只需要满足其中之一

　　C. 两个条件不需要同时满足　　　　　　D. 第一个条件必须大于第二个条件

11. Excel 2003 工作表单元格的列宽通常采用系统缺省的标准列宽值 8.38 磅。如果输入的数值型数据略微超出标准列宽,则系统(　　)。

　　A. 列宽不改变　　　　　　　　　　　B. 自动调整列宽

　　C. 隐藏超过的数字不清　　　　　　　D. 数值会被截断

12. 在 Excel 工作表中,＝AVERAGE(A4:D16) 表示求单元格区域 A4:D16 的(　　)。

　　A. 平均值　　　　B. 和　　　　　　C. 最大值　　　　D. 最小值

13. Excel 数据清单的列相当于数据库中的(　　)。

　　A. 记录　　　　　　B. 字段　　　　　C. 记录号　　　　D. 记录单

14. 在 Excel 中,对数据清单进行排序操作,应当使用的菜单是(　　)。

　　A."工具"菜单　　　　　　　　　　　B."文件"菜单

　　C."数据"菜单　　　　　　　　　　　D."编辑"菜单

15. 在 Excel 工作表中共有多少行(　　)。

　　A. 65535　　　　　　B. 65536　　　　C. 256　　　　　D. 255

16. 在 Excel 工作表中共有多少列(　　)。

　　A. 256　　　　　　　B. 215　　　　　C. 225　　　　　D. 255

17. 在 Excel2003 中工作簿名称被放置在(　　)。

　　A. 标题栏　　　　　B. 标签行　　　　C. 工具栏　　　　D. 信息行

18. 在 Excel2003 环境中用来存储和处理工作数据的文件称为(　　)。

　　A. 工作簿　　　　　B. 工作表　　　　C. 图表　　　　　D. 数据库

19. 在 Excel 2003 保存的工作簿默认文件扩展名是(　　)。

　　A. XLS　　　　　　B. DOC　　　　　C. DBF　　　　　D. TXT

20. 在 Excel 2003 中,在第 n 行之前插入一行,(　　)不能实现。

　　A. 在活动单元格中,单击右键选择菜单中"插入",再选择"整行"

　　B. 选择第 n 行,单击右键选择菜单中的"插入"

　　C. 选择第 n 行,选择菜单"格式"中的"行"

　　D. 选择第 n 行,选择菜单"插入"中的"行"

二、简答题

1. 什么是 Excel 的相对引用和绝对引用?

2. 简述在 Excel 中复制工作表的操作方法。

3. 简述在 Excel 选中单元格区的四种方法。

4. 简述在 Excel 中多行多列的表格题目居中操作方法。

5. 简述在 Excel 中在单元格中输入数据及文本、日期、百分比等的操作方法。

6. 简述在 Excel 中设置所有的文本对齐方式、自动换行的操作方法。

7. 在 Excel 中如何设置单元格式文本的水平对齐方式和垂直对齐方式?

8. 简述在 Excel 中拆分窗口和冻结窗口的操作方法。

9. 简述在 Excel 中数据排序的操作方法。

10. 简述在 Excel 中自动筛选和高级筛选的操作方法及区别。

11. 简述在 Excel 中数据透视表、柱状图、饼图等的操作方法。

三、上机练习题

1. 按照题目要求完成下面的内容,具体要求如下:

(1)新建工作簿文件 c:\program files\table. xls,将下列学生成绩建立一数据表格(存放在 A1:F4 的区域内)。

序号	姓名	数学	外语	政治	平均成绩
1	王立萍	85	79	79	
2	刘嘉林	90	84	81	
3	李莉	81	95	73	

(2)计算每位学生的平均成绩。计算公式:平均成绩=(数学+外语+政治)/3(结果的数字格式为常规样式)。

(3)选"姓名"和"平均成绩"两列数据,姓名为分类(X)轴标题,平均成绩为数值(Z)轴标题,绘制各学生的平均成绩的柱形图(三维簇状柱形图),图表标题为"学生平均成绩柱形图"。嵌入在数据表格下方(存放在 A6:F17 的区域内)。

2. 按照题目要求完成下面的内容,具体要求如下:

(1)在 Excel 中建立一个文件,输入以下内容并保存到 c:\program files\jcke. xls。

地名	进出口金额	进出增减百分比	出口金额	出口增减百分比	进口金额	进口增减百分比
北京	2086766	35.2	421655	15	1665111	25
天津	785556	31	332132	54.6	453424	31.5
山西	100217	27	45672	45	54545	17.2
上海	4876106	112.4	4521542	124.6	354564	112
安徽	127553	45	73112	34.5	54441	54.3

(2)将表格中按进出口总额分类汇总。

(3)使用图表向导建立数据图表,要求创建独立图表,标题为"进出口比较图",X 轴标题为"地区",Y 轴标题为"金额"。

(4)筛选出进出口金额在 500000～5000000 之间的数据记录。

(5)按照进口金额进行降序排序。

第 5 章　PowerPoint 2003 演示文稿的制作

【本章要点】

PowerPoint 2003 是用于制作、维护和播放幻灯片的应用软件。它以幻灯片的格式输入和编辑文本、表格、组织构图、剪贴画、图片、艺术字对象和公式对象等。为了加强演示的效果,可以在幻灯片中插入声音对象或视频剪辑等。

【核心概念】

PowerPoint 2003 界面与基本概念　制作简单的演示文稿　修改演示文稿　设置演示文稿播放效果　打印演示文稿

5.1　PowerPoint 2003 的基本概念

PowerPoint 2003 是一种功能强大的演示文稿制作软件,是 Office2003 的一个重要组成部分。它以幻灯片的格式输入和编辑文本、表格、组织构图、剪贴画、图片、艺术字对象和公式对象等。为了加强演示的效果,可以在幻灯片中插入声音对象或视频剪辑等。使用该软件可以制作出图文并茂、感染力极强的演讲稿、投影胶片和幻灯片,常用于教学、演讲和产品展示等场合。使用该软件还可以利用 Office2003 中的其他功能,使得整个制作过程更加专业和简洁。

5.1.1　PowerPoint 2003 新增功能

(1)新增创建演示文稿的功能

可自动匹配本文;新的普通视图可同时显示幻灯片、任务栏、大纲和备注视图;可在 PowerPoint 中创建表格以及设置表格的格式;增加新的图形项目符号;支持编号列表;可在同一页上横向或纵向打印不同篇幅的幻灯片;每次可为一张幻灯片录制和编辑旁白;提供更多的设计模板。

(2)添加绘图和图形

新的"剪辑库"可将图片组织到自定义的类别中;可将图像直接拖到演示文稿中;增加了 6 种新自选图形类别,增加了帮助用户创建 Web 站点、网络、办公室布局的图示以及其他图示;用于 Web 页的图形会自动存为 GIF、JPEG、PNG 或矢量标记语言(VML)格式;可用大多数兼容 TWAIN 的扫描仪和数字相机直接将图片导入到 PowerPoint 中;支持播放 GIF 动画图片。

(3)传递演示文稿

"投影仪向导"自动为正在使用的放映系统设置和保存正确的屏幕分辨率;可用演示文稿广播功能在 Web 上安排和放映带音频和视频的幻灯片;可安排和主持"联机会议",以便与网上的多个用户进行协作。

(4)Web 功能

具有双 HTML 输出格式和往返式 HTML;可自定义 Web 页;具有自动文件和链接功

能；支持国际文本编码；使用"Web 文件夹"功能可管理保存在 Web 服务器上的文件；可使用 Web 与他人协同工作。

5.1.2　PowerPoint 2003 的启动与退出

与其他微软的产品一样，PowerPoint 拥有典型的 Windows 应用程序窗口。用户可以同时使用多个 PowerPoint 的窗口，操作非常方便，可以自由切换。

（1）启动 PowerPoint 2003

进入 Windows 系统以后，启动 PowerPoint 有以下几种方法。

①单击开始按钮，将鼠标依次移到"程序"\"Microsoft PowerPoint"并单击之，启动 PowerPoint 后，弹出一个对话框，其中给出了几种创建或打开演示文稿的方式，后面将会详细介绍。

②双击我的电脑或资源管理器中一个现有的 PowerPoint 文件，系统将首先启动 PowerPoint 程序，并打开现有文件，从而使 PowerPoint 程序处于编辑状态。

③在"资源管理器"中选择 Windows 所在的驱动器。单击工具菜单中的查找命令下的文件或文件夹子命令，弹出"查找"对话框（图 5-1 查找对话框）。在"名称"文本框里键入"PowerPoint"（或"Micros * power * . * "），单击开始查找按钮，待找到"Microsoft PowerPoint"时，在对话框的下端会显示出来。

图 5-1　"查找"对话框

④双击"Microsoft PowerPoint"即可启动。用户也可以按下鼠标右键将所找到的文件名拖放到桌面上，这样双击面上的快捷方式图标可方便地启动 PowerPoint（图 5-2 启动 PowerPoint 2003）。

（2）退出 PowerPoint 2003

退出 PowerPoint 2003 常有以下几种方法：

①单击标题栏右上角的"关闭"按钮；

②选择"文件"菜单中的"退出"命令；

③双击标题栏左上角的"控制菜单"按钮；

④按"Alt＋F4"组合键。

图 5-2　启动 PowerPoint 2003

5.1.3　PowerPoint 2003 窗口

PowerPoint 和其他的 Office 软件一样，将菜单中最常用到的命令以图标的形式放在工具栏上，使用户可以很方便地进行操作（图 5-3 为 PowerPoint 2003 幻灯片的编辑窗口）。

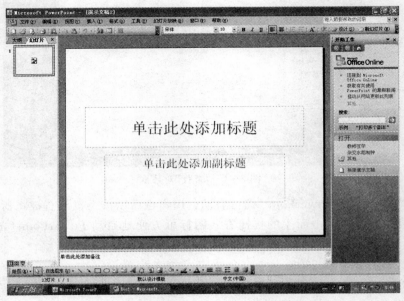

图 5-3　PowerPoint 2003 幻灯片的编辑窗口

5.2　PowerPoint 的基本知识

5.2.1　PowerPoint 2003 视图方式

PowerPoint 2003 有以下几种视图方式。

（1）普通视图

普通视图包含三种窗格：大纲窗格、幻灯片窗格和幻灯片备注窗格。单击 PowerPoint 窗口左下角的按钮，显示的普通视图样式。通过使用普通视图样式，用户可在同一位置将演示文稿各种特征表现出来。拖动窗格边框可调整各自窗格的大小（图 5-4 为 PowerPoint 2003 幻灯片的普通视图）。

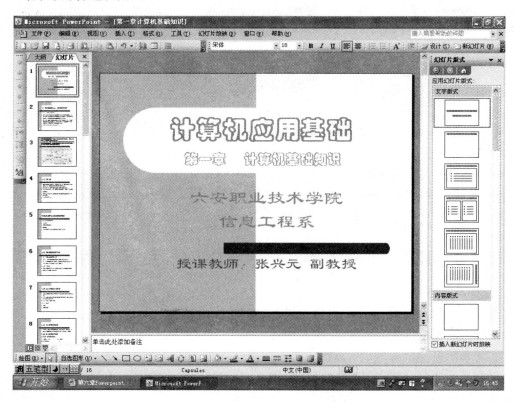

图 5-4　PowerPoint 2003 幻灯片的普通视图

（2）大纲视图

在大纲视图中，其大纲窗格的编辑窗口较宽，用户可方便地使用它进行组织和编辑演示文稿中的内容。用户可以键入演示文稿中的所有文本，然后重新排列项目符号、段落和幻灯片。单击 PowerPoint 窗口左下角的大纲视图按钮，可显示"大纲视图"样式。

（3）幻灯片视图

在幻灯片视图中，其幻灯片窗格的编辑窗口较宽，用户可方便地查看每张幻灯片中的文本外观，还可以在单张幻灯片中添加图形、影片和声音，并创建超级链接以及添加动画。单击 PowerPoint 窗口左下角的幻灯片视图按钮，可显示幻灯片视图样式。

（4）幻灯片浏览视图

在幻灯片浏览视图中，用户可方便地在屏幕上同时看到演示文稿中的所有幻灯片，这些幻灯片是以缩图的形式显示。单击 PowerPoint 窗口左下角幻灯片浏览视图按钮，可显示幻灯片浏览视图样式，如图 5-5 所示。

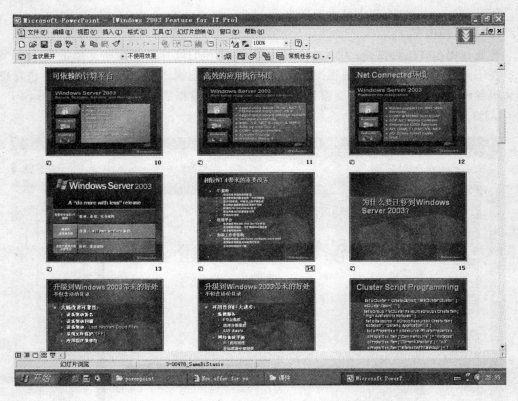

图 5-5　　PowerPoint 2003 幻灯片浏览视图

在幻灯片浏览视图下，用户可进行如下的操作：

①随时在幻灯片之间添加、删除和移动幻灯片；

②单击幻灯片下的按钮可选择画面切换；

③预览多张幻灯片上的动画，方法是选定预览的幻灯片（单击需放映的第一张幻灯片，然后按下 Ctrl 键不放，再单击其他幻灯片），单击"幻灯片放映"菜单中的"动画预览"命令即可。

（5）任务栏窗格

利用任务栏窗格可以非常便捷地进行幻灯片设计（图 5-6 为 PowerPoint 2003 幻灯片任务栏窗格）。

（6）备注页视图

单击"视图"菜单中的"备注页"命令，可以进入备注页视图，可在该处为幻灯片创建演讲者注释（图 5-7 为 PowerPoint 2003 幻灯片备注页视图）。

图 5 - 6　PowerPoint 2003 幻灯片任务栏窗格

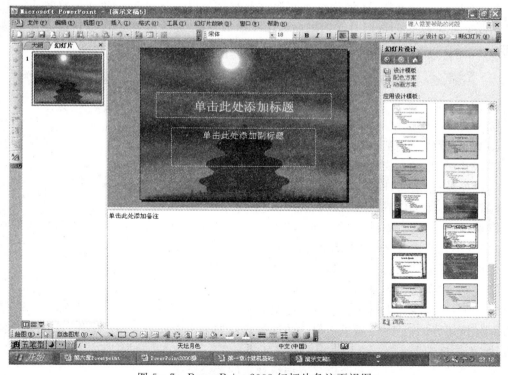

图 5 - 7　PowerPoint 2003 幻灯片备注页视图

5.2.2　PowerPoint 2003 窗口环境和使用

PowerPoint 窗口由以下几部分组成。

（1）标题栏：位于工作窗口最上端，它的作用是显示当前正在编辑的演示文稿名称。如当前正在编辑的演示文稿是［演示文稿 1］，左边 Microsoft PowerPoint 为当前运行的应用程序名。

（2）菜单栏：PowerPoint 的菜单栏如同 Office 软件里的其他应用程序一样，它位于标题栏的下面，共有 9 个菜单选项，依次为文件、编辑、视图、插入、格式、工具、幻灯片放映、窗口和帮助。

常见菜单样式如下。

①下拉式菜单：此类菜单都是在菜单项处往下弹出，也就称为"下拉式菜单"，

②折叠式菜单：折叠式菜单是 PowerPoint 2003 新增功能，单击菜单列表框底部的按钮，则把全部菜单项显示出来。

③快捷菜单：在编辑区空白处右击鼠标，就会弹出一个对话框"快捷菜单"（也称"弹出式菜单"）。在编辑窗口的不同地方右击鼠标，会弹出不同的菜单，这使得操作更加快捷方便。

④快捷键："文件"菜单中的"新建"右边写着"Ctrl＋N"，即是按下这两个键与用鼠标选取该菜单项的效果一样，这称为"快捷键"。

另外，还有"Alt＋Z"快捷键，其中"Z"是菜单名后用括号括住的字母，例如选择"编辑"菜单项，可用"Alt＋E"快捷键。

（3）工具栏：PowerPoint 将菜单中最常用到的命令以图标的形式放在工具栏上。如图 5－8 所示。工具栏中的按钮只能用鼠标选择并单击它执行，使得用户可以快速方便地进行操作。

图 5－8　工具栏

常用的工具栏按钮的名称及功能如下：

①新建：新建一个基于默认模板的空白演示文稿。

②打开：打开或查找文件。

③保存：以当前文件名、位置和文件格式保存当前的文件内容。

④打印：打印文件或所选内容。

⑤粘贴：在插入点中插入"剪贴板"的内容，同时替换所选的任意内容。在剪切或复制对象、文字或单元格内容之后，才能使用此命令。

⑥剪切：从活动演示文稿中删除选定的内容并将其置于"剪贴板"。

⑦复制：将所选内容复制到"剪贴板"。

⑧撤消：取消执行上一条命令或删除最后键入的内容。如果要一次取消多次操作，请单击"撤消"按钮旁的箭头，然后单击想撤消的操作。如果不能取消上一步操作，该按钮的名称将变为"无法撤消"。

⑨超级链接：插入新的超级链接或编辑选定的超级链接。

⑩新幻灯片：请单击幻灯片样式，然后在当前幻灯片之后插入一张新幻灯片。

⑪PowerPoint 助手：PowerPoint 助手可提供帮助主题和提示，从而帮助用户完成操作。PowerPoint 中提供了许多的键盘快捷键，表 5-1 列举了几个常用的快捷键供读者参考。

表 5-1　常用快捷键

快捷键	功能
Ctrl＋Z	撤消刚才所做的工作
Alt＋F4 或 Ctrl＋F4	关闭程序窗口或文档窗口
Ctrl＋X	剪切
Ctrl＋C	复制
Ctrl＋V	粘贴
Ctrl＋B	字体加粗
Ctrl＋I	字体变斜体
Ctrl＋S	保存
Ctrl＋N	用默认格式启动演示文稿
Ctrl＋F	在文档中寻找需要的部分文本
Ctrl＋F6	显示下一窗口
Ctrl＋A	全选

（4）状态栏：显示当前的有关工作状态信息，它位于 PowerPoint 2003 窗口的底部。其作用是显示一些工作状态，便于用户操作。

（5）任务栏：位于屏幕的底部，其实是 Windows 桌面的任务栏，但是，PowerPoint 2003 也使用了此功能，也是 PowerPoint 2003 的新增加的功能为多文档操作提供了方便。

（6）滚动条：如果操作的文稿大于屏幕，滚动条会自动显示出来。

（7）标尺：有水平标尺和垂直标尺。

（8）PowerPoint 视图：PowerPoint 提供 5 种不同的视图，方便用户创建演示文稿。PowerPoint 中最常使用的两种视图是普通视图和幻灯片浏览视图。单击 PowerPoint 窗口左下角的按钮，可在大纲视图、幻灯片视图、幻灯片浏览视图、幻灯片放映和普通视图之间进行切换。

5.3　创建演示文稿

进入 PowerPoint 后，通过 PowerPoint 工作窗口的任务窗格可以创建演示文稿，用户可以根据需要，选择"内容提示向导"、"设计模板"和"空演示文稿"三种方式来建立新的演示文稿，此外，用户还可以选择"打开已有的演示文稿"打开曾经编辑过的演示文稿，继续编辑。

5.3.1　创建空白演示文稿

利用空白幻灯片模板可以建立新的演示文稿，其操作步骤如下：

（1）启动 PowerPoint 2003 后，在新建文稿对话框中选中"空演示文稿"单选框，弹出新幻灯片对话框；

（2）根据自己的爱好和需要，选择不同的风格板式，例如，选择左下角位置上的版式；

（3）然后按"确定"按钮，进入编辑窗口（图 5-9 为 PowerPoint 2003 幻灯片窗口）；

图 5-9　PowerPoint 2003 幻灯片窗口

　　（4）在编辑窗口中，用户可以制作新的幻灯片；

　　（5）在"单击此处添加标题"中单击，或在大纲窗格中输入文本，用户可以改变文字的字体、字号和颜色等属性；

　　（6）一张幻灯片设计完成后，单击工具栏上的"新幻灯片"按钮，添加一张新幻灯片（图5-10为演示文稿新幻灯片窗口）。

5.3.2　利用模板创建演示文稿

　　PowerPoint 2003 提供了强大的模板库（图 5-11 为 PowerPoint 2003 幻灯片模板），包括演示文稿模板和设计模板。

　　使用"设计模板"建立演示文稿的步骤如下：

　　（1）在 PowerPoint 对话框中，单击"设计模板"单选框；

　　（2）根据自己的需要选择"设计模板"或"演示文稿"；

　　（3）单击模板图标，弹出"新幻灯片"对话框；

　　（4）选取需要的版式，例如选取第一个版式（图 5-12 为 PowerPoint 2003 幻灯片设计模板）。

图 5-10　演示文稿新幻灯片窗口

图 5-11　PowerPoint 2003 幻灯片模板

图 5-12　PowerPoint 2003 幻灯片设计版式

5.3.3　利用内容提示向导创建演示文稿

利用"内容提示向导"创建演示文稿的步骤如下：

（1）在 PowerPoint 对话框中，选中"内容提示向导"单选框，然后单击"确定"按钮，弹出内容提示向导对话框（图 5-13 为内容提示向导对话框）；

（2）单击"下一步"按钮，弹出内容提示向导［分类］对话框；

（3）选择用户需要的内容，例如：选中"其他"按钮，再选取"计划纲要"类型。只有完全安装 PowerPoint 2003 才有此类型供选择，否则 PowerPoint 2003 会提示"无安装"信息；

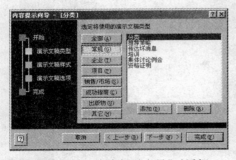

图 5-13　"内容提示向导"对话框

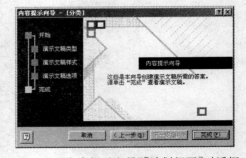

图 5-14　"内容提示向导"［计划纲要］对话框

（4）单击"下一步"按钮，弹出内容提示向导［计划纲要］对话框，如图 5-14 所示；

（5）用于选择输出类型，我们在这里不做改变。单击"下一步"按钮，弹出内容提示向导［计划纲要］对话框；

（6）在"演示文稿标题"中的文本框输入演示文稿标题，例如："PowerPoint 学习计划"；

（7）在"页脚"文本框中输入页脚，也可以省略该步骤操作，如图 5-15(a)所示。

（8）单击"下一步"按钮，弹出一个对话框，如图 5-15(b)所示。

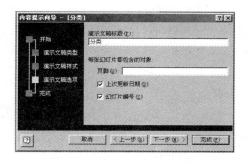 

图 5-15(a)　"演示文稿"[标题]对话框　　　图 5-15(b)　"内容提示向导"[完成]对话框

（9）单击"完成"按钮，进入的是编辑窗口。

到此为止，我们已经利用"内容提示向导"创建了一个标题为"PowerPoint 学习计划"的演示文稿。

5.3.4　根据现有演示文稿创建新演示文稿

如果用户曾经创建过演示文稿，则可以从已有的演示文稿中创建新的演示文稿，单击"新建"按钮，修改文件名存盘（图 5-16）。

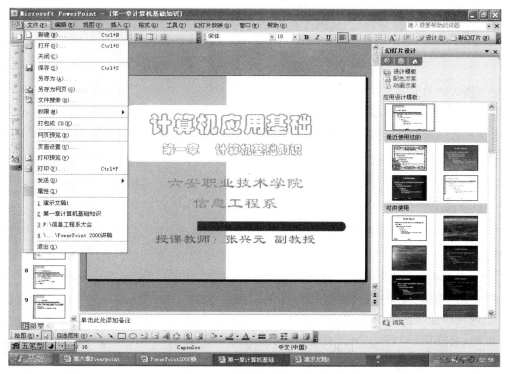

图 5-16　新建 PowerPoint 2003 幻灯片

5.4 编辑幻灯片

演示文稿由幻灯片组成。创建了演示文稿后就可以进行幻灯片的处理,处理幻灯片主要包括选择幻灯片、插入、复制、删除幻灯片、幻灯片副本、放大和缩小幻灯片、移动幻灯片等。

5.4.1 选择幻灯片

在演示文稿中选择所需的幻灯片有如下几种方法:

一种方法是在编辑窗口中单击 ▼、▼ 按钮往后寻找,单击 ▲、▲ 按钮往前寻找,直至找到所需的幻灯片为止。

另一种方法是在大纲窗格中单击所需的幻灯片图标,例如3 ▭,拉动其滑块,可以看到更多的幻灯片。可以有三种选取的方法:

(1)直接单击幻灯片的图标,只选取一张幻灯片。

(2)单击首张所需的幻灯片的图标,然后按下 Shift 键,再单击最后一张所需的幻灯片的图标,此操作可选取多张连续的幻灯片。

(3)按下 Ctrl 键,然后单击所需的幻灯片的图标,可以选取多张不连续的幻灯片。

(4)使用浏览视图,其步骤如下:

① 单击"视图"菜单中的"幻灯片浏览"命令,或者单击右下角的"浏览视图"按钮,切换到幻灯片浏览视图;

②在图中直接单击所需的幻灯片;

③单击 ▼、▲ 按钮或拉动其滑块,可往前或往后寻找所需的幻灯片;

④参照大纲窗格的选取幻灯片的方法选取所需的幻灯片。

5.4.2 插入幻灯片

可以在任意位置插入新的幻灯片,具体操作如下:

(1)在大纲窗格中,选定要插入新幻灯片位置,例如,在第五张幻灯片前插入,则定位在第五张幻灯片;

(2)单击"插入"菜单上的"新幻灯片"命令,弹出一个新幻灯片对话框;

(3)在出现新幻灯片对话框中单击所需版式。

5.4.3 复制幻灯片

(1)在同一个演示文档内复制幻灯片,其操作步骤如下:

①在大纲窗格中,单击要复制的幻灯片图标;

②单击"编辑"菜单中的"复制"命令;

③选定要插入该幻灯片的位置,然后单击编辑菜中的粘贴命令。

说明:在选中的图标上单击右键,可弹出快捷菜单,在菜单中使用"复制"和"粘贴"命令。

(2)跨演示文档复制幻灯片,其操作步骤如下:

①在大纲窗格中,选定要插入幻灯片的位置;

②单击"插入"菜单中的"幻灯片(从文件)"命令,弹出对话框;

③单击"浏览"按钮,弹出对话框;

④在对话框中寻找要复制的幻灯片所在的演示文稿,例如,选择一个"Rm2.ppt",然后单击打开按钮,进入对话框;

⑤在对话框中,选取所需的一张或多张幻灯片(可以拉动其滑块以查看更多的幻灯片);

⑥单击"插入"按钮;如果要复制整份演示文稿,则单击"全部插入"按钮。

5.4.4　删除幻灯片

(1)删除单张幻灯片

删除幻灯片的操作步骤如下:

①在大纲窗格中单击要删除的幻灯片图标;

②单击"编辑"菜单中的"删除幻灯片"命令即可。

(2)删除多张幻灯片

①单击"视图"菜单中的"幻灯片浏览"命令,或单击右下角的"浏览视图"按钮,切换到幻灯片浏览视图;

②按下 Ctrl 键并分别单击要删除的幻灯片;

③单击"编辑"菜单中的"删除幻灯片"命令或按 Delete 键即可。

5.4.5　幻灯片副本

"幻灯片副本"也属于复制操作之一,一般用于创建内容相关不大的幻灯片,这样可以节省时间。

其操作步骤如下:

(1)在大纲窗格中,选定作为副本的幻灯片,可以选取一张或多张幻灯片;

(2)单击"插入"菜单中的"幻灯片副本"命令,则将选定的幻灯片插入到当前的位置,而且可以多次插入;

(3)插入完毕后,系统定位在最后一次插入的幻灯片上。然后,用户可以进行相关的编辑。此种操作只能在当前的位置复制幻灯片。

5.4.6　放大和缩小幻灯片

有时为了编辑的需要,要放大或缩小幻灯片。其步骤如下:

(1)在常用工具栏中,单击"显示比例"下拉式按钮,弹出一个列表框;

(2)在列表框中选取所需的显示比例即可。

5.4.7　移动幻灯片

在编辑演示文稿的时候,可能需要调整幻灯片的位置。

(1)在同一演示文稿中移动

其操作步骤如下:

①单击"视图"菜单中的"幻灯片浏览"命令,或单击右下角的"浏览视图"按钮,切换到幻灯片浏览视图;

②选取需要移动的幻灯片；

③按鼠标左键，然后移动鼠标指针至新的位置；

④释放鼠标左键，所选的幻灯片移至新的位置。

（2）跨演示文稿移动

跨演示文稿移动幻灯片的操作步骤如下：

①分别打开两个演示文稿；

②分别单击右下角的浏览视图按钮，进入浏览视图；

③单击窗口控制按钮，然后调整其大小；

④在目标演示文稿中定位插入点；

⑤在原演示文稿中选取一张或多张所需的幻灯片，然后按下鼠标左键，将它们拖至目的地，在拖动的过程中，如果同时按 Ctrl 键，即可实现跨演示文稿的幻灯片复制。

5.5　制作一个多媒体演示文稿

PowerPoint 2003 的对象有文字、文本、表格、图形和图片等。使用插入对象的方法创建幻灯片，可以简化操作，丰富幻灯片的内容，也将加快幻灯片的制作进程。

5.5.1　插入图表

PowerPoint 2003 可将图表以嵌入对象的方式插入幻灯片，也可以链接对象的方式插入图表。

（1）插入 Excel 图表

在幻灯片中插入 Excel 图表的操作步骤如下：

①在插入之前，先创建一个名为"成绩单"的 Excel 文件；

②单击大纲窗格中的文本目录28 □ 的标志，光标变成 ✛ 形状，或者单击幻灯片窗格，光标变成"I"形状；

图 5-17　Excel 图表"插入对象"对话框

③单击"插入"菜单中的"对象"命令，弹出一个对话框；

④选中"由文件创建"单选框，切换到另一个对话框。当然用户也可以选中"新建"单选框，再选择"Microsoft Excel 图表"来新建一文件；

⑤单击"浏览"按钮，选中前面建立的"计划"文件；

⑥单击“确定”按钮。经过相应的编辑，其效果如图 5－18 所示。

机制班期末C成绩表

学号	姓名	平时成绩					平时平均成绩	期末卷面成绩	总成绩		备注
		1	2	3	4	5			考试	考查	
01215216	刘毅	C	C	C			65	30	37		
02215101	李皓	B	B	B			80	60	64		
02215102	陈尚伟	B	B	A			83	69	71.8		
02215103	陈伟伟	A	B	C			80	72	73.6		
02215104	程磊	A下	A	A			93	52	60.2		
02215105	葛余鹏	A下	A	A			93	76	79.4		
02215106	胡成成	A	B	C			80	55	60		
02215107	黄敏	B	A下	A下			87	54	60.6		
02215108	江艳	A	B	A			90	53	60.4		
02215109	李刚	B	A	A			90	74	77.2		
02215110	李廷兵	B	A	A			90	62	67.6		
02215111	刘贵华	C	C	C			65	82	78.6		
02215112	刘兵	B	B	A			85	54	60.2		
02215113	刘点刚	B	B	B			80	40	48		
02215114	吕杰	B	A	A			90	58	64.4		
02215115	马明田	B	B	A			85	77	78.6		
02215116	张昂庆	A	A	A			95	95	95		
02215117	朱树成	B	B	A			85	75	77		

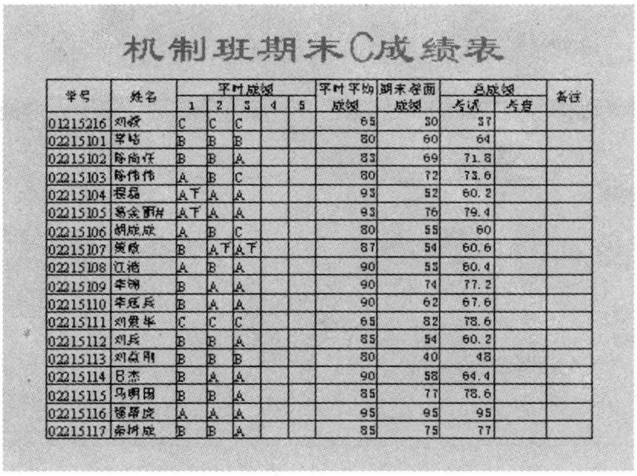

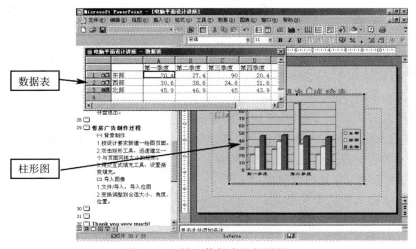

图 5－18　插入 Excel 表

(2)插入 Graph 图表

插入 Graph 图表的操作步骤为：

①单击“插入”菜单中的“图表”命令；

下面包括一个数据表和柱形图。数据表中的数据与柱形图相对应，如果数据有变化，将导致柱形图形状也发生相应的变化；

②单击数据表，光标变成白色的“十”字标志，然后输入数据，如图 5－19 所示；

③数据输入完毕后，单击图表以外的其他区域，数据表消失，此时便完成图表的插入操作；

④用户可使用鼠标移动图表，或者调整图表框的大小。

图 5－19　插入数据表和柱形图

5.5.2　插入 Word 文档

幻灯片可以插入已有的 Word 文档作为演示内容，其操作步骤如下：

（1）打开需要插入 Word 文档的幻灯片；

（2）单击"插入"菜单中的"对象"命令，弹出插入对象对话框；

（3）选中"由文件创建"单选项，插入对话框切换到另一个对话框；

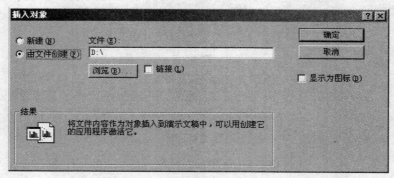

图 5-20　插入 Word 文档对话框

（4）在文件文本框中指定文件与路径，或者单击"浏览"按钮，在弹出的浏览对话框中选定要插入的文件，如图 5-20 所示；

（5）单击"确定"按钮，当前所选的 Word 文档便插入到幻灯片中。

5.5.3　插入表格

（1）插入表格

插入表格的步骤如下：

①打开需要插入表格的幻灯片；

②单击"插入"菜单的"表格"命令，弹出一个对话框；

③在对话框中，可以设置表格的行数与列数；

④单击"确定"按钮，一张空的表格即插入到幻灯片中，用户单击某个表格区就可以输入所需的内容；

⑤用户可以单击"视图"菜单中的"工具栏"命令下的"表格边框"子命令，弹出表格和边框工具栏，可以在表格上方便地进行编辑、修改等操作。

（2）插入 Word 表格

用户还可以插入 Word 表格，其操作步骤如下：

①单击"插入"菜单中的"图片"命令下的"Microsoft Word 表格"子命令，弹出一个对话框；

②在插入表格中设置表格的行数与列数；

③单击"确定"按钮，弹出编辑窗口；

④在表格中输入所需要的数据。

5.5.4　插入图片

（1）插入剪贴画

插入剪贴画的操作步骤如下：

①创建一张幻灯片

至此，我们已经创建了一份演示文稿，包括四张幻灯片。

②打开需要插入剪贴画的幻灯片,例如"PowerPoint 演示文稿制作"的第四张幻灯片。

③单击"插入"菜单中的"图片"命令,弹出的子菜单。

④单击"剪贴画"子命令,弹出插入剪贴画编辑窗口如图 5 - 21 所示。可以看到有三个选项卡:图片、声音、和动画剪辑。

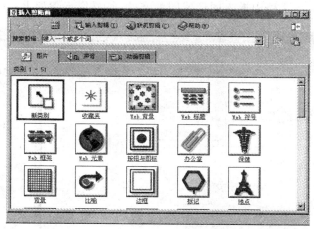

图 5 - 21　"图片选项卡"对话框

⑤选中图片选项卡,然后单击其中的某一图标,例如"Web 背景"则切换到另一个对话框中。此时列表表框中列出的是同一类别的剪贴画。

⑥单击选中一个背景,则图标旁边弹出按钮组。

⑦单击按钮组中的插入剪辑项 （即第一项）,则剪贴画插入幻灯片中。

⑧图中的字已被遮挡,需要作调整。单击该剪贴画,调整大小后右击鼠标,弹出的快捷菜单中,单击"叠放次序"命令下的"置于底层"子命令,如图 5 - 22 所示。

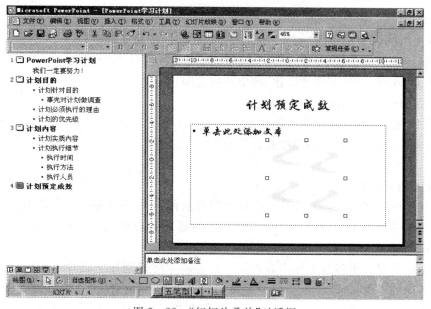

图 5 - 22　"幻灯片叠放"对话框

用户还可以在编辑窗口中,单击输入剪辑选项卡,将选定的图片加到剪辑库中,具体步骤由读者自己练习。

5.5.5　插入图形、图像文件

用户还可以在演示文稿中插入图形或图像文件,其操作步骤如下:

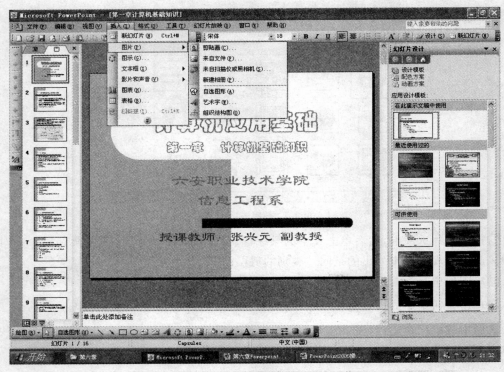

图 5-23　演示文稿中插入图形或图像

(1)单击"插入"菜单中的"图片"命令的"来自文件"子命令,如图 5-23 所示。弹出插入图片对话框。

(2)单击"查找范围"下拉式按钮,选定查找范围。

(3)选定自己喜欢的图片。

(4)单击"插入"按钮完成插入操作。

(5)单击该图像,调整大小并将其置于底层。

5.5.6　插入影片剪辑

在幻灯片中可以放映影片片段。影片剪辑有两种,一种是剪贴库中的影片剪辑,一种是文件中的影片剪辑。PowerPoint 2003 所支持的影片文件格式有.avi、.mlv、.cda.、.dat、.mov和.mp2 文件。

插入影片剪辑的步骤与添加声音相似。两者的主要区别在于影片不仅包含声音,而且能够看到活动的影像。

在插入音乐或声音时,在幻灯片上显示的是声音图标,而插入影片剪辑后,幻灯片上将显示影片的第一幅,即以静止的图片方式显示。

视频对象具有声音和剪贴画的双重优点,所以,适当地在幻灯片中使用视频剪辑,会获得比剪辑贴画更好的效果。

(1)剪贴库中的影片剪辑

在当前幻灯片中插入剪贴库中的影片剪辑,其操作步骤如下:

①单击"插入"菜单中的"影片和声音"命令的"剪辑库中的影片"子命令,弹出"插入影片"对话框。

②单击"插入影片"对话框中的图标,选择类别;或在"搜索剪辑"文本框中输入有关剪贴库中影片剪辑的关键字,然后按回车进行搜索。

③在类别窗口中单击需插入影片剪辑的图标,在弹出的按钮组中,单击"插入剪辑"按钮,弹出对话框,如图 5 - 24 所示。

图 5 - 24　"影片播放"对话框

④如要在幻灯片放映时自动播放影片,单击"是"按钮;否则,单击"否"按钮。

影片插入后,便在幻灯片中出现一个窗格,该窗格便是放映影片的地方,窗格的大小和位置可以通过鼠标来调整。

(2)文件中影片

在当前幻灯片中插入文件中影片的操作步骤如下:

①单击"插入"菜单中的"影片声音"命令下的"文件中的影片"子命令,弹出"插入影片"窗口。

②在"插入影片"窗口中选择要插入的影片文件。单击"插入剪辑"按钮,影片剪辑插入完毕。

(3)插入多媒体对象

以上介绍了在幻灯片中插入声音、音乐和影片的方法,它们都是以 PowerPoint 2003 的对象插入的。事实上,它们可以另一种方式插入到幻灯片中。Windows 所附的"媒体播放器"可以播放声音和影片,并能够控制 CD 唱盘和视盘机等播放设备。如果在幻灯片中插入"媒体播放器对象",同样能够实现在幻灯片中播放声音、音乐和影片。

(4)编辑影片

在幻灯片视图中,调整 PowerPoint 2003 图像大小,可通过拖动该对象周围的控制柄来实现。但由于影片有一定的纵横比,如果调整不好,将影响影片播放的视觉效果。

因此,可使用以下步骤调整影片的大小:

①在幻灯片视图中,单击要调整大小的影片。

②如果是以"媒体播放器对象"插入的影片,单击"格式"菜单中的"颜色和线条"命令,弹出"设置对象格式"对话框。

③单击"尺寸"选项卡,切换"尺寸"对话框。

④选中"幻灯片放映最佳比例"复选框,单击"重新设置"按钮,即可获得最佳的播放比例

和效果。

说明:在"尺寸"选项卡中选中"幻灯片放映最佳比例"复选框,可避免播放影片时的跳动。

5.6　修饰演示文稿

PowerPoint 的特色之一,就是其形状各异、多彩缤纷的幻灯片外观。对外观的控制有三种方法:母版、配色方案和设计模板。

5.6.1　修饰幻灯片背景

用户可通过对幻灯片的颜色、阴影、图案或纹理的更改,使幻灯片的背景样式得到不同的改变。此外,用户还可使用自制的图片作为幻灯片背景。

说明:在幻灯片或者母版上只能使用一种背景类型。例如,可以采用阴影背景、纹理背景,或者图片作为背景,但是每张幻灯片上只能使用一种背景。更改幻灯片背景时,可将该项改变只应用于当前幻灯片或所有的幻灯片和幻灯片母版。

(1)更改背景颜色

更改幻灯片背景颜色的操作步骤如下:

①在幻灯片视图中,单击格式菜单中的背景命令,弹出"背景"对话框,如图 5-25 所示。

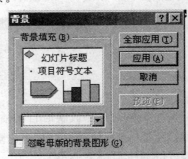

图 5-25　幻灯片"背景"色设置对话框

②单击"背景"对话框中的 ▭▾ 下拉式按钮,弹出对话框。

③单击"其他颜色"选项,如图 5-26 所示的对话框,可以显示出自定义"颜色"对话框。

④选择所喜欢的颜色作为背景色,例如黄色。

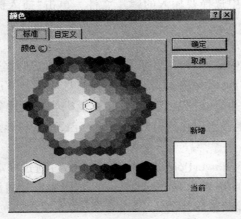

图 5-26　幻灯片"颜色"对话框

如没有找到所需的颜色作背景色,可选择"自定义"选项卡,弹出"自定义"对话框,调配所喜欢的颜色。

⑤如要将更改后的颜色应用到当前的幻灯片中,当返回背景对话框后,选中"忽略母版的背景图形"复选框,单击"应用"按钮。

（2）背景色填充效果

可选择四种填充效果作为幻灯片的背景，如：过渡背景、纹理背景、图案背景，还可从外部导入图片作为填充效果。

①为幻灯片选择过渡背景

操作步骤如下：

◆在选择"填充效果"选项中，弹出"填充效果"对话框，如图 5 - 27 所示；

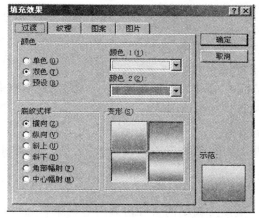

图 5 - 27　幻灯片"填充效果"对话框

◆在"过渡"选项卡内，选中"颜色"选项区中的"双色"单选框；

◆设置好"颜色 1"选项框，再设置"颜色 2"；

◆在"底纹式样"选项区内选中"横向"单选项；

◆单击"变形"选项区左下角位置上下的变形类型；

◆单击"确定"按钮；

◆返回"背景"对话框，单击"应用"按钮，填充效果有效。

②为幻灯片选择纹理背景

操作步骤如下：

◆在"填充效果"对话框中，单击"纹理"选项卡，出现"纹理"对话框，如图 5 - 28 所示；

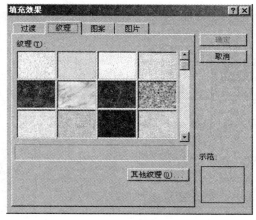

图 5 - 28　幻灯片"纹理"对话框

◆选中所喜欢的纹理；

◆单击"确定"按钮；

◆返回背景对话框，单击"应用"按钮。

③为幻灯片选择图案背景

操作步骤如下：

◆在"填充效果"对话框中，单击"图案"选项卡，切换到选择"图案"对话框；

◆选择所需的一种图案；

◆单击"确定"按钮；

◆返回"背景"对话框，单击"应用"按钮。

④为幻灯片选择图案背景

◆在"填充效果"对话框中，单击"图片"选项卡，在"图片"对话框中单击"选择图片"按钮；

◆选中所需的图片文件；

◆单击"确定"按钮；

◆返回"背景"对话框，选中"忽略母版的背景效果"复选框，单击"应用"按钮。

5.6.2 配色方案

配色方案是指可用于演示文稿中的多种协调颜色的组合。用于演示文稿中主要对象的颜色，如图表、表格、文本或对添至幻灯片的图片重新着色。配色方案最多可以添加和显示八种颜色。

如果用户希望自己设计的演示文稿更加漂亮，或者希望它们具有另一种不同的外观或给人以不同的印象，可修改幻灯片背景颜色及浓淡效果。用户可对某一张幻灯片进行修改，也可对全部幻灯片进行修改。

（1）应用标准配色方案

应用标准配色方案的操作步骤如下：

①选定需配色的幻灯片；

②单击"格式"菜单中的幻灯片"配色方案"命令，在弹出的"配色方案"对话框中选择"标准"选项卡，显示"配色方案"对话框，如图 5-29 所示；

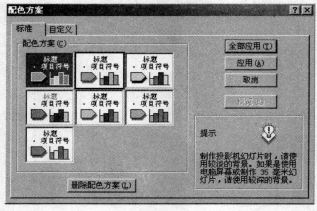

图 5-29 幻灯片"配色方案"对话框

③选择所需的配色方案；

④单击"应用"按钮。

（2）自定义配色方案

用户可创建一种自定义的配色方案，然后将其添加到标准的配色方案中，利用这种方法可定义演示文稿中的各个颜色元素。其操作步骤如下：

①选择"配色方案"对话框中的"自定义"选项卡，切换到"自定义"对话框，如图 5 - 30 所示；

②单击"背景"选项，然后单击"更改"颜色按钮，选取自己喜欢的背景颜色；

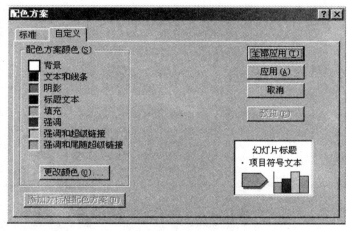

图 5 - 30　幻灯片配色"自定义"对话框

③单击"文本和线条"选项，然后单击"更改颜色"按钮，选取自己喜欢的文本线条颜色；

④单击"添加标准配色方案"按钮，PowerPoint 2003 即把自定义的配色方案保存在"标准"选项卡下的配色方案中；

⑤用户如果觉得不满意，可以单击"删除配色方案"按钮，删除所添加的配色方案；

⑥单击"应用"按钮，完成自定义配色方案。

5.6.3　母版

母版是指一张已设置了特殊格式的占位符，这些占位符是为标题、主要文本及所有幻灯片中出现的对象而设置的。如修改了幻灯片母版的样式，将会影响所有基于该母版演示文稿的样式。当你使用某一母版建立一篇演示文稿时，演示文稿中的所有幻灯片都采用该母版的特性，使演示文稿的风格更加统一。

（1）幻灯片母版

在演示文稿中，幻灯片母版控制着所有幻灯片的属性（如字体、字号和颜色），也称之为"母版文本"；另外，它还控制着背景色和项目符号样式。

幻灯片母版包含文本占位符和页脚（如日期、时间和幻灯片编号）占位符。如果要修改多张幻灯片的外观，不必对每一张幻灯片进行修改，只需在幻灯片母版上做一次性修改即可。查看幻灯片母版的操作步骤如下：

①打开"PowerPoint 演示文稿制作"文件；

②单击"视图"菜单中的"母版"命令中的"幻灯片母版"子命令,弹出"幻灯片母版"编辑窗口,如图 5 - 31 所示;

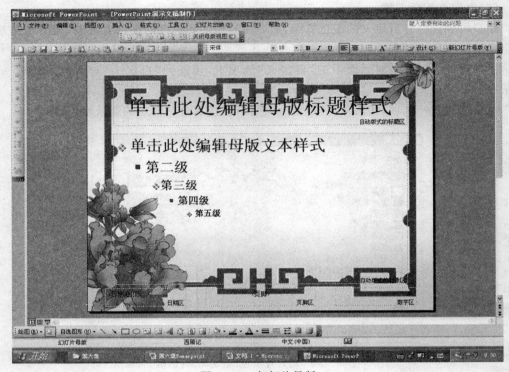

图 5 - 31　幻灯片母版

③在母版工具栏中,单击█按钮显示幻灯片缩图;

④单击关闭按钮,关闭幻灯片缩图。

(2)标题母版

标题幻灯片通常是一套幻灯片中的第一张幻灯片,以显示该演示文稿的主题。标题幻灯片也有自己的母版,即标题母版。用户对标题母版的修改影响演示文稿的标题幻灯片。与幻灯片母版相比,标题母版是一种主副标题样式,而不是文本样式。

查看标题母版的操作步骤如下:

①打开"PowerPoint 演示文稿制作"文件;

②单击"视图"菜单中的"母版"命令下的"标题母版"子命令,弹出"标题母版"编辑窗口,如图5 - 32所示。

(3)讲义母版

查看讲义母版的操作如下:

①打开"PowerPoint 演示文稿制作"文件;

②单击"视图"菜单中的"母版"命令下的"讲义母版"子命令,弹出"讲义母版"编辑窗口;

③母版工具栏中,单击各个按钮,每页可以显示不同张数的讲义,或者显示大纲。

(4)备注母版

查看备注母版的操作步骤如下:

①打开"PowerPoint 演示文稿制作"文件；

②单击"视图"菜单中的母版命令下的"备注母版"子命令，弹出"备注母版"编辑窗口，如图5-33所示。

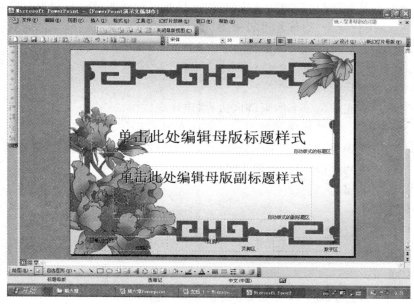

图 5-32　标题母版

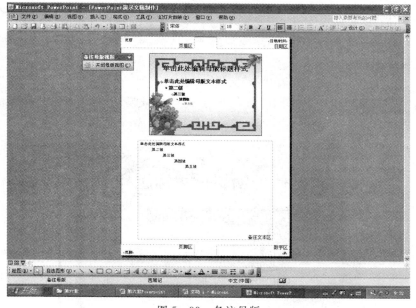

图 5-33　备注母版

（5）修改母版

①编辑母版各种区域

其操作步骤如下：

◆打开"PowerPoint 演示文稿制作"文件。

◆按下 Shift 键不放,然后单击视窗左下角切换视图按钮区的□按钮,显示标题母版视图。页脚、日期和时间、幻灯片编号在默认位置上出现。

当屏幕显示的是标题幻灯片时,该按钮就是"标题母版视图"按钮;而当屏幕显示的是其他的幻灯片时,该按钮就是"幻灯片母版视图"按钮。

◆单击幻灯片左下角的日期区边界,出现虚线框。

说明:一定要单击边界,虚线框选择框才会出现。

◆按 Delete 键删除日期区。

◆单击幻灯片中底端位置上的页脚区边界,出现虚线框。

◆按下 Shift 键不放,然后拖动鼠标使页脚区水平左移,

说明:按下 Shift 键,同时拖动 PowerPoint 2003 对象可限制其水平或垂直移动。

◆单击幻灯片中的空白区域,出现虚线框。

②设置母版文本属性

其操作步骤如下:

◆单击页脚区,出现虚线;

◆单击常用工具栏上的字体 宋体 下拉式按钮,选择字体类型,例如选中"华文隶书"类型;

◆单击常用工具栏上的字号 36 下拉式按钮,选择字号大小;

◆单击常用工具栏上加粗 **B** 按钮,使页脚区变成粗体;

◆输入页脚;

◆通过字体 **A** ▾下拉式按钮设置颜色;

◆单击幻灯处片中的空白区域,虚线框消失。

③设置母版项目符号和编号

◆打开"PowerPoint 演示文稿制作"文件。

◆单击"视图"菜单击中的"母版"命令下的"幻灯片母版"子命令,打开"母版标题样式",如图 5 - 34 所示。

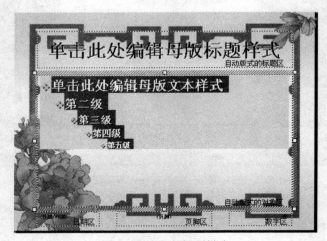

图 5 - 34　母版标题样式

◆单击第一级目录标志 ，则各级目录全被选中。

◆单击"格式"菜单中的"项目符号和编号"命令，弹出"项目符号和编号"对话框，如图 5－35 所示。

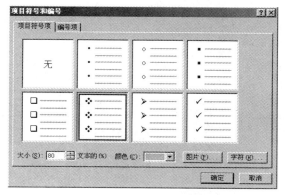

图 5－35　"项目符号和编号"对话框

◆选中所需的项目符号类型。用户也可单击"图片"按钮或"字符"按钮来选择另外的项目符号类型。单击"图片"按钮，弹出"图片符号"对话框，如图 5－36 所示。如选中某行某列位置上的图片。

◆从弹出的快捷菜单中选择"插入剪辑" 按钮，或单击"确定"按钮。

如果单击"字符"按钮，弹出"项目符号"对话框，如图 5－37 所示。单击某个字符，单击"确定"按钮。

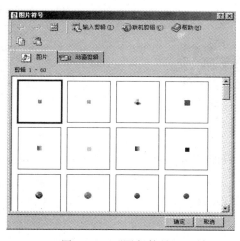

图 5－36　"图版符号"对话框

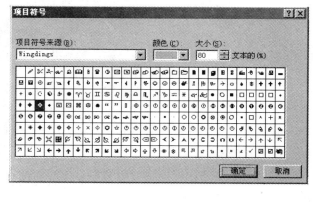

图 5－37　"项目符号"对话框

◆单击"编号项"选项卡，弹出"编号"对话框，如图 5－38 所示。

◆选定一种编号项，单击 大小(S): [80] 微调按钮，使大小为"100"；通过 颜色(C): [　　] 设置颜色。

◆单击"确定"按钮。

◆单击第二层的右侧。然后单击常用工具栏上的加粗 B 按钮和单击倾斜 I 按钮。

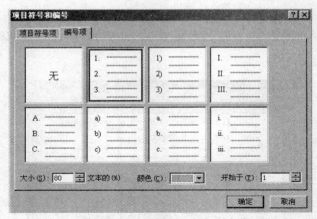

图 5 - 38　"编号项"对话框

④调整母版文本缩进尺寸

PowerPoint 2003 使用缩进尺寸来控制项目符号和文本之间的距离。用户若想改变项目符号和相应文本之间距离,首先要显示标尺。标尺的作用是显示当前项目符号和文本的位置。

其操作步骤如下:

◆打开"PowerPoint 演示文稿制作"文件;

◆按住 Shift 键不放,然后单击幻灯片母版视图按钮;

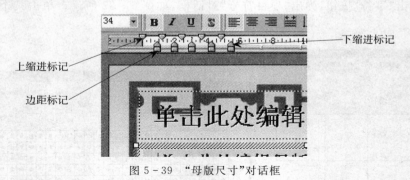

图 5 - 39　"母版尺寸"对话框

◆单击"视图"菜单中的"标尺"命令,然后单击母版的某级目录或全部目录,标尺出现,如图 5 - 39 所示。

标尺上的缩进标记控制母版文本对象的缩进级别,而每个缩进级别都由两个三角形(缩进标记)和小方块(边距标记)组成。

上缩进标记控制段落的第一行,下缩进标记控制段落的左边界。如果第一行展开至段落的左边界,该段落的其余部分悬挂在第一行的下面,这种缩进设置称作"悬挂缩进"。用户如果想调整某个缩进标记,可移动包括项目符号和文本在内的整个级别。

◆单击"单击此处编辑母版文本样式"。

◆向右拖动第一个缩进级别的上缩进标记,使之与下缩进标记对齐。

◆向左拖动第一个缩进级别的边距标记,直至标尺的左边界。

用户可以看到项目符号、文本和上、下缩进标记全部向左移动了。

如果用户将某个缩进级别或边距标记拖至另一个缩进级别中,则第一个缩进级别就会推移第二个缩级别直到用户释放鼠标为止。

◆向左拖动第五个下缩进标记,使其前面的三个缩进级别也左移。

◆单击幻灯片母版上的空白区域,然后单击"视图"菜单击中的"标尺"命令,标尺关闭。

◆单击幻灯片视图□按钮可以回到幻灯片视图。

(6)页眉和页脚

设置页眉和页脚功能主要是方便用户对幻灯片做出标记,使幻灯片更易于浏览。用户可创建包含文字和图形的页眉和页脚,其操作步骤如下:

①打开"PowerPoint 演示文稿制作"文件。

②单击"视图"菜单的"页眉和页脚"命令,弹出"页眉和页脚"对话框,如图 5-40 所示。

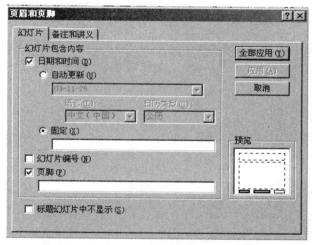

图 5-40　"页眉和页脚"对话框

③在"幻灯片"选项卡中,选中"日期时间"复选框,这时,预览对话框左下角位置上的日期和时间区变黑,表明时间域生效。

④选中"自动更新"单选框,则时间域的时间就会随制作日期和时间的变化而变化。

⑤选中"页脚"复选框,在文本框输入页脚内容,可以输入一些注解文字。

⑥单击"应用"按钮。这样,日期区、页脚区和数字区设置完毕。

5.6.4　模板

模板是一个幻灯片的整体格式,它包含特殊的图形元素、颜色、字号、幻灯片背景及多种特殊效果。使用模板可以大大简化幻灯片编辑的复杂程度,使大量具有相同设置或者相同内容的幻灯片能够快速地编辑,并且能够统一幻灯片的设计风格。

(1)应用设计模板

其操作步骤如下:

①打开"PowerPoint 演示文稿制作"文件;

②单击"格式"菜单中的"应用设计模板"命令,或单击常用工具栏上的"常规任务"命令下的"应用设计模板"子命令。弹出"应用设计模板"对话框;

③选中一设计模板,单击"应用"按钮。

（2）自定义模板

如果用户自己创建了一份演示文稿,可以将该演示文稿保存为一新模板,此模板可作为创建其他演示文稿时使用。

注意:没有利用设计模板创建演示文稿,才可以自定义各个母版。

自定义模板的操作步骤如下:

①利用母版所介绍的知识,自定义各个母版;

②单击"文件"菜单中的"另存为"命令,弹出"另存为"对话框;

③在"保存位置"设置保存位置;

④在"文件名"文本框中输入文件名;

⑤在"保存类型"演示文稿设计模板文本框设置保存类型为"演示文稿设计母版";

⑥单击"保存"按钮。

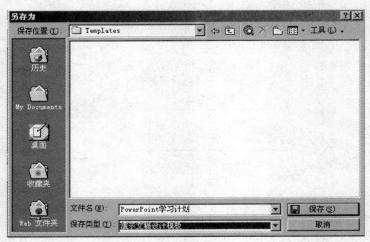

图 5-41　幻灯片"另存为"对话框

5.7　幻灯片的放映

完成演示文稿的创建、修饰以及设置放映幻灯片的方式后,就可以进行放映幻灯片的操作。放映幻灯片包括放映前的浏览、播放控制以及播放器的使用。

5.7.1　幻灯片浏览

一份好的演示文稿可以给人留下非常深刻的印象。在播放演示文稿前,应该对幻灯片进行浏览,使用户对演示文稿有一个全面、整体的了解,然后再进行放映。

（1）浏览视图

浏览幻灯片有两种操作方法:

①单击"视图"菜单中的"幻灯片浏览"命令。

②单击屏幕左下方 田 ≡ □ 品 ワ 的 品（幻灯片浏览视图）按钮。进入到幻灯片浏览视图中,用户可以看见的整个演示文稿缩略图。

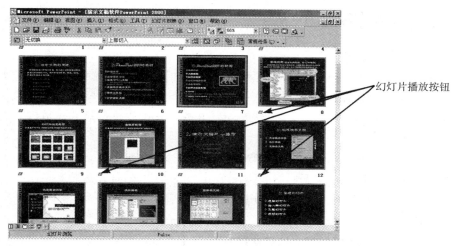

图 5 - 42　幻灯片浏览对话框

用户按动播放按钮标记 🖬，就可以方便地查看单张幻灯片的播放过程，如图 5 - 42 所示。

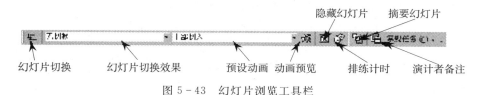

图 5 - 43　幻灯片浏览工具栏

同时在常用工具栏下面有一个浏览工具栏。使用游览工具栏可以添加幻灯片切换效果，并预览幻灯片切换、动画和排练时间等效果。

在幻灯片浏览视图中，文本是否看清楚已是无关紧要的了，真正需要注意的应该是幻灯片的整体效果、版式的协调性和幻灯片之间的差异，而不是幻灯片的细节。

（2）漫游幻灯片

在幻灯片的放映过程中，用户可以随意漫游任何一张幻灯片。其操作步骤如下：

①打开演示文稿，例如"PowerPoint 演示文稿制作"；

②按 F5 键放映"PowerPoint 演示文稿制作"文件；

③在放映过程中右击鼠标，弹出快捷菜单；

④单击"定位"命令中的"幻灯片漫游"子命令，弹出"幻灯片漫游"对话框；

⑤在"幻灯片标题"列表框内选定幻灯片标题；

⑥单击"定位至"按钮即可实现幻灯片漫游。

（3）隐藏幻灯片

有时候，在放映过程中要求不显示某些幻灯片，已经隐藏的幻灯片，随时可撤消隐藏。

隐藏幻灯片有以下两种操作方式：

①选定幻灯片，单击幻灯片浏览工具栏中幻灯片隐藏按钮 🖾，在原来幻灯片编号的位置上会出现一个符号 🖾。

②选定幻灯片，单击"幻灯片放映"菜单中的"隐藏幻灯片"命令。

重复执行上述操作可以对已以隐藏的幻灯片进行撤消隐藏。

5.7.2　幻灯片放映

在幻灯片浏览中,对演示文稿进行整体的修改和协调之后,就可以放映幻灯片。

(1)启动幻灯片放映

用户可以根据个人用途或观众的需求,利用多种方式放映幻灯片。放映幻灯片操作方式有如下四种:

①单击视图菜单中的幻灯片放映命令。

②单击屏幕左下方的 ⊞ ≡ ⊟ 品 显 第五个按钮 显(幻灯片放映)。

③单击"幻灯片放映"菜单中的"观看放映"命令。

④按 F5。

不论采用哪种操作方法,启动幻灯片放映后,演示文稿的第一张幻灯片就会出现在屏幕上。

在幻灯片放映过程中,屏幕左下角有一个 ✐ △ 按钮,单击该按钮或在任何位置上右击鼠标,即可弹出快捷菜单,使用菜单中的命令就可以对幻灯片放映进行控制。

(2)将演示文稿保存为放映文件

将演示文稿保存为放映文件类型,其操作步骤如下:

①单击"文件"菜单中的"另存为"命令,弹出"另存为"对话框。

②单击"保存类型"下拉式按钮,弹出下拉列表框。

③在列表框内选择"PowerPoint 放映"保存类型。

④单击"保存"按钮。

保存后的文件扩展名为".pps",这样便可直接在 Windows 资源管理器中,单击该文件进行放映,但不能对其进行修改。

(3)注释幻灯片

在放映幻灯片的过程中,可对幻灯片作一定的注释,这样有利于演示文稿的成功演示。

(4)更改绘图笔颜色

①放映前更改绘图笔的颜色

在幻灯片放映之前,更改绘图笔颜色的操作步骤如下:

◆单击"幻灯片放映"菜单中的"设置放映方式"命令,弹出"设置放映方式"对话框,如图 5 - 44 所示。

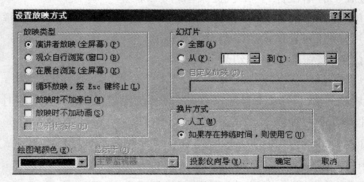

图 5 - 44　"绘图笔颜色设置"对话框

◆单击"绘图笔颜色"下拉式按钮,从弹出的"绘图笔颜色"选择框中选所需的标注颜色。

②放映过程中更改绘图笔的颜色

在幻灯片放映过程中更改绘图笔颜色的操作步骤如下:

◆按 F5 键放映幻灯片中;

◆右击鼠标,弹出快捷菜单;

◆在快捷菜单中,单击"指针选项"命令下的"绘图笔颜色"子命令,弹出"绘图笔颜色"选择菜单;

◆选择所需的标注颜色即可;

◆光标变成铅笔形状,就可以在幻灯片放映过程中添加注释或进行圈画了;

◆添加注释完毕后,按 Esc 键退出注释操作,同时光标变为正常的箭头形状;

◆单击鼠标右键,在弹出菜单中单击"屏幕"命令下的"擦除笔迹"子命令,就可以把刚才添加的注释擦除掉。

(5)演讲者备注

演讲者使用 PowerPoint 2003 演示文稿来演讲,能使演讲效果更好。

在幻灯片放映过程中添加演讲者备注的操作步骤如下:

①打开"PowerPoint 演示文稿制作"文件;

②放映"PowerPoint 演示文稿制作"文件;

③在放映过程中右击鼠标,弹出快捷菜单;

④选定"演讲者备注"命令,弹出"演讲者备注"对话框;

⑤添加备注;

⑥单击"关闭"按钮完成操作;

⑦在对应的幻灯片放映时,重复以上操作可查看演讲者备注。

(6)结束幻灯片放映

结束幻灯片放映有以下三种方法:

①如果设置了幻灯片切换的间隔时间,可以让幻灯片放映完毕,自动结束。

②当循环放映时,可按 Esc 键退出。

③在放映过程,右击鼠标,弹出快捷菜单,单击"结束放映"命令也可结束幻灯片的放映。

5.8　页面设计与输出

新建的幻灯片要进行页面设置后,才能通过打印机输出理想的效果。页面设置指设置幻灯片大小、摆放方向、编码等信息,这些信息在打印时起重要的作用。PowerPoint 2003 有默认的页面设置值,用户可以改变这些设置值,以满足不同的需要。

5.8.1　进行页面设置的步骤

(1)单击"文件"菜单中的"页面设置"命令,弹出一个"页面设置"对话框,如图 5 - 45 所示。

(2)选择幻灯片的大小。单击"幻灯片大小"下拉式按钮,弹出列表框。

(3)在列表框中选择所需的格式。如果选择"自定义"选项,就要单击"宽度"和"高度"微调按钮,选择所需的大小,如图 5-46 所示。

(4)在"幻灯片编号起始值"数值框中,输入本套幻灯片的起始编号。

(5)在"方向"选项区设置幻灯片、备注、讲义和大纲的摆放方向。例如,当纵向的格式为 24×18 厘米,那么,横向的格式即为 18×24 厘米。

(6)单击"确定"按钮,完成页面设置操作。

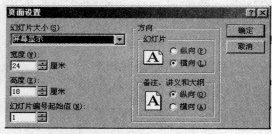 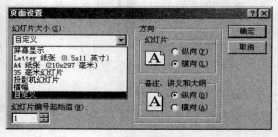

图 5-45 "页面设置"对话框(a) 图 5-46 "页面设置"对话框(b)

5.8.2 打印机设置

幻灯片编辑完成后,可以通过打印机输出。为了能获得较满意的效果,需要对打印机进行参数设置。

(1)打印机常规设置

打印机设置步骤如下:

①单击"文件"菜单中的"打印"命令,弹出"打印"对话框。

②单击"名称"下拉式按钮,可以从弹出的列表框中选择合适的打印机。

③如果将演示文稿文件传送到其他计算机的打印机中输出,则选中"打印至文件"复选框。此时,系统将演示文稿打印到硬盘上的一个输出文件中。

④在"打印范围"选项中,用户可打印演示文稿的全部幻灯片,或只打印所选择的幻灯片。如果只打印所选择的幻灯片,则选中"幻灯片"单选框,并在其右边的文本框中输入所选的编号,例如,"3,5,13-21"为打印第 3、5 张和第 13~21 张。

⑤如果当前打印的幻灯片中包含多个自定义放映演示文稿,用户可以选中"自定义放映"的单选框,并单击它的下拉式按钮,从弹出的列表框中选择所需的自定义放映方式。

⑥如果要打印多份幻灯片,则可选中"逐份打印"复选框,此时打印完一份完整的演示文稿,再打印下一份,反之,则先打印出多份第 1 页,再打印出多份第 2 页等等。

⑦单击"打印内容"下拉式按钮,在弹出的列表框中可选择打印幻灯片、讲义、备注页或大纲视图。

⑧选中"灰度"复选框,可在黑白打印机上用灰度填充对象的方式来打印彩色幻灯片。

⑨选中"纯黑白"复选框,将文稿中所有颜色转换成黑色和白色,以适合不能打印灰度的打印机输出结果。

⑩如果演示文稿中已设置自定义动画,则要选中"包括动画"复选框。

⑪选中根据"纸张调整大小"复选框,在打印过程中,可根据纸张的大小自动调整幻灯片的大小。

⑫选中"幻灯片加框"复选框,可在每张幻灯片的周围打印出一个窄框。

⑬选中"打印隐藏幻灯片"复选框,可将被"幻灯片放映"菜单中的"隐藏幻灯片"命令设置为隐藏式的幻灯片也打印出来。

⑭单击"确定"按钮,将选择的打印内容通过输出设备输出。

(2)打印机属性设置

打印机属性设置包括纸张大小和布局、图形打印质量和格式、便携式文件设置以及水印等项目。打印机属性设置的步骤如下:

①单击"文件"菜单中的"打印"命令,弹出"打印"对话框;

②单击"打印"对话框"属性"按钮,弹出对话框;

③"纸张"选项卡用于设置 30 种不同规格的纸张,以及进行幻灯片的布局,纸张摆放方向等;

④"图形"选项卡用于设置图形打印的质量,同时可以选择"负片"或"影像"的打印格式;

⑤"PostScript"选项卡用于选择便携式文件输出格式;

⑥"水印"选项卡用于设置作为幻灯片背景的水印图案;

⑦单击"确定"按钮,完成设置操作。

注:不同的打印机上面的设置有所不同。

(3)打印输出

打印输出包括用打印幻灯片、讲义、备注和大纲,也包括使用专业输出设备直接制作幻灯片。

①打印讲义

设置打印讲义的步骤如下:

◆单击"文件"菜单中的"打印"命令,弹出"打印"对话框;

◆单击"打印内容"下拉式按钮,在弹出的列表框中可选择打印"讲义"选项,此时"打印"对话框的"讲义"区变为可选;

◆在"每页幻灯片"数数值框中输入每页的幻灯片数量。另外,可以选择幻灯片的摆放方式。

②打印演示文稿大纲

打印演示文稿大纲,可在"打印"对话框中,单击"打印内容"下拉式按钮,在弹出的列表框中可选择打印"大纲视图"选项。

演示文稿大纲中,被"折叠"起来的内容将不予打印,因此,要想打印每一页上的全部内容,必须在大纲视图下展开所有的内容。

练　习　题

一、单项选择题

1. 要创建一个介绍某个企业情况的演示文稿,且每张幻灯片的内容已存放在 Word 文档中,用(　　)方式比较合适。

A. 利用内容提示向导　　　　　　B. 建立空演示文稿

C. 用 Word 导入的大纲创建　　　D. 利用设计模板

2. 如果在放映幻灯时不需要人工控制,应事先(　　)。

A. 设置自定义放映
B. 设置幻灯片的切换方式
C. 设置放映方式
D. 设置动画效果

3. 系统默认的视图模式(　　)。

A. 幻灯片视图模式
B. 幻灯片浏览视图模式
C. 大纲视图模式
D. 普通视图模式

4. 为使幻灯片的文本能快速对齐,可使用(　　)。

A. 设置幻灯片的统一外观
B. 设置段落格式
C. 设置文本格式
D. 移动幻灯片

5. 在 Powerpoint 中添加动画效果是指(　　)。

A. 使幻灯片上的文本、形状、声音、图像、图表和其他对象具有动画效果
B. 插入多媒体动画
C. 设置幻灯片切换时的动画效果
D. 插入具有动画效果的影片文件

6. 对于添加动画的操作,以下叙述不正确的项是(　　)。

A. 可以设置对象运动时的路径和运动时间
B. 单击"幻灯片放映"|"自定义动画"命令就可以直接给对象插入动画
C. 可以设置动画对象"进入、强调、退出"的动画效果
D. 可以设置动画相应的方式

7. 自定义放映是指(　　)。

A. 设置幻灯片放映时的顺序
B. 在放映时,可以随意跳转到其他的幻灯片
C. 将演示文稿中一些不同的幻灯片组合起来,然后在放映时播放
D. 设置放映的切换方式

8. 在放映幻灯片时用户不可以设置的是(　　)。

A. 设置放映的幻灯片比例
B. 设置幻灯片的放映范围
C. 选择以演讲者放映方式放映
D. 选择以观众自行浏览放映

9. 放映幻灯片有多种操作方法,以下方法不正确的一项是(　　)。

A. 单击"幻灯片放映"|"观看放映"命令
B. 单击窗口左下角的"幻灯片放映"按钮
C. 直接按 F11 键,放映幻灯片
D. 直接按 F5 键,放映幻灯片

10. 在幻灯片中插入影片的方法(　　)。

A. 选择"插入|影片和声音|剪辑库中的声音"命令
B. 选择"插入|影片和声音|文件中的影片"命令
C. 选择"插入|新幻灯片"命令
D. 用户可为幻灯片上的文本、形状、声音、图像、图表和其他对象设置动画效果

二、简答题

　　1. 一般演示文稿创建的步骤是什么？

　　2. 简述演示文稿打印方法。

　　3. 在一个演示文稿中可以插入哪些对象？

　　4. 简述普通视图按钮的组成。

三、上机练习题

　　设计一套为新生介绍本校情况的幻灯片，其素材由学校网站下载，其内容应包括学校的概况、学校的发展规模、学校的组织结构等情况。操作要求如下：

　　A. 在母版中放置学校的校徽、校名及制作时间。

　　B. 使用图片图表组织结构图等表现幻灯片。

　　C. 设计定时自动放映。

　　D. 为每一张幻灯片设计切换动画。

　　E. 为突出的内容设计对象动画。

第 6 章　　Access 数据库设计

【本章要点】

本章主要介绍了数据处理的基本概念,建立数据库、数据表的操作方法,数据表关系的建立及数据查询,数据窗体和报表的建立方法,数据的导入和导出等。

【核心概念】

数据库　数据表　字段　主键　窗体　报表

6.1　初识 Access

Access 是 Office 办公套件中一个极为重要的组成部分。Access 数据库系统是在 Windows 环境下开发的一种全新的关系型数据库系统。它不仅是数据库管理系统,而且还是一个功能强大的开发工具。它提供了丰富完善的可视化开发手段,引入了 VBA(Visual Basic for Application)面向对象的编程技术,可以设计出友好的用户界面。在 Access 数据库管理系统上开发应用程序,开发者可以直接将 Access 系统的界面改造成应用程序的用户界面,只需花费很小的代价,就能得到功能完善的应用软件。

6.1.1　数据库简介

随着计算机技术的发展,计算机不仅用于科学计算,而且还大量用于数据管理。从 20 世纪 60 年代后期开始,数据存储技术取得了很大发展,有了大容量的磁盘。计算机用于管理的规模更加庞大,数据量急剧增长。为了提高效率,人们着手开发和研制更加有效的数据管理模式,在此基础上提出了数据库的概念。

简单地说,数据库就是为了实现一定的目的,按某种规则组织起来的数据集合。日常生活中这样的数据库是随处可见,如:"通讯录"就是一个最简单的数据库,每个人的姓名、地址、电话等信息是这个数据库中的"数据"。用户可以在这个"数据库"中添加新的个人信息,也可以由于某个人的电话变动而修改他的电话号码这个"数据"或通过这个"数据库"随时查询到某个人的地址、邮编或电话号码等"数据"信息。

6.1.2　Access 基本操作

(1)启动 Access

启动 Access 的方法有很多,通常可以双击桌面上的"Microsoft Office Access"快捷图标;或者在"开始"菜单中选择"程序"命令,然后再在"程序"菜单中选择"Microsoft Office Access"即可。Access 界面如图 6-1 所示。

(2)退出 Access

退出 Access 的方法常用的有以下四种:

①单击"文件"菜单中的"退出";

②单击 Access 左上角的控制菜单框,选择"关闭"命令;

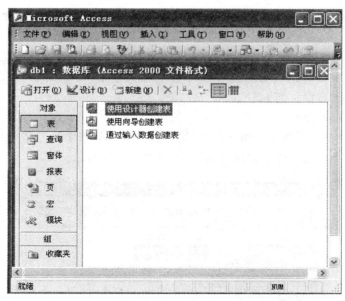

图 6 - 1　Access 界面

③单击 Access 右上角的"关闭"按钮；

④按"ALT＋F4"组合键。

（3）Access 界面的介绍

Access 窗口主要由以下几部分组成，分别为：标题栏、菜单栏、工具栏、状态区和数据库窗口。

其中"标题栏"位于屏幕的最上方，用来显示软件标题名称（如：Microsoft Access）。

"菜单栏"位于"标题栏"的下方。每个菜单都包括一个下拉菜单，打开下拉菜单后，有些选项是黑色字体，有些选项是灰色字体，其中黑色字体选项是可执行命令，而灰色字体属于不可执行命令。主要包括"文件"、"编辑"、"视图"、"插入"、"工具"、"窗口"和"帮助"这七个菜单项。用鼠标单击任意一个菜单项，就可以打开相应的子菜单，在每个子菜单上都有一些数据库操作命令，通过单击这些命令，就能够实现 Access 提供的某个功能。比如用户要打开一个文件，只要将鼠标移动到"文件"菜单上，如图 6 - 2 所示。然后单击鼠标左键，在弹出的子菜单中选择"打开"命令。

图 6 - 2　菜单栏

"工具栏"位于"菜单栏"的下方。当用户需要经常使用 Access 的某个功能，操作"菜单栏"时每次使用这个功能都必须打开好几层的菜单，操作显得较为烦琐。熟练使用"工具栏"中的按钮可以提高工作效率。工具栏中有很多工具按钮，每个按钮都对应着不同功能，要说明的是，这些功能都可以通过执行菜单中的相应命令来实现，如图 6 - 3 所示。

图 6 - 3　工具栏

"状态区"在屏幕的最下方,用于显示当前正在进行的操作信息,可以帮助用户了解所进行操作的状态。

"数据库窗口"位于"工具栏"和"状态区"之间,是 Access 中非常重要的部分,它帮助用户方便、快捷地对数据库进行各种操作。而它本身又包括"窗口菜单"、"数据库组件选项卡"、"创建方法和已有对象列表"三个部分。

(4)数据库窗口的使用

数据库窗口中有一些功能按钮,它们的操作方法和以前所学的工具栏上的按钮相似,要执行一个操作,只要单击相应的按钮就可以了。如图 6-4 所示。

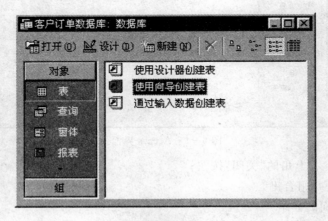

图 6-4 数据库窗口

窗口左侧包含两个方面的内容,上面是"对象",下面是"组"。"对象"下分类列出了 Access 数据库中的所有对象,如果用户用鼠标单击"表",窗口右边就会列出本数据库中已经创建的所有表。而"组"则提供了另一种管理对象的方法,用户可以把那些关系比较紧密的对象分为同一组,不同类别的对象也可以归到同一组中。例如:在通讯录数据库,其中的通讯录表和通讯录窗体就可以归为一组。在一般情况下,用分组的方法可以更方便地管理数据库中的各种对象。

6.2 用表向导建立数据表

6.2.1 数据库的建立

(1)用数据库向导建立数据库

"数据库向导"就是 Access 为了方便地建立数据库而设计的向导类型的程序,它可以大大提高工作效率。

在使用数据库向导建立数据库之前,必须选择需要建立的数据库类型。因为不同类型的数据库有不同的数据库向导,要是选错了向导,那前面的工作就白费了。单击屏幕上方工具栏中最左边的"新建"按钮,弹出"新建"对话框,如图 6-5 所示。在"常用"和"数据库"两个选项卡中选择"数据库"选项。

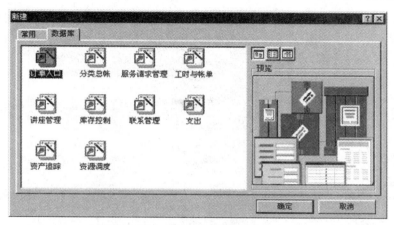

图 6-5　"新建"对话框

　　"数据库"选项卡里有很多图标,这些图标代表不同的数据库向导,图标下面都有一行文字,这些文字表明了数据库向导的类型。就好像一个旅行社可以开设几条旅游线路,每个线路要配备不同的向导一样。用户要找到适合自己要做的工作的向导。第一个图标是关于订单的,它可以帮助用户建立一个关于公司客户、订单等情况的数据库。用鼠标左键双击这个图标或单击选中该图标之后单击"确定"按钮,出现"文件新建数据库"对话框,如图 6-6 所示。

图 6-6　"文件新建数据库"对话框

　　提示:应该给建立的数据库文件取个名字,并且将它保存在计算机的某个目录下。在"文件名"右边的文本框中输入数据库的名字(如:向导型数据库.mdb),然后单击左上角"保存位置"右面的下拉框,在下拉列表中选择存放这个数据库文件的目录(如:选择事先建立好的子目录"例子"),并选择保存类型为"Microsoft Access 数据库",即将它保存为一个 Access 数据库文件。单击窗口右下角的"创建"按钮,出现了信息提示对话框,如图 6-7 所示。

　　上面有数据库需要存储的客户信息、订单信息等很多内容。单击"下一步"按钮,出现"请确定是否添加可选字段:"对话框,如图 6-8 所示。

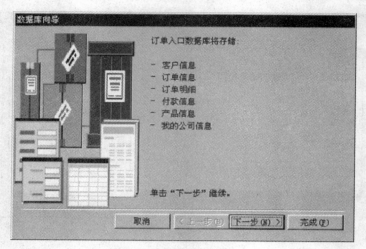

图 6-7　信息提示对话框

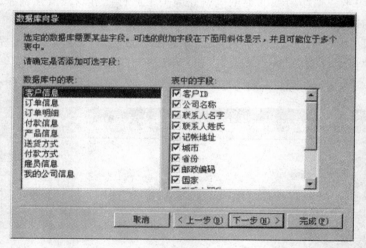

图 6-8　"请确定是否添加可选字段："对话框

　　该对话框分类列出了数据库中可能包含的信息，左边框中是信息的类别，右边框中列的是当前选中的类别中的信息项。这些信息项的前面都有一个小方框，有的小方框中有一个"√"，表示此信息项被选中了。被选中的信息项将会出现在数据库中，而没有选中的信息项就不会出现在数据库中。用户可以通过单击信息项前的小方框来决定数据库中是否要包含某些信息项，如果信息项前面的小方框是空的，单击它就会出现对钩；如果小方框中有对钩，单击它就会变空。不过要注意，绝大多数的信息项前面的对钩是不能取消的，单击它的时候会出现提示："此选项不能被取消"。这是因为使用数据库向导建立数据库的时候，向导认为有些信息项是此种类型的数据库必须包含的，它们和数据库中的窗体和报表紧密相关，所以Access 不允许用户随便取消这些必选项目。从外观上很容易区分必选项目和非必选项目。用斜体字书写的项目就不是必选项目，可以选择也可以取消；而用正常字体书写的项目都是必选项目，不可以取消的。如果不想再增加什么非必选项目，单击"下一步"，出现"请确定屏幕的显示样式"对话框，如图 6-9 所示。

图 6 - 9　"请确定屏幕的显示样式"对话框

　　用户可以根据需要选择将要建立的数据库中窗口的背景、窗口上的默认字体大小和颜色等。用鼠标单击一个选项,就会在窗口左边的方框中显示出所选的"显示样式",选择合适的效果。这里,选择"工业",单击"下一步"按钮,出现"请确定打印报表所用的样式"对话框,如图 6 - 10 所示。

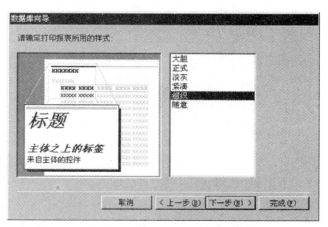

图 6 - 10　"请确定打印报表所用的样式"对话框

　　打印报表就是把数据库中的数据打印在纸上,而打印报表的样式就是指打印时所用的格式。和刚才屏幕的显示样式一样,每选定一个选项,左面的方框中都会将所选的打印报表样式显示出来。选定打印样式,单击"下一步"按钮,出现"请指定数据库的标题"对话框。如图 6 - 11 所示,要求用户给新建的数据库指定一个标题。

　　这里,输入"客户订单资料库"。这里对话框中起的名字是新建的数据库入口窗体上的标题词,也就是打开这个数据库时,看到的第一个界面上的标题词,和刚才给数据库文件起的名是不一样的。"请确定是否在所有报表上加一幅图片"意思是如果想在这个数据库打印出来的所有文件报表上都加上某幅图片,就可以在这儿选择"是的,我要包含一幅图片",并通过单击"图片…"按钮选择一幅图片。比如有的公司在打印一些报表的时候都希望将自己公司的标识打印在打印纸上,就需要选择这个选项,并且通过单击"图片"按钮来加载公司的标识了。如果现在还不想在报表上添加图形,就单击"下一步"按钮。单击"完成"按钮,数据库建立完成。屏幕上显示的就是新建的数据库"客户订单资料库"的主窗体,要想看什么内容只要单击相应的按钮就可以了。如图 6-12 所示。

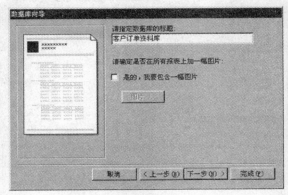

图 6-11   "请指定数据库的标题"对话框

图 6-12   "客户订单资料库"主窗体

现在的数据库中没有任何数据,因为 Access 是数据库管理系统,它的向导只是为数据库管理搭建好数据库框架,而数据则是需要用户自己输入的。

(2)建立一个空的数据库

在 Access 中,新建一个空数据库比较简单,用鼠标单击 Access 窗口左上角数据库工具栏中的"新建"按钮,就会在屏幕上弹出一个"新建"对话框。如图 6-13 所示。

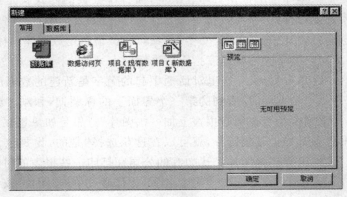

图 6-13   "新建"对话框

选择“常用”选项卡，并在“常用”选项卡上用鼠标左键双击“数据库”图标。弹出“文件新建数据库”对话框，如图 6-14 所示。

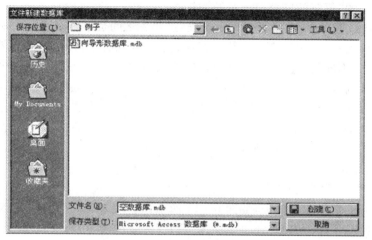

图 6-14　“文件新建数据库”对话框

在“文件名”中给新建的数据库文件取名“空数据库”，把它存储在“例子”子目录中，单击“创建”按钮将新建的数据库文件保存下来。

6.2.2　数据表的建立

数据库中的主要对象包括“表”、“查询”、“窗体”、“报表”、“页面”、“宏”和“模块”。这些对象在数据库中各自具备一定的功能，并且相互协作。“表”用来存储数据；“查询”用来查找数据；通过“窗体”、“报表”、“页面”获取数据；而“宏”和“模块”则用来实现数据的自动操作。对于数据库来说，最重要的功能就是获取数据库中的数据。对于一个数据库而言，最基本的就是要有“表”，并且表中存储了数据。比如“通讯录”数据库，首先要建立一个表，然后将某人的联系地址、电话等信息输入到这个数据表中，这样就有了数据库中的数据源。有了这些数据以后，就可以将它们显示在窗体上。所以表的建立至关重要，是数据库中最基本、最重要的一个部分。

(1)概念介绍

“记录”：在一张由行和列组成的二维“表”中的每一行叫做一个“记录”，每一个记录包含这行中的所有信息，就像在通讯录数据库中某个人全部的信息一样，如图 6-15 所示。

通讯录表：表

序号	姓名	单位	邮编	电话/BP机
1	孙芙	上海市人民银行	120009	021-61762542
2	王岚	贵州省电信局	510000	0851-7238321
3	李锋	江苏省气象局	120001	025-3378292
4	白蕾	安徽省合肥工业大学	740039	0551-2889018
5	魏震东	西安通用工业有限公司	710065	029-3749842
6	洪展春	郑州通邮快递公司	210091	0371-3384922
7	邓民勇	天津港务局	276309	022-3754933
8	金民	沈阳飞机制造工业公司	670001	024-32848434

记录：1　共有记录数：18

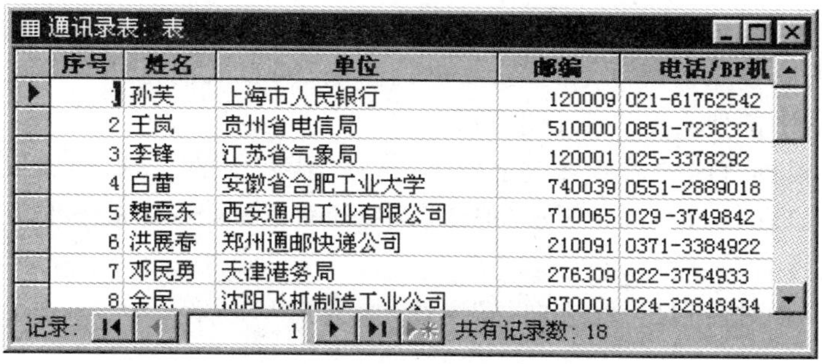

图 6-15　表示例

"值"：表行列交叉处的数据叫做"值"，它是数据库中最基本的存储单元，它的位置要由这个表中的记录和字段来定义。在通讯录表中可以看到"王岚"所在的记录和"电话"的这个字段交叉位置上的"值"就是"0851—7238321"。

"主键"：在数据库中，常常不只是一个表，这些表之间也不是相互独立的。不同的表之间需要建立一种关系，才能将它们的数据相互沟通。而在这个沟通过程中，就需要表中有一个字段作为标志，不同的记录对应的字段取值不能相同，也不能是空白的。通过这个字段中不同的值可以区别各条记录。就像区别不同的人，每个人都有名字，但它却不能作为主键，因为人名很容易出现重复，而身份证号是每个人都不同的，所以可以根据它来区别不同的人。数据库的表中作为主键的字段就要像人的身份证号一样，必须是每个记录的值都不同，这样才能根据主键的值来确定不同的记录。

（2）用表向导建立表

①使用"数据表向导"创建数据表的方法如下：

在已经打开的数据库窗体中，如图 6-16 所示，选择"对象"面板中的"表"标签按钮，选择"使用向导创建表"选项；用户还可以单击"新建"命令按钮，在出现的"新建表"对话框中选择"表向导"选项，单击"确定"按钮。

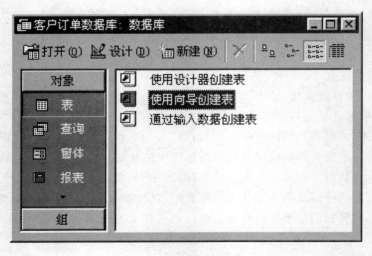

图 6-16　数据库窗体

②在出现的"表向导"对话框中，如图 6-17 所示，用户可以根据自己的需要选择其中的某些字段来作为要创建的数据表的字段。其中，单击"＞"按钮可以将用户选中的单个字段添加到新表中的字段；单击按钮"＜"，可将它从新字段中删除；单击"≫"按钮可以将"示例字段"列表框中的所有字段值都添加到"新表中的字段"列表框中，而"≪"按钮则可以将"新表中的字段"列表框中的所有字段值都取消。

用户还可以根据自己的需要修改字段名，选择"新表中的字段"列表框，下面有个"重命名字段…"按钮，出现如图 6-18 所示"重命名字段"对话框，比如用户可以把字段"联系人名字"改成"联系人姓名"字段。

③单击"下一步"按钮，出现"表向导"窗体，如图 6-19 所示。

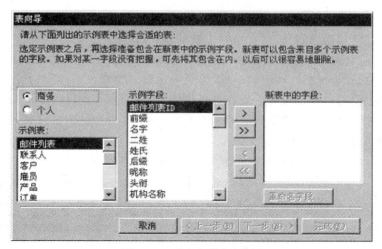

图 6 - 17　"表向导"对话框

图 6 - 18　"重命名字段"对话框

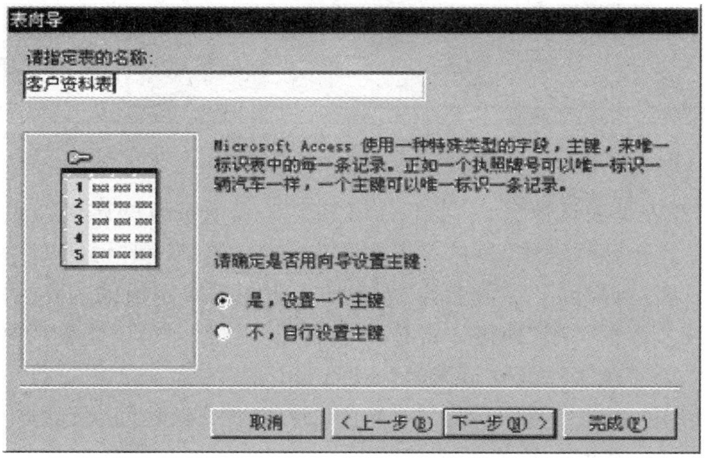

图 6 - 19　"表向导"窗体

　　用户可以指定新数据表的名称,这里改成"客户资料表",也可以采用系统默认的名称。同时,系统询问是否用向导设置主关键字,可以根据需要选择。选择"是,设置一个主键",系统将会自动设置一个主关键字,否则,用户需要选择作为主关键字的字段名。单击"下一步"按钮,表向导会提示用户"请选择表创建完之后的动作"。表建好之后,如果想马上把数据输入到表中,就选择第二项"直接向表中输入数据",之后单击"完成"按钮,结束用向导创建表的过程。如果选择"利用向导创建的窗体向表中输入数据",之后单击"完成"按钮,会出现表数据输入窗体。

　　至此，就通过"数据表向导"建立了一个新的数据表。

　　(3)使用表设计器创建表

　　表设计器是 Access 中设计表的工具，用表向导建立表时，自动定义了各种字段的属性，而在表设计器中则可以自己设计生成各种各样的表，并能对表中任何字段的属性进行设置，比如将表中的某个字段定义为数字类型而不是文本类型，那么这个字段就只能输入数字，而不能输入其他类型的数据，相对更加灵活。

　　具体操作方法如下：首先打开表设计器，在数据库窗口中，将鼠标移动到"创建方法和已有对象列表"上，双击"使用设计器创建表"选项，弹出"表1：表"对话框，如图 6 - 20 所示。

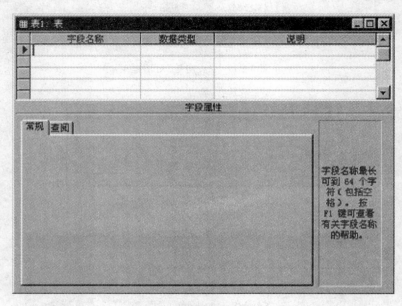

图 6 - 20　"表 1：表"对话框

　　对话框上半部分是表设计器，下半部分用来定义表中字段的属性。表的设计器其实就是一个数据表，在这个数据表中只有"字段名称"、"数据类型"和"说明"三列，当用户要建立一个表的时候，只要在设计器"字段名称"列中输入表中需要字段的名称，并在"数据类型"列中定义那些字段的"数据类型"即可。设计器中的"说明"列中可以让表的制作人对那些字段进行说明，以便以后修改表时能知道当时为什么设计该字段。

　　Access 中常用的数据类型有：文本、备注、数值、日期/时间、货币、自动编号、是/否、OLE 对象、超级链接、查询向导等。

　　文本：这种类型允许最大 255 个字符或数字，Access 默认的大小是 50 个字符，而且系统只保存输入到字段中的字符，而不保存文本字段中未用位置上的空字符。可以设置"字段大小"属性控制可输入的最大字符长度。

　　备注：这种类型用来保存长度较长的文本及数字，它允许字段能够存储长达 64000 个字符的内容。但 Access 不能对备注字段进行排序或索引，却可以对文本字段进行排序和索引。在备注字段中虽然可以搜索文本，但却不如在有索引的文本字段中搜索得快。

　　数字：这种字段类型可以用来存储进行算术计算的数字数据，用户还可以设置"字段大小"属性定义一个特定的数字类型,如:"字节"、"整数"、"长整数"、"单精度数"、"双精度数"、"同步复制 ID"、"小数"等类型。在 Access 中默认为"双精度数"。

　　日期/时间:这种类型是用来存储日期、时间或日期时间,每个日期/时间字段需要 8 个字节来存储空间。

　　货币:这种类型是数字数据类型的特殊类型,等价于具有双精度属性的数字字段类型。向货币字段输入数据时,不必键入人民币符号和千位处的逗号,Access 会自动显示人民币符号和逗号,并添加两位小数到货币字段。当小数部分多于两位时,Access 会对数据进行四舍五入。精确度为小数点左方 15 位数及右方 4 位数。

　　自动编号:这种类型较为特殊,每次向表格添加新记录时,Access 会自动插入唯一顺序或者随机编号,即在自动编号字段中指定某一数值。自动编号一旦被指定,就会永久地与记录连接。如果删除了表格中含有自动编号字段的一个记录后,Access 并不会为表格自动编号字段重新编号。当添加某一记录时,Access 不再使用已被删除的自动编号字段的数值,而是重新按递增的规律重新赋值。

　　是/否:这种字段是针对于某一字段中只包含两个不同的可选值而设立的字段,通过是/否数据类型的格式特性,用户可以对是/否字段进行选择。

　　OLE 对象:这个字段是指字段允许单独地"链接"或"嵌入"OLE 对象添加数据到 OLE 对象字段。可以链接或嵌入 Access 表中的 OLE 对象是指在其他使用 OLE 协议程序创建的对象,例如 Word 文档、Excel 电子表格、图像、声音或其他二进制数据。OLE 对象字段最大可为 1GB,它主要受磁盘空间限制。

　　超级链接:这个字段主要是用来保存超级链接的,包含作为超级链接地址的文本或以文本形式存储的字符与数字的组合。当单击一个超级链接时,Web 浏览器或 Access 将根据超级链接地址到达指定的目标。超级链接最多可包含三部分:一是在字段或控件中显示的文本;二是到文件或页面的路径;三是在文件或页面中的地址。在这个字段或控件中插入超级链接地址最简单的方法就是在"插入"菜单中单击"超级链接"命令。

　　查阅向导:这个字段类型为用户提供了一个建立字段内容的列表,可以在列表中选择所列内容作为添入字段的内容。

6.2.3　向表中输入数据

　　前面已经通过表向导建立了空的数据表。空表是没有任何用处的,下面就在建立好的表中输入数据,并学习一些关于表的基本操作。

　　(1)打开表

　　前面已经学过如何打开一个数据库,首先启动 Access,选择"打开已有文件",双击"客户订单数据库"打开它。在数据库窗口中单击"表"选项,可以看到在数据库右边的"创建方法和已有对象列表"列表框中,除了三种创建表的方法之外,还有一个"客户资料表"选项。如图 6-21 所示。

　　打开"客户资料表"有两种方法:一是用鼠标双击这个选项,另一个方法是先单击这个选项选中它,然后再单击数据库窗口上的"打开"按钮。打开这个表之后,用户就可以往该表中输入数据,如图 6-22 所示。

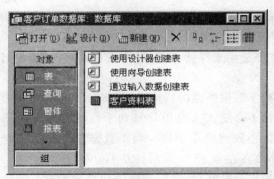

图 6-21 客户订单数据库窗体

图 6-22 向表中输入数据

（2）数据输入

在一个空表中输入数据时，只有第一行中可以输入。首先将鼠标移动到表中的"公司名称"字段和第一行交叉处的方格内，单击鼠标左键，方格内出现一个闪动的光标，表示可以在这个方格内输入数据。用键盘在方格内输入"合肥高科"，这样就完成一个数据的输入。其他的数据都可以按照这种方法来添加。用键盘上的左、右方向键可以把光标在方格间左右移动，光标移动到哪个方格，就可以在哪个方格中输入数据。如：按一次"→"键将光标移到"联系人姓名"字段内，输入"张三"。

如果出现输入错误，可以按键盘上的方向键，将光标移动到要修改的值所在的方格，也可以直接用鼠标单击，选中方格内的数据，然后按"Delete"键将原来的值删掉，并输入正确的值即可。

（3）列宽和行高的调整

有时由于列宽太窄，使输入的值只能看到其中一部分，此时，可以通过调整列宽来调整，通常的方法有如下几种：

①鼠标拖动：将鼠标移动到两个字段的交界处（如："公司名称"和"联系人姓名"），左右拖动鼠标。

②"列宽"对话框：将鼠标移动到需调整字段的标题上（如："公司名称"），此时鼠标会变成向下指的箭头符号，单击鼠标右键，选择弹出菜单上的"列宽"命令，出现"列宽"对话框，如图 6-23 所示，输入数值来定义列的宽度。单击"确定"按钮。

图 6-23 "列宽"对话框

③自动调整：单击"列宽"对话框中的"最佳匹配"按钮，此列的列宽就可以自动进行调整，保证能将这个字段中最长的值显示出来。单击

"确定"按钮。

　　行高的调整和列宽的调整相似,将鼠标移动到相邻两行之间,鼠标变成可拖动形状,按住鼠标左键,上下拖动鼠标调整行的高度;或是将鼠标移动到某一行上,单击鼠标右键,在弹出的菜单里用鼠标单击"行高"命令,在出现的"行高"输入栏中输入一定的数值来改变行的高度。完成后单击"确定"按钮即可。

　　(4)添加、删除和移动字段

　　①添加字段:假设用户希望在"公司名称"与"联系人姓名"两个字段之间加入一个"公司地址"字段,如图 6-24 所示。

图 6-24　添加字段

　　操作方法:将鼠标移动到"联系人姓名"字段的标题上,鼠标光标变成一个向下的箭头,单击鼠标右键,在弹出的菜单中选择"插入列"命令。此时,"联系人姓名"字段前面插入了一个新的字段。新插入的字段默认名是"字段 1"。要修改字段名,将鼠标移动到"字段 1"的标题处,双击鼠标左键,标题就变成可以修改状态。将"字段 1"改成"公司地址",完成后敲键盘上的回车键,"公司地址"字段添加完成。

　　②删除字段:将鼠标移动到需删除字段的标题处,鼠标会变成向下的箭头,单击鼠标右键,选中这个字段,整个字段都变成黑色并弹出了一个菜单,单击菜单上的"删除列"选项,弹出对话框,提示是否确定要删除该字段及其中的数据。单击"是"按钮可以将该字段删除。但在删除字段时要注意,在删除一个字段的同时也会将这个字段中的数值全部删除,所以当执行这个操作时,一定要谨慎,避免由于误删把有用的数据删除。

　　③移动字段位置:将鼠标移动到需移动的(如:"公司地址")字段的标题处,鼠标变成向下的箭头,单击鼠标右键选中这个字段,等它都变成黑色后,按住鼠标左键,拖动到某字段(如:"联系人姓名")的后面,松开左键。

6.2.4　表关系的建立

　　在 Access 数据库中,不同表中的数据之间都存在着一定的关系,这种关系将数据库里各张表中的每条数据记录都和数据库中唯一的主题相联系,使得对一个数据的操作都成为数据库的整体操作。

　　例如:前面建立的"客户信息表"中的"公司名称"和"订单信息表"中的"订货单位"所包含的值有很多是相同的。因为签了订单的"订货单位"肯定已经是公司的客户了,这些客户的名称也被记载在"客户信息表"的"公司名称"字段中。当已知一个客户的名称时,既可以通过"客户信息表"知道它的"客户信息",也可以通过"订单信息表"了解它所签订的"订单信息",所以说"公司名称"作为纽带将"客户资料表"和"订单信息表"中的相应字段信息关联在一起。为了把数据库中表之间的这种数据关系体现出来,Access 提供一种建立表与表之间

"关系"的方法。在"客户信息表"和"订单信息表"中建立关系后,只需要查看"客户信息表",在不修改表记录的情况下,就可以看到所有客户的信息及其所有"订单"的情况。

"关系"一般有三种类型:"一对一"(如:每个班级有一个班长)、"一对多"(如:一个班级有多个学生)和"多对多"(如:一个教师教许多学生,一个学生被许多老师教)。

在 Access 中,建立表关系的方法如下:

单击"工具"菜单下的"关系"命令,弹出"关系"对话框,还有一个"显示表"对话框如图6-25所示,通过"显示表"对话框可以把需要建立关系的"表"或"查询"加到"关系"对话框中。

将两个表"客户信息表"和"订单信息表"都选中,单击"添加"按钮把它们都添加到"关系"对话框中。如图6-26所示,单击"关闭"按钮,关闭"显示表"对话框。

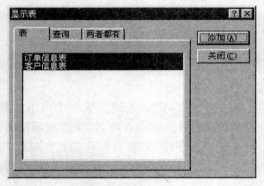

图6-25　"显示表"对话框

图6-26　"关系"对话框

在"客户信息表"中的"公司名称"和"订单信息表"中的"订货单位"两个字段之间建立关系的方法是:在"客户信息表"字段列表中选中"公司名称"项,然后按住鼠标左键并拖动鼠标到"订单信息表"中的"订货单位"项上,松开鼠标左键,这时在屏幕上出现"编辑关系"对话框,如图6-27所示。

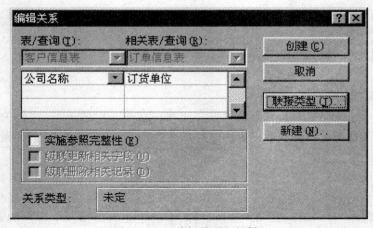

图6-27　"编辑关系"对话框

单击"联接类型"按钮,在弹出的新对话框中选择第三项,然后单击"确定"按钮。回到"编辑关系"对话框后单击"创建"按钮。在两个列表框间会出现一条"折线",如图6-28所示，将"订货单位"和"公司名称"两个选项连接在一起。关闭"关系"对话框，并保存对"关系"布局的修改。

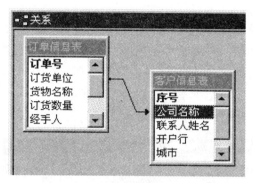

图 6-28　建立关系

打开"客户信息表"，用户会发现此表中增加了一些新的表，它们是"客户信息表"的子表，也就是"订单信息表"。在"一对多"的关系中，完全可以通过"客户信息表"中的"公司名称"信息将这两个表的内容串联起来。在主表中的每一个记录下面都会带着一个甚至几个子表中的"订单"记录。在"一对一"关系的两个表之间互为对方的"子表"。

6.3　Access 高级应用

6.3.1　数据查询

查询是按照一定的条件或要求对数据库中的数据进行检索或操作。Access 中通常有五种类型的查询："选择查询"、"交叉查询"、"动作查询"、"参数查询"和"SQL 查询"。下面以"选择查询"为例介绍其创建方法，该查询简单易学，而且用得也很普遍，很多数据库查询功能都可以用它来实现。

（1）打开查询窗体。在 Access 数据库窗体中选择"对象"中的"查询"选项，如图 6-29 所示。用户可以根据需要单击"新建"按钮来创建一个新的查询，也可以单击"打开"按钮打开一个已有的查询，还可以单击"设计"按钮来修改一个已存在的查询。

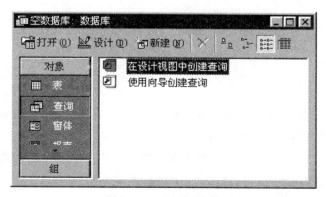

图 6-29　"查询"窗体

（2）直接用"查询设计视图"来建立新的查询，这样可以帮助用户理解数据库中表之间的关系，让用户看到要查询的字段之间是如何联系的。

（3）建立一个"订单"查询。

（4）单击"在设计视图中创建查询"项，出现"查询"窗口，它的上面还有一个"显示表"对话框，单击"显示表"对话框上的"两者都有"选项，在列表框中选择需要的表或查询。

（5）单击对话框上的"添加"按钮，将"客户订单数据库"中的"订单信息表"和"产品信息表"都添加到查询窗口中。

（6）关闭"显示表"窗口，回到"查询"窗口，如图 6-30 所示。

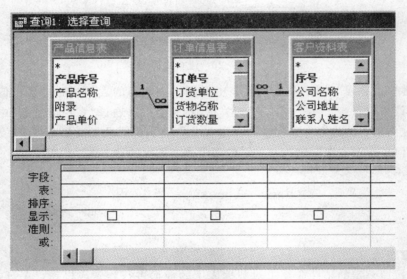

图 6-30　"选择查询"窗口

（7）单击"文件"菜单中的"保存"命令，如果是首次存储该查询，会弹出"另存为"对话框，如图 6-31 所示。Access 默认名（查询 1）删去，输入"订单"，单击"确定"按钮。

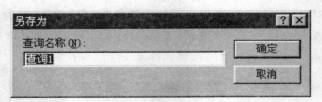

图 6-31　"另存为"对话框

6.3.2　数据窗体的建立

Access 中可以建立四种基本的窗体：纵栏式窗体、表格式窗体、数据表窗体和图表窗体。下面以"纵栏式窗体"为例，介绍其创建方法。

（1）打开"客户信息数据库"，在数据库窗口的选项卡上选择"窗体"对象 ，然后在数据库菜单上单击"新建"按钮，并在弹出的"新建窗体"对话框中，如图 6-32 所示，选择"自动创建窗体：纵栏式"选项。

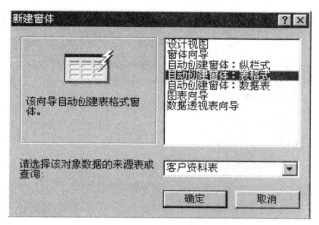

图 6-32　"新建窗体"对话框

(2)在对话框下部的"该对象的数据来源表或查询"下拉列表框中选择需要的表或查询，这里选择"客户信息表"，单击"确定"按钮。创建的纵栏式窗体如图 6-33 所示。

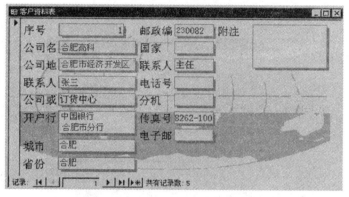

图 6-33　"客户资料表"纵栏式窗体

(3)保存该窗体，单击"文件"菜单，选择"保存"命令。首次保存该窗体时，弹出"另存为"对话框，如图 6-34 所示，输入一个新窗体名称"客户信息窗体"。

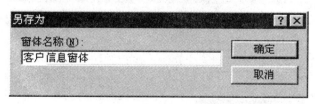

图 6-34　"另存为"对话框

6.3.3　报表的使用

(1)新建报表

①打开前面完成的"客户订单数据库"窗口，如图 6-35 所示，在数据库窗口左侧的选项卡上选择"报表"对象。

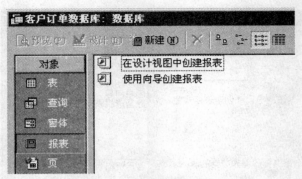

图 6-35　"客户订单数据库"窗口

②单击数据库窗口中的"新建"按钮,弹出"新建报表"的对话框,如图 6-36 所示。

③将鼠标移动到这个对话框里的列表框中,选择"自动创建报表:表格式",并在对象数据的来源表或查询提示右面的下拉列表中单击"客户信息报表"选项,单击"确定"按钮。

(2)使用向导建立报表

①双击数据库窗体(图 6-35)中创建方式栏中的"使用向导创建报表"项,弹出"报表向导"对话框,如图 6-37 所示。

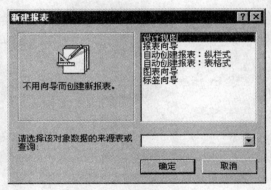

图 6-36　"新建报表"的对话框

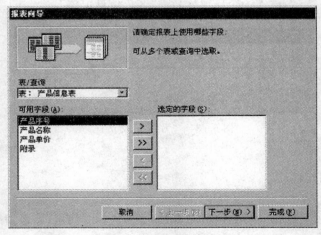

图 6-37　"报表向导"对话框

②在"表/查询"下面的下拉框中选择相应的表或查询,以"客户信息数据库"为例,选择"订单信息查询"。

③单击"下一步"按钮,出现如图 6 - 38 所示的对话框。

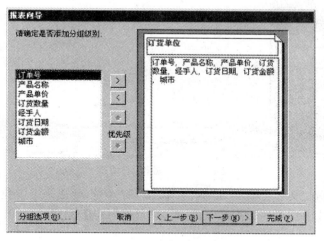

图 6 - 38　添加分组级别向导框

④单击"下一步"按钮,要求用户选择记录排序(升序或降序)方式。

⑤单击"下一步"按钮,出现如图 6 - 39 所示对话框,要求用户确定"报表"的布局方式。

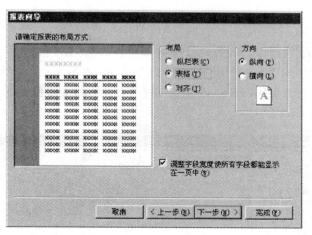

图 6 - 39　选择布局向导框

⑥选择适当的布局(如:表格),单击"下一步"按钮,指定报表标题,该标题会打印在报表的左上角。

⑦单击"完成"按钮。若用户想修改报表,选择"修改报表设计"即可。

6.3.4　数据的导入与导出

(1)链接数据

①打开一个 Access 数据库(如:客户订单数据库),单击"文件"菜单中的"获取外部数据"项,选择子菜单上的"链接表"命令。弹出"链接"对话框,如图 6 - 40 所示。

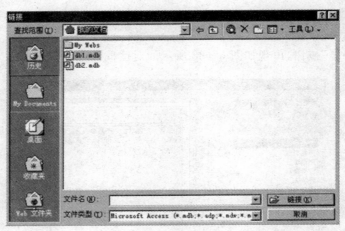

图 6-40　"链接"对话框

　　②将鼠标移动到"文件类型"下拉框上,单击鼠标左键,弹出一个下拉列表。选中相应的数据库类型,并且选中需要的数据库文件,单击"链接"按钮,完成。

　　(2)导入数据

　　①打开一个 Access 数据库,单击"文件"菜单中的"获取外部数据"项,选择"导入"命令。

　　②将鼠标移动到"文件类型"下拉框上,单击鼠标左键,弹出一个下拉列表。选中相应的数据库类型,并且选中需要的数据库文件,单击"导入"按钮,Access 提示用户导入文件成功信息。

　　(3)导出数据

　　打开一个 Access 数据库(如:客户订单数据库),选择"客户资料表",单击"文件"菜单上的"导出"命令,弹出如图 6-41 所示的"导出"对话框,在导出的"保存类型"下拉框中选择需导出的数据库类型(如 DBASE 5),选择要保存的位置,输入要保存的文件名,单击"保存"按钮。

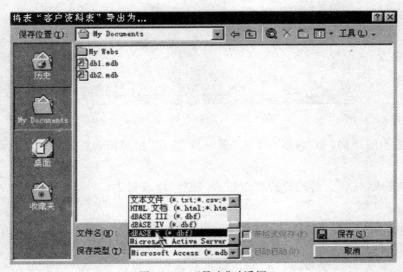

图 6-41　"导出"对话框

练　习　题

一、单项选择题

1. Access 数据库的类型是_____。

　A. 层次数据库　　　　B. 网状数据库

　C. 关系数据库　　　　D. 面向对象数据库

2. Access 表中字段的数据类型不包括_____。

　A. 文本　　　　　　B. 备注　　　　　C. 通用　　　　　D. 日期／时间

3. 以下关于查询的叙述正确的是_____。

　A. 只能根据数据表创建查询

　B. 只能根据已建查询创建查询

　C. 可以根据数据表和已建查询创建查询

　D. 不能根据已建查询创建查询

4. Access 支持的查询类型为_____。

　A. 选择查询、交叉表查询、参数查询、SQL 查询和操作查询

　B. 基本查询、选择查询、参数查询、SQL 查询和操作查询

　C. 多表查询、单表查询、交叉表查询、参数查询和操作查询

　D. 选择查询、统计查询、参数查询、SQL 查询和操作查询

5. 在 Access 数据库系统中,最常见的查询是_____。

　A. 选择查询　　　B. 交叉表查询　　　C. 参数查询　　　D. SQL 查询

6. 二维表由行和列组成,每一行表示关系的一个_____。

　A. 属性　　　　　B. 字段　　　　　C. 集合　　　　　D. 记录

7. 以下叙述中,正确的是_____。

　A. Access 只能使用菜单或对话框创建数据库应用系统

　B. Access 不具备程序设计能力

　C. Access 只具备了模块化程序设计能力

　D. Access 具有面向对象的程序设计能力,并能创建复杂的数据库应用系统

8. 为窗体上的控件设置 Tab 键的顺序,应选择属性对话框中的_____。

　A. 格式选项卡　　B. 数据选项卡　　C. 事件选项卡　　D. 其他选项卡

9. 关闭 Access 方法不正确的是_____。

　A. 选择"文件"菜单中的"退出"命令

　B. 使用 Alt＋F4 快捷键

　C. 使用 Alt＋F＋X 快捷键

　D. 使用 Ctrl＋X 快捷键

10. 数据库是_____。

　A. 以一定的组织结构保存在辅助存储器中的数据的集合

　B. 一些数据的集合

　C. 辅助存储器上的一个文件

D. 磁盘上的一个数据文件

二、操作题

1. 按要求完成下面各小题：

（1）创建一个空数据库，数据库名为 BOOK。

（2）在 BOOK 数据库中建立"SELL"表结构，并设 ID 为该表主关键字，"SELL"表结构如表 1 所示。

（3）向"SELL"表中输入表 2 所示数据。

表 1 "SELL"表结构

字段名称	数据类型
ID	自动编号
雇员 ID	数字
图书 ID	数字
数量	数字
售出日期	日期/时间

表 2 "SELL"表数据

ID	雇员 ID	图书 ID	数量	售出日期
1	1	1	23	2007－1－4
2	1	1	45	2007－2－4
3	2	2	65	2007－1－5
4	4	3	12	2007－3－1
5	2	4	1	2007－3－4

2. 按要求完成下面各小题：

（1）构造一个"学生"数据库，包括学生成绩表"XSCJ"（基本字段如表 3 所示）和学生基本情况表"JBQK"（基本字段如表 4 所示）。

（2）为以上两表添加 15 条本班同学或朋友记录。

（3）在上述两表间建立关系。

（4）创建一个查询，取名为"CX1"，要求执行查询后，"CX1"查询结果包含的字段为：姓名、学号、班级、数学、物理、外语、计算机以及对应每个记录的"总成绩"列。

（5）创建基于查询"CX1"的表格式窗体，设置窗体名为"CXCJ"。

（6）创建基于"XSCJ"和"JBQK"的报表，该报表要包含："姓名、学号、数学、物理、外语、计算机"字段，报表名称为"BB1"。

表 3 学生成绩表字段

字段名	类型	长度	小数位
学号	文本	8	
语文	数值	5	1
数学	数值	5	1

（续表）

字段名	类型	长度	小数位
外语	数值	5	1
物理	数值	5	1
化学	数值	5	1
计算机	数值	5	1

表 4　学生基本情况表字段

字段名	类型	长度
学号	文本	8
姓名	文本	8
班级	文本	40
出生日期	时间/日期	8
家长姓名	文本	8
电话	文本	11
照片	OLE 对象	4

第7章 多媒体技术

【本章要点】

讲述多媒体、多媒体技术的定义,介绍多媒体计算机的软硬件组成以及普通计算机与多媒体计算机的不同,旨在使同学们掌握数字化音频、图像、视频信息在计算机中的表示方法、获取技术以及存储格式,了解多媒体技术的主要应用。

【核心概念】

媒体 多媒体 多媒体技术 超媒体 多媒体计算机 超文本 采样 显示分辨率 图像分辨率

7.1 多媒体与多媒体技术

多媒体技术是综合计算机技术、电子技术、通信技术等各种技术而产生的,是信息发展的一个必然阶段。多媒体技术已成为推动信息化社会发展的重要动力。

7.1.1 多媒体与多媒体技术的含义

(1)媒体

媒体(Medium)在计算机领域中有两种含义:一是指用以存储信息的实体,如磁带、磁盘、光盘和半导体存储器等;另一层含义是指信息的载体,如数字、文字、声音、图形、图像和动画等。多媒体计算机技术中的媒体是指后者。

国际电话电报咨询委员会 CCITT(Consultative Committee on International Telephone and Telegraph,国际电信联盟 ITU 的一个分会)把媒体分为五类:

①感觉媒体(perception medium):指直接作用于人的感觉器官,使人产生直接感觉的媒体。如引起听觉反应的声音等。

②表示媒体(representation medium):指传输感觉媒体的中介媒体,它是为了传送感觉媒体而人为研究出来的媒体,即用于数据交换的编码。如图像编码(JPEG、MPEG 等)、文本编码(ASCⅡ码、GB2312 等)和声音编码等。

③表现媒体(presentation medium):指进行信息输入和输出的媒体。如键盘、鼠标、扫描仪、话筒、摄像机等为输入媒体;显示器、打印机、喇叭等为输出媒体。

④存储媒体(storage medium):指用于存储表示媒体的物理介质。如硬盘、软盘、光盘、优盘、ROM 和 RAM 等。

⑤传输媒体(transmission medium):指传输表示媒体的物理介质。如电缆、光缆等。

(2)多媒体

多媒体(multimedia)是融合两种以上媒体的人－机交互式信息交流和传播媒体,该词译自 20 世纪 80 年代初创造的英文词。在这个定义中需要明确以下几点。

①多媒体是信息交流和传播媒体,从这个意义上说,多媒体和电视、报纸、杂志等媒体的功能是一样的。

②多媒体是人－机交互式媒体,这里所指的"机",目前主要是指计算机,或者由微处理器控制的其他终端设备。因为计算机的一个重要特性是"交互性",使用它就比较容易实现人－机交互功能。从这个意义上说,多媒体和目前大家所熟悉的模拟电视、报纸、杂志等媒体是大不相同的。

③多媒体信息都是以数字的形式而不是以模拟信号的形式存储和传输的。

④传播信息的媒体的种类很多,如文字、声音、电视图像、图形、图像、动画等。

虽然融合任何两种以上的媒体就可以称为多媒体,但通常认为多媒体中的连续媒体(声音和电视图像)是人与机器交互的最自然的媒体。

(3)多媒体技术

多媒体技术是多媒体计算机技术(multimedia computing technology)的简称,它是指计算机具有交互式综合处理多种媒体信息——文本、图形、图像、音频和视频的能力,也就是能使计算机中的多种信息建立逻辑连接,集成为一个系统并使之具有交互性的这样一种计算机技术。

7.1.2 多媒体的相关概念

(1)超文本

1965 年 Ted Nelson 在计算机上处理文本文件时想了一种把文本中遇到的相关文本组织在一起的方法,让计算机能够响应人的思维以及能够方便地获取所需要的信息。他为这种方法"杜撰"了一个词,称为超文本(hypertext)。实际上,这个词的真正含义是"连接"的意思,用来描述计算机中的文件的组织方法,后来人们把用这种方法组织的文本称为"超文本"。

超文本的概念可用图 7－1 来说明。超文本中带有链接关系的文本通常用下划线和不同的颜色表示。文本①中的"超文本"与②中的"超文本"建立有链接关系,①中的"超媒体"与③中的"超媒体"建立有链接关系,③中的"超链接"与④中的"超链接"建立有链接关系,这种文件就称为超文本文件。

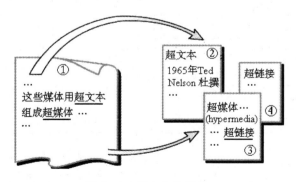

图 7－1 超文本的概念

超链接(hyper link)是指文本中词、短语、符号、图像、声音剪辑或影视剪辑之间的链接,或者与其他的文本、超文本文件之间的链接,也称为"热链接"(hot link),或者称为"超文本链接"(hyper text link)。建立互相链接的对象不受空间位置的限制,可以通过网络与世界上的任何一台联网的计算机上的文件建立链接关系。

Windows 中使用的"帮助"文件,就是一个例子。当用户在阅读帮助文件时,有些重要位置的文字呈现绿色,同时文字的下方会另外加有下划线。当把鼠标指针移到这些位置上时,就会变成手形指针,这就暗示此处建有一个链接,只要按一下鼠标左键,与其链接的内容就会呈现出来。

（2）超媒体

在20世纪70年代,用户语言接口方面的先驱者 Andries Van Dam 创造了一个新词"电子图书"（electronic book）。电子图书保存了用纸做存储媒体的最好特性,而同时又加入了丰富的非线性链接,这就促使在80年代产生了超媒体（hypermedia）技术。超媒体不仅可以包含文字而且它们之间的链接也是错综复杂的。

超媒体与超文本之间的不同之处是,超文本主要是以文字的形式表示信息,建立链接关系主要是文句之间的链接关系。超媒体除了使用文本外,还使用图形、图像、声音、动画或影视片段等多种媒体来表示信息,建立的链接关系是文本、图形、图像、声音、动画和影视片段等媒体之间的链接关系,如图7-2所示。

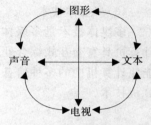

图7-2　超媒体的概念

7.1.3　多媒体系统的层次结构

多媒体系统是多媒体技术的灵魂,它能灵活地调度和使用多媒体信息,使之与硬件协调工作。因此多媒体系统是一种软硬结合的复杂系统。

多媒体系统结构包括计算机硬件、软件及外围设备,甚至其他可以通过计算机控制的视听设备也包括在内,其层次结构大致可以分为八层,如表7-1所示。

表7-1　多媒体系统层次结构

多媒体应用软件	第八层	
多媒体创作软件	第七层	
多媒体数据处理软件	第六层	软件系统
多媒体操作系统	第五层	
多媒体驱动软件	第四层	
多媒体输入/输出控制卡及接口	第三层	
多媒体计算机硬件	第二层	硬件系统
多媒体外围设备	第一层	

7.2　多媒体计算机系统的组成

7.2.1　多媒体计算机

多媒体计算机作为一个概念,简单说就是可以同时处理声音（audio）和图像（video）的计算机,即具有多媒体功能的计算机。要把一台普通的计算机变成多媒体计算机要解决的关键技术是:

　　(1)视频音频信号获取技术;

　　(2)多媒体数据压缩编码和解码技术;

　　(3)视频音频数据的实时处理和特技;

　　(4)视频音频数据的输出技术。

　　从开发和生产厂商以及应用的角度出发,多媒体计算机可以分为两大类:

　　一类是家电制造厂商研制的电视计算机(teleputer),是把 CPU 放到家电中,通过编程控制管理电视机、音响,有人称它为"灵巧"电视(smart TV);

　　另一类是计算机制造厂商研制的计算机电视(compuvision),采用微处理器作为 CPU,其他设备还有视频图形适配器(video graphics adapter,简称 VGA 卡)、光盘只读存储器(compact-disk read-only memory,简称 CD-ROM)、音响设备以及扩展的多窗口系统,有人说它的发展方向是 TV－Killer。

7.2.2　多媒体个人计算机

　　由于到目前为止,大部分的多媒体工作都是在个人计算机上进行的,多媒体系统的主机基本上均采用了微机系列,所以通常所说的多媒体计算机一般都是指多媒体个人计算机,即MPC(multimedia personal computer)。

　　MPC 主要特征可以用一个简单的公式表示:

　　多媒体 PC 机＝PC 机＋CD-ROM 驱动器＋声卡

　　作为一个计算机系统而言,其构成包括硬件和软件两大部分。就 MPC 而言,其构成又与多媒体信息的特点紧密联系在一起。下面具体介绍多媒体计算机的基本硬件构成特点和软件环境。

　　多媒体应用及开发工作可以在三种类型的硬件平台上开展。第一种平台是以工程工作站为依托。工程工作站是一种高档计算机,最常用的有 SUN、SGI 等公司的产品,它们运行速度快、指标先进、功能强大,常使用 Unix 操作系统,是一种比较高档的多媒体应用开发硬件平台,但价格也比较昂贵。第二种类型是一体化的专用多媒体计算机。这种一体化计算机,其多媒体功能已经包含在计算机主板上的专用芯片里,甚至已集成在 CPU 芯片中。国外已有一些产品,例如:Intel 和 IBM 联合推出的 DVI 系列产品,Philips 和 Sony 联合推出的 CD－1 系列产品等,但在我国不大流行,因为价格依然昂贵。第三种开发平台,则是在通用的个人计算机基础上,增加多媒体接口卡以及相应的设备和软件,将一般的 PC 升级为多媒体计算机,通常称为 MPC。这种"升级"版的多媒体硬件平台,因其性能价格比高,装配方便灵活,适应性强而被广泛应用。

　　多媒体个人计算机 MPC 是以 Microsoft 公司为主的 MPC 市场联盟(Multimedia PC Marketing Council)指定的 MPC 的基本硬件规格为基准。与通用的 PC 机相比,多媒体计算机要增加以下几个部件:CD-ROM 驱动器、音频适配卡(声卡)及扬声器、较好的图形显示适配卡(显卡)和专用的视频卡。

　　1990 年 10 月,美国 Microsoft 公司召开的多媒体开发者会议指定了多媒体个人计算机规格 MPC1.0 版。规定了多媒体个人计算机的硬件和软件平台规格。随着多媒体技术的发展,1993 年,由 Microsoft 和 Philips 等 14 家厂商组成的多媒体市场协会先后提出了多媒体个人计算机标准 MPC2.0 版,其标准规范如表 7－2 所示。

表 7-2 多媒体个人计算机标准

	MPC1.0	MPC2.0
CPU	386SX/16 以上	486 SX/25 以上
内存	2MB	4MB(建议 8MB)
硬盘容量	30MB	160MB
软驱	1.44MB	1.44MB
视频显示	640×480,16 色(建议 256 色)	640×480(65536 色)
CD-ROM 驱动器	传输速率 150KB/S 访问时间<1.0S	传输速率 300KB/S 访问时间 <0.25S,CD-ROM XA—Ready (影音同步)
输入输出界面	MIDI I/O 摇杆界面	MIDI I/O 摇杆界面
鼠标	两按键鼠标	两按键鼠标
操作系统	Windows 3.1	Windows 3.1

1995 年 6 月,又推出 MPC3.0 标准。一台多媒体计算机的基本配置至少应具备:

(1)CPU:75MHZ Pentium

(2)RAM:8MB

(3)磁盘:1.44MB 软驱,540MB 硬盘

(4)显示系统:VGA,640×480,65536 色

(5)CD-ROM 驱动器:4 倍速 CD-ROM 驱动器,数据传输率 600KB/S

(6)声频卡:可进行直接帧存取,能以 15 位/像素、352×240 分辨率、30 帧/s 播放视频信号,不要求缩放和剪裁。所有的编码和解码都应在 15 位/像素、352×240 分辨率、30 帧/s,播放视频时支持同步的声频/视频流,不丢帧。

(7)用户接口:键盘、鼠标

7.2.3 升级

随着 PC 机硬件价格的不断下降,广大用户拥有 PC 机要想升级为 MPC 已经不是一件难事。升级办法如下:

①自己购置组成 MPC 的硬件和必要的软件,自己安装调试;

②请专业公司和专业人员协助升级;

③购置多媒体升级套件。

下面简单介绍如何自己购置 MPC 硬件和软件将原有的 PC 机升级为 MPC。

(1)CD-ROM 驱动器

如果只要求 PC 机读取 CD-ROM 盘片的数据,则只要求配备一台 CD-ROM 驱动器。CD-ROM 驱动器和硬盘驱动器类似,最常见的有 IDE 和 SCSI 两种接口。如果只要求读取 CD-ROM 盘片上的数据,则可选择 IDE 接口的 CD-ROM 驱动器。为了以后扩充需要,最好选择双速或者更高速的 CD-ROM 驱动器。IDE 接口的 CD-ROM 驱动器可以直接连接到硬盘的数据线(双硬盘线之一)上。

软件方面要求有 CD-ROM 驱动器的设备驱动程序和 Microsoft 提供的 MSCDEX.EXE。在购买 CD-ROM 驱动器时应当确信产品包里带有驱动程序。但现在大多操作系统

都自带了 CD-ROM 驱动器的驱动程序,在安装操作系统时就会自动安装相应的 CD-ROM 驱动器的驱动程序。如果想在休闲时听 CD 音乐,再配一套耳机或者音箱,绝大多数 CD-ROM 驱动器面板前面带有 CD 音乐输出。软件方面还应有一个启动 CD 唱片播放音乐的实用程序。

(2)加入音频功能

PC 机设计者在规划 PC 时并没有完全忽略音频功能,一开始就加入了最普通的扬声器,但它发出的声音太差。直到最近几年,随着音频卡功能不断增强而价格一降再降,PC 机才成为处理音频的平台。向 PC 机加入一块音频卡后,可以录制、播放和加工语音信息。如果和 CD-ROM 驱动器一道使用,通过一对喇叭还可以代替 CD 唱机播放 CD 唱片或者运行能发声音的软件。如果要录制自己的声音,则需要再配一个话筒。当然,现在这些设备都已不是问题了。

(3)在 PC 机上播放电影节目

现在 V-CD(video CD)非常流行,如何在一台普通 PC 机上播放电影呢? 其关键部件是电影卡(MPEG 卡),其实它是一种按 MPEG 标准解压由 MPEG 标准录制的 V-CD 上的视频和音频信号的卡,所以又称为解压缩卡。要在 PC 机上播放电影,至少需要配备如下硬件:

①一块 MPEG 卡;

②一台双速的 CD-ROM 驱动器;

③音箱。

软件除了 MPEG 卡驱动程序和 CD-ROM 驱动程序外,还应当有播放电影的实用程序。随着 CPU 性能的不断提高,不用 MPEG-1 硬件解压卡,只要软件在 586 主机以上的 CPU 都能够实现软解压,在 PC 机上播放 V-CD 节目。

(4)处理视频

数字视频技术在 Microsoft 公司推出 Video for Windows 后,PC 机不需要附加任何硬件便可以播放以 AVI 格式保存的视频文件。但是要想自己获取视频图像,则仍需增加视频抓取卡和视频抓取软件。抓取视频图像需要如下硬件:

①一块视频抓取卡,如 Video Blaster SE100 或者 Video Clipper 等;

②一台摄像机或其他视频源输入设备。

如果安装了 Video for Windows 软件,则可以利用其提供的 Vid Cap 来抓取视频图像,编辑视频和播放抓取的视频(AVI)文件。

(5)升级成为多媒体开发平台

如果想建立一个基于 Windows 环境的多媒体开发平台,除了选择所需要的硬件设备外,还应当选择一种著作语言或者编程语言。多媒体开发平台应包括软件/硬件两个方面。

硬件设备:

①486DX50,8M 内存,带 1K 内存的 TVGA 显示卡,彩色显示器

②视频抓取卡(如:Video Blaster SE100)

③摄像机

④声音卡(如:Sound Blaster 16)

⑤彩色打印机(如:Canon BJC－600)

软件开发平台：

①Visual Basic 3.0 专业版

②Widows 95 SDK

③Microsoft C++7.0

④Video Blaster SE100 SDK

就目前的应用水平，下面给出一套比较完整的多媒体计算机硬件系统配置图，如图7-3所示。图中省略了大容量硬盘等计算机的常规设备，而突出了多媒体专用的设备。

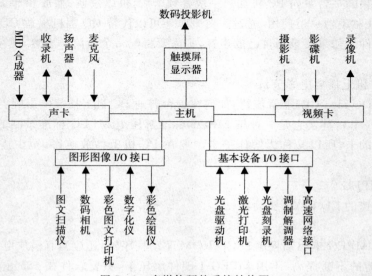

图7-3　多媒体硬件系统结构图

7.3　多媒体信息在计算机中的表示

7.3.1　声音信息

（1）声音信息在计算机中的表示

声音是机械振动在弹性介质中传播的机械波（也就是声波，如图7-4所示），振动越强，声音越大，话筒（麦克风）把机械振动转换成电信号，模拟音频技术以模拟电压的幅度表示声音的强弱。模拟声音的录制是将代表声音波形的电信号转换到适当的媒体上，如磁带和唱片，播放时将记录在媒体上的信号还原为声音波形。

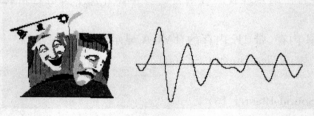

图7-4　声音是一种连续的波

声音的频率范围为 20Hz～20kHz,频率小于 20Hz 的波称为次声波,频率大于 20kHz 的波称为超声波。人们说话时产生的声音波的范围约为 300Hz～3000Hz。声音质量通常是用声音信号的范围有多宽来衡量的。现在大家公认的声音质量分为以下四级:

①数字激光唱盘,简称 CD－DA(Compact Disc－Digital Audio)质量。

②调频无线电广播,简称 FM(frequency modulation)质量。

③调幅无线电广播,简称 AM(amplitude modulation)质量。

④电话(Telephone)质量。

它们的频率范围如图 7-5 所示,从图中可以看到,数字激光唱盘的声音质量最高,电话的声音质量最低。

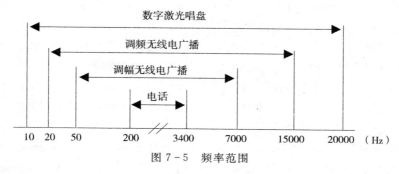

图 7-5 频率范围

在计算机中,所有的信息均以数字表示。各种命令表示为不同的数字,各种幅度的物理量也表示为不同数字。声音信号也用一系列数字表示,称之为数字音频。数字音频的特点是保真度好,动态范围大。

(2)计算机中常用于存储声音信息的文件格式

①MP3 文件格式

MP3 格式压缩音乐的典型比例有 10∶1、17∶1、甚至 70∶1。可以用 64kbps 或更低的采样频率节省空间,也可以用 320kbps 的标准达到极高的音质。

可以在大多数的音乐网站上下载到 MP3 文件,如: http://www. mp3. com 与 http:// www. emusic. com。不过用户应该知道的是按照 RIAA(Recording Industry Association of America)的规定无权传输未经授权的 MP3 文件。

② WAV 文件格式

WAV 是 Microsoft 公司的音频文件格式。用 Microsoft Sound System 软件 Sound Finder 可以将 AIF、SND 和 VOD 文件转换成 WAV 格式。WAV 格式具有很高的音质,但因为没有经过压缩,每分钟的音频约占用 10MB 的存储空间。WAV 文件没有版权保护,唯一阻碍人们用这种格式发布歌曲的原因是其文件所占存储容量相当大。

通过实践证明,如果录音技术较好,那么用 22.5kHz 的采样频率和 8 位的量化位数,也可以获得较好的音质,其效果可达到相当于 AM 音频的质量水平。

常用下载 WAV 的网站有 http://www. wavplace. com 等。苹果公司的 AIFF(Audio Interchange File Format)以及原来为 Unix 开发的 AU 格式,和 WAV 非常相像,虽然这几种文件互相之间不能通用,不过很多播放器都能同时支持这三种文件格式。

③MIDI 文件格式

乐器数字接口(musical instrument digital interface,简称 MIDI),是由世界上主要电子乐器制造厂商建立起来的一个通信标准,以规定计算机音乐程序、电子合成器和其他电子设备之间交换信息与控制信号的方法。MIDI 文件中包含音符、定时和多达 16 个通道的乐器定义,每个音符包括键、通道号、持续时间、音量和力度等信息。所以 MIDI 文件记录的不是乐曲本身,而是一些描述乐曲演奏过程的指令。

目前,MIDI 文件主要用于原始乐器作品,流行歌曲的业余表演,游戏音轨以及电子贺卡等,MIDI 文件可在 http://www.midi.net 等网站下载。

④ VOC 文件格式

VOC 文件是 Creative 公司波形音频文件格式,也是声霸卡(Sound Blaster)使用的音频文件格式。每个 VOC 文件由文件头块(header block)和音频数据块(data block)组成。文件头包含一个标识、版本号和一个指向数据块起始的指针。数据块分成各种类型的子块,如声音数据、静音、标记、ASCⅡ码文件,重复的结束,重复以及终止标志,扩展块等。

利用声霸卡提供的软件可以实现 VOC 和 WAV 文件的转换:

程序 VOC2WAV 转换 Creative 的 VOC 文件到 Microsoft 的 WAV 文件。

程序 WAV2VOC 转换 Microsoft 的 WAV 文件到 Creative 的 VOC 文件。

⑤WMA 文件格式

微软的 WMA(Windows Media Audio 7)是一种压缩的离散文件或流式文件,它提供了一个 MP3 之外的选择机会。WMA 相对于 MP3 的主要优点是在较低的采样频率下它的音质要好些。WMA 文件以 5kbps、8kHz 到 192kbps、44.1kHz 的采样频率录制。

一个提供 WMA 文件的站点是 http://www.musicblitz.com。

⑥RA 文件格式

Real Networks 是最大的流式媒体的名字,它的文件格式比较混乱:有 RA(Real Audio)、RM(Real Media,Real Audio G2)、RMX(Real Audio Secured),还有更多。很多网站把这些文件统称为"Real"。许多音乐网站如 http://www.emusic.com 提供了歌曲的 Real 格式的试听版本。

音频文件的格式还有许多,如:Liquid Audio、Optical Disc Formats 等。

(3)音频数据输入计算机的方法

音频数据输入计算机的方法,通常是使用 Windows 中的录音程序(Sound Recorder)或专用录音软件进行录制的。硬件方面则要求有声卡(音频输入接口),麦克风或收音机等声源设备(使用 Line in 输入口)。

下面列出了比较常见的几种用来录放、编辑和分析声音文件的声音工具:

①Windows 95/98 本身带的"Sound Recorder"

当你在英文版 Windows 95/98 的界面上单击:Start→Programs→Accessories→Multimedia/Entertainment→单击 Sound Recorder 之后就调出如图 7-6 所示的窗口。使用它可录音,作简单的声音编辑(如插入、删除等)。

②声音卡自带的工具

如果你的计算机安装有声卡,一般来说都附带有声音工具。例如,声霸(Sound Blaster)卡带有几种声音工具,通常要由用户自己安装。其中,功能比较强的是 Wave Studio,它的用户界面如图 7-7 所示。

图 7-6 Windows 的录音器

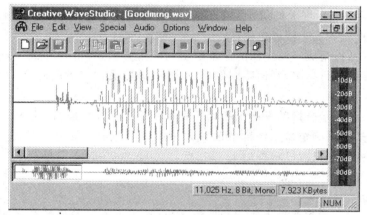

图 7-7 Creative Wave Studio Version 4.00 的用户界面

③网络上下载的工具

因特网上有许多站点提供试用的或者是免费的声音工具。图 7-8 所示的就是从 http://www.skycn.com/soft/6685.httml(浏览日期:2005 年 5 月 11 日)上下载供试用的 Cool Edit 工具,它很受声音研究工作者的欢迎。类似的工具还有 goldwave 公司的声音工具(网址:http://www.goldwave.com)。

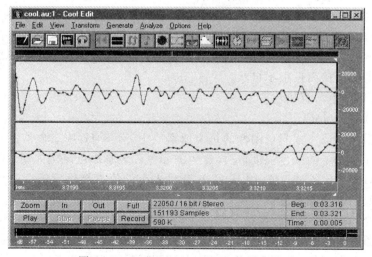

图 7-8 Cool Edit 2000V1.1 的用户界面

7.3.2　图像信息

（1）图像的三个基本属性

①分辨率

经常遇到的分辨率有两种：显示分辨率和图像分辨率。

显示分辨率是指显示屏上能够显示出的像素数目。例如，显示分辨率为 640×480 表示显示屏分成 480 行，每行显示 640 个像素，整个显示屏就含有 307200 个显像点。屏幕能够显示的像素越多，说明显示设备的分辨率越高，显示的图像质量也就越高。除像手提式那样的计算机用液晶显示 LCD(liquid crystal display)外，一般都采用 CRT 显示，它类似于彩色电视机中的 CRT。显示屏上的每个彩色像点由代表 R,G,B 三种模拟信号的相对强度决定，这些彩色像点就构成一幅彩色图像。

图像分辨率是指组成一幅图像的像素密度的度量方法。对同样大小的一幅图，如果组成该图的图像像素数目越多，则说明图像的分辨率越高，看起来就越逼真。相反，图像显得越粗糙。

图像分辨率与显示分辨率是两个不同的概念。图像分辨率是确定组成一幅图像的像素数目，而显示分辨率是确定显示图像的区域大小。如果显示屏的分辨率为 640×480，那么一幅 320×240 的图像只占显示屏的 1/4；相反，2400×3000 的图像在这个显示屏上就不能显示一个完整的画面。

②像素深度

像素深度是指存储每个像素所用的位数，它也是用来度量图像的分辨率。像素深度决定彩色图像的每个像素可能有的颜色数，或者确定灰度图像的每个像素可能有的灰度级数。例如，一幅彩色图像的每个像素用 R,G,B 三个分量表示，若每个分量用 8 位，那么一个像素共用 24 位表示，就说像素的深度为 24，每个像素可以是 $2^{24} = 16777216$ 种颜色中的一种。在这个意义上，往往把像素深度说成是图像深度。表示一个像素的位数越多，它能表达的颜色数目就越多，而它的深度就越深。

虽然像素深度或图像深度可以很深，但各种 VGA 的颜色深度却受到限制。例如，标准 VGA 支持 4 位 16 种颜色的彩色图像，多媒体应用中推荐至少用 8 位 256 种颜色。由于设备的限制，加上人眼分辨率的限制，一般情况下，不一定要追求特别深的像素深度。此外，像素深度越深，所占用的存储空间越大。相反，如果像素深度太浅，那也影响图像的质量，图像看起来让人觉得很粗糙而且很不自然。

③真彩色、伪彩色与直接色

◆真彩色(true color)

真彩色是指在组成一幅彩色图像的每个像素值中，有 R,G,B 三个基色分量，每个基色分量直接决定显示设备的基色强度，这样产生的彩色称为真彩色。例如用 RGB 5∶5∶5 表示的彩色图像，R,G,B 各用 5 位，用 R,G,B 分量大小的值直接确定三个基色的强度，这样得到的彩色是真实的原图彩色。

在许多场合，真彩色图通常是指 RGB 8∶8∶8，即图像的颜色数等于 2^{24}，也常称为全彩色(full color)图像。但在显示器上显示的颜色就不一定是真彩色，要得到真彩色图像需要有真彩色显示适配器，目前在 PC 上用的 VGA 适配器是很难得到真彩色图像的。

◆伪彩色(pseudo color)

伪彩色图像的含义是,每个像素的颜色不是由每个基色分量的数值直接决定,而是把像素值当作彩色查找表(color look-up table,CLUT)的表项入口地址,去查找一个显示图像时使用的 R,G,B 强度值,用查找出的 R,G,B 强度值产生的彩色称为伪彩色。

彩色查找表 CLUT 是一个事先做好的表,表项入口地址也称为索引号。例如 16 种颜色的查找表,0 号索引对应黑色……15 号索引对应白色。彩色图像本身的像素数值和彩色查找表的索引号有一个变换关系,这个关系可以使用 Windows 95/98 定义的变换关系,也可以使用你自己定义的变换关系。使用查找得到的数值显示的彩色是真的,但不是图像本身真正的颜色,它没有完全反映原图的彩色。

◆直接色(direct color)

每个像素值分成 R,G,B 分量,每个分量作为单独的索引值对它做变换。也就是通过相应的彩色变换表找出基色强度,用变换后得到的 R,G,B 强度值产生的彩色称为直接色。它的特点是对每个基色进行变换。

用这种系统产生颜色与真彩色系统相比,相同之处是都采用 R,G,B 分量决定基色强度,不同之处是前者的基色强度直接用 R,G,B 决定,而后者的基色强度由 R,G,B 经变换后决定。因而这两种系统产生的颜色就有差别。试验结果表明,使用直接色在显示器上显示的彩色图像看起来真实、自然。

(2)图像信息在计算机中的表示

在计算机中,表达图像和计算机生成的图形图像有两种常用的方法:一种叫做是矢量图(vector based image)法,另一种叫点位图(bit mapped image)法。矢量图是用一系列计算机指令来表示一幅图,如画点、画线、画圆等。这种方法实际上是数学方法来描述一幅图,用绘图程序实现。由于图像不像图形那样有明显规律的线条,因此在计算机中难以用矢量来表示,基本上只能用点阵来表示。数字图像的最小元素称为像素(pixel),数字图像的大小是由"水平像素数×垂直像素数"来表示的。显示时,每一个显示点(dot)通常用来显示一个像素(pixel),普通 PC 显示模式中,VGA 模式的全屏幕显示就是由 640 像素/行×480 行＝307200 像素来组成的。

(3)计算机中常用的用于存储图像信息的文件格式

①BMP 文件格式

位图文件(bitmap file,BMP)格式是 Windows 采用的图像文件存储格式,是一种与设备无关的图像文件格式,它是 Windows 软件推荐使用的一种格式,但它所占的存储容量非常大。

位图文件可看成由 4 个部分组成:位图文件头(bitmap file header)、位图信息头(bitmap information header)、彩色表(color table)和定义位图的字节阵列。

②GIF 文件格式

图形变换格式(graphics interchange format,简称 GIF)是由美国最大的增值网络公司 CompuServe 开发的图像文件存储格式。现在非常流行,适合在网上传输交换。

GIF 文件格式采用了 LZW 压缩算法来存储图像数据,定义了允许用户图像设置背景的透明属性。此外,GIF 文件格式可在一个文件中存放多幅彩色图形/图像。如果在 GIF 文件中存放有多幅图,它们可以像幻灯片那样显示和像动画那样演示。

③JPEG 文件格式

JPEG(和 JPG)是一种图像压缩标准,JPEG 委员会在制定 JPEG 标准时,定义了许多标记(marker)用来区分和识别图像数据及相关信息。它具备的两大优点是:文件数据量小并能够保存 24 位真彩色的能力。

④PNG 文件格式

流式网络图形格式(portable network graphic,简称为 PNG),名称来源于非官方的"PNG's Not GIF",是一种位图文件存储格式,读成"ping"。PNG 用来存储灰度图像时,灰度图像的深度可多到 16 位,存储彩色图像时,彩色图像的深度可多到 48 位,并且还可存储多到 16 的 α 通道数据。PNG 采用从 LZ77 派生的无损数据压缩算法。PNG 是 20 世纪 90年代中期开始开发的图像文件存储格式,其目的是企图替代 GIF 文件格式。

此外还有常用的. TIF、. PCX、. TGA、. PSD 等许多格式。这些图像输入到计算机的方法,主要采用图像专用输入设备(如:扫描仪、数码相机等)。

7.3.3　视频信息

(1)视频信息在计算机中的表示

视频也称动态图像,它与电影(movie)和电视原理基本是一样的,都是利用人眼的视觉暂留现象,将大量的画面(frame,帧)连续播放,只要能够达到每秒 20 帧以上,人的眼睛就觉察不出画面之间的不连续。电影是以每秒 24 帧的速度播放,而电视则根据视频标准而定,有每秒 25 帧(PAL 制,中国用)和每秒 30 帧(NTSC 制,北美用)之分。

视频的每一帧,实际上就是一幅静态图像,所以视频所占存储容量更加庞大,因为每播放一秒钟的视频信息就需要 20~30 幅静态图像。但是,视频图像中的每幅图像之间变化不大,因此,在对每幅图像进行 JPEG 压缩之后,还可以采用运动补偿算法去掉时间方向上的冗余信息,这就是 MPEG 动态图像压缩技术。

(2)计算机中常用的用于存储视频信息的文件格式

①AVI 文件格式

AVI 是 Audio Video Interleaved 的缩写,Windows 所使用的动态图像格式,不需要特殊的设备就可以将声音和影像同步播出。这种格式的数据量较大。

②MPG 文件格式

MPG 是 MPEG(Moving Picture Expert Group)指定的压缩标准所确定的文件格式,供动画和视频影像用。这种格式数据量较小。

③ASF 文件格式

ASF(advanced stream format)是微软采用的流式媒体播放的文件格式,比较适合在网络上进行连续的视像播放。

这些视像信息输入到计算机的方法,主要采用视像专用输入设备(如:摄像机、录像机和电视机等视频设备的 AV 输出信号),送至 PC 机内视频图像捕捉卡进行数字化而实现的。数字化的图像通常以. AVI 格式存储,如果图像卡具有 MPEG 压缩功能,或用软件对. AVI 进行压缩,则以 MPG 格式存储。新型的数字化摄像机,可以直接得到数字化图像,不再需要通过视频捕捉卡,而能直接从 PC 的并行口、SCSI 口或 USB 口等数字接口输入给计算机。

（3）多媒体信息常用的物理存储介质简介

①CD 系列产品

自从 1981 年激光唱盘上市以来，开发了一系列 CD 产品，而且还在不断地开发新的产品，VCD 仅仅是其中的一个产品，目前市场上的 CD 产品如图 7-9 所示。

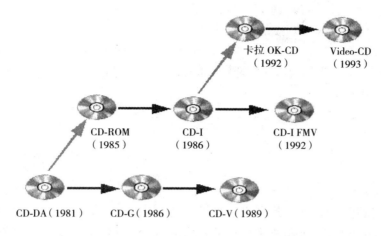

卡拉 OK-CD
（1992）

Video-CD
（1993）

CD-ROM
（1985）

CD-I
（1986）

CD-I FMV
（1992）

CD-DA（1981）　　　CD-G（1986）　　　CD-V（1989）

图 7-9　常见 CD 产品

CD 原来是指激光唱盘，即 CD-DA（compact disc-digital audio），用于存放数字化的音乐节目，现在，通常把图 7-9 所列的 CD-G（graphics）、CD-V（video）、CD-ROM、CD-I（interactive）、CD-I FMV（full motion video）、卡拉 OK（karaoke）CD、Video CD 等通称为 CD。尽管 CD 系列中的产品很多，但是它们的大小、重量、制造工艺、材料、制造设备等都相同，只是根据不同的应用目的存放不同类型的数据。

②VCD 标准

Video CD（VCD）是由 JVC、Philips、Matsushita 和 Sony 联合定义的数字电视视盘技术规格，它于 1993 年问世，盘上的声音和电视图像都是以数字的形式表示的。1994 年 7 月发布了"Video CD Specification Version 2.0"，并命名为 White Book（白皮书）。该标准描述的是一个使用 CD 格式和 MPEG-1 标准的数字电视存储格式。Video CD 标准在 CD-Bridge 规格和 ISO 9660 文件结构基础上定义了完整的文件系统，这样就使 VCD 节目能够在 CD-ROM、CD-I 和 VCD 播放机上播放。

③DVD 简介

VCD 和 DVD 都是光学存储媒体，但 DVD 的存储容量和带宽都明显高于 CD。

DVD 原名是 digital video disc 的缩写，意思是"数字电视光盘（系统）"，这是为了与 Video CD 相区别。实际上 DVD 的应用不仅仅是用来存放电视节目，它同样可以用来存储其他类型的数据，因此又把 digital video disc 更改为 digital versatile disc，缩写仍然是 DVD，versatile 的意思是多才多艺。

DVD 的特点是存储容量比现在的 CD 盘大得多，最高可达到 17 GB。一片 DVD 盘的容量相当于现在的 25 片 CD-ROM（650 MB），而 DVD 盘的尺寸与 CD 相同。

④EVD 简介

EVD（全称高密度数字激光视盘系统）是 DVD 的升级产品，EVD 的清晰度是普通 DVD

的五倍。但如果用普通电视机观看，DVD 和 EVD 的画面效果并不明显，只有用高清电视和平板电视播放才能体现 EVD 更为清晰的优势。用 EVD 较直观的感觉就是，该机在视觉方面的清晰度，它的分辨率达到了 1920×1080；若按容量清晰度来对比的话，EVD 机是 DVD 机的 5 倍左右。不言而喻，若能用高清晰度电视机来显示同样是高清晰度的 EVD 碟片，可以欣赏到高画质的视频图像。EVD 的碟片直径与以往 VCD 和 DVD 的尺寸相同，对应节目信息量的大小有 D5 和 D9 规格。

EVD 机还附带一些较实用的功能，如使用者可以播放现成的或自行制作的包含有 JPEG 格式的图片、MP3 音乐以及文档资料的盘片，在大屏幕电视机上显示，完成类似于配乐家庭相册的功能。

7.4　多媒体的应用

7.4.1　教育与培训

多媒体在教育中的应用，是多媒体最重要的应用之一，也有着非常大的市场。多媒体教育综合运用多种媒体，采用图文并茂的教学方式，可以加深学习者的印象，增强其记忆力，达到事半功倍的作用。多媒体教学主要包括了多媒体计算机辅助 CAI 课程教学和远程交互式视像教学。计算机、多媒体和网络的引入，使得以往教学必须在同一时间、同一地点、被动式的学习，变为可以自选时间、可在远程学习，而且是主动式学习。这种方式有效地提高了人们学习的主观能动性，提高了教育质量，使"虚拟学校"和"全球学校"的建立成为可能。

（1）多媒体 CAI 课程

图文声像并茂的多媒体计算机辅助教学课程，由于其形象生动，信息量大，学习者为交互式的主动学习，学习效果非常好。多媒体 CAI 课程，包括了教师采用多媒体手段进行辅助课堂教学，以 CD-ROM 为介质发行的多媒体计算机自学课程，以及基于计算机网络的采用超媒体手段的 CAI 课程等。

（2）远程视像教学

它的技术原理与视像会议比较接近，即利用了多媒体和计算机网络技术。它与传统的电视大学的教学方式不同是：传统电视教学学员是被动式的学习，而基于网络的远程视像教学上学员是自主选择学习，可以进行交互、讨论，达到"面对面"的教学效果。这使得距离相隔较远的学生可以在"一起"学习。

（3）多媒体教学资源库

多媒体教学资源库，将包括多媒体的教学素材库、优秀课件库和多媒体题库三大部分，它将是教育系统广泛采用多媒体技术，彻底改革旧的教学内容和教学方法的重要基础。有了内容丰富的多媒体教学资源库，就可以让大部分教师都能结合自己的课程，方便地利用多媒体来进行教学，有效地提高教学质量和教学效率。

7.4.2　娱乐与家庭使用

多媒体的音乐、影像、游戏使人们得到更高品质的娱乐享受，市场上这一类软件琳琅满目。而且随着多媒体技术的不断发展,家庭办公、电脑购物、电子信函、电子家务等都将成为人们日常生活的组成部分。它不但提高了现代家庭的生活质量,也大大促进了多媒体信息家电和消费信息业的发展。

（1）多媒体游戏

逼真的动态三维图像和音响效果的多媒体游戏,非常受欢迎。好的游戏软件,能在娱乐中给人们以灵敏的眼手配合操作的训练,并且能够开发智力、提高创造与管理能力。

（2）可视电话

多少年来,人们都期望能在通电话的同时,看到远在千里的亲友的容貌。现在,在高速的计算机网络上已经得到了实现,这完全归功于多媒体技术的发展。不久的将来,即可在低速的网络上实现。

（3）视频点播

又称为 VOD(video on demand),包括音乐点播,都是能按照用户的意愿,从数字化的影像和音乐资料库里任意点播自己所希望播放的视像和音乐节目。这避免了每个用户都必须准备大量音像资料的麻烦,因为大型的音像资料服务器,可以将资料收集得很全,又可同时为许多人服务。

（4）网上购物

在网络上能快速地找到自己所要的物品,经过对该物品用多媒体方式表现的信息详细研究后,就输入信用卡号码进行网上购物。到市场购物,往往要花费人们大量时间,网上购物就是利用多媒体计算机用信用卡把物品买下,送货人员很快把它送到你的手中。

7.4.3　办公与协作

（1）多媒体办公环境

多媒体办公环境包括办公设备和管理信息系统等。由于增加了图、声、像的处理能力,增进了办公室自动化程度,比起单纯的文字处理更加增进人们对工作的兴趣,提高工作效率,这也是社会进步的一个重要表现。

（2）视像会议

社会发展到现在,已进入世界范围内合作的阶段。计算机支持的 CSCW 协同工作环境,使得一个群体能通过多媒体计算机网络协同工作完成一项共同的任务。从工业产品的协同设计制造,到医疗上的远程会诊;从科学研究的共同探讨学术交流,到师生间的协同式教学。视像会议是多媒体协同工作重要的手段,它提供了几乎是面对面的图文声像的交流。

7.4.4　电子商务

电子商务是多媒体应用一个很大的市场。多媒体应用于电子商务,主要应用在公司产品信息的多媒体方式发布和搜索,视像商务洽谈等许多电子商务的主要环节之中。多媒体技术的应用,使得客户不仅能通过多媒体的光盘,还可以通过网络联机方式,对公司的产品和服务信息、产品开发速度、产品演示及实时更新的多媒体目录进行交互式访问。同时它还特别适合于公司通过联机方式销售自己的产品,因为对于顾客来说,它是在一个可视的网上购物商店。多媒体还比较适合于提供可视的网上售后服务,增加顾客的满意程度。

7.4.5　设计与创作

多媒体技术的出现,给各类艺术家提供了极大的创作空间和极好的创作手段。计算机绘画功能已经大大促进了广告设计行业的发展;影视业中使用数码编辑、图像变形等技术,使得影视效果得到了极大的加强,出现了像"泰坦尼克"、"指环王"、"侏罗纪公园"等优秀的影视佳作。同时也使电视台的片头和各类广告更加丰富多彩,更加吸引人们的"眼球"。3D图像设计,则使得建筑师有了更好的表现自己设计作品的手段,使设计作品更加完美。同样,数码音响编辑设计手段和 MIDI 乐器的创作能力,使音乐家也能创作出许多震撼人心的音乐佳作。

总之,多媒体技术在各种不同的信息领域中的广阔应用,必将开创信息处理技术崭新的局面。

练 习 题

一、单项选择题

1. 超文本是一个( )结构。

A. 顺序的树形　　　　B. 非线性的网状　　　　C. 线性的层次　　　　D. 随机的链式

2. 一般说来,要求声音的质量越高,则( )。

A. 分辨率越低和采样频率越低　　　　　　B. 分辨率越高和采样频率越低

C. 分辨率越低和采样频率越高　　　　　　D. 分辨率越高和采样频率越高

3. 多媒体数据具有( )特点。

A. 数据量大和数据类型少

B. 数据类型区别大和数据类型少

C. 数据量大、数据类型多、数据类型区别小、输入和输出不复杂

D. 数据量大、数据类型多、数据类型区别大、输入和输出复杂

4. CD-ROM ( )。

A. 仅能存储文字　　　　　　　　　　B. 仅能存储图像

C. 仅能存储声音　　　　　　　　　　D. 能存储文字、声音和图像

5. 常用的多媒体输入设备是( )

A. 显示器　　　　　B. 扫描仪　　　　　C. 打印机　　　　　D. 绘图仪

6. 位图与矢量图比较,可以看出( )。

A. 对于复杂图形,位图比矢量图画对象更快

B. 对于复杂图形,位图比矢量图画对象更慢

C. 位图与矢量图占用空间相同

D. 位图与矢量图占用空间更少

7. 请根据多媒体的特性判断以下( )属于多媒体的范畴。

(1)彩色画报　　(2)有声图书　　(3)交互式视频游戏　　(4)彩色电视

A. 仅(3)　　　　　B.(2),(3)　　　　　C.(2),(3),(4)　　　　　D. 全部

8. 数字视频的重要性体现在(　　　)。

(1)可以用新的与众不同的方法对视频进行创造性编辑　(2)可以不失真地进行无限次拷贝　(3)可以用计算机播放电影节目　(4)易于存储

  A. 仅(1)　　　　　　　B. (2),(3)　　　　　　C. (1),(2),(3)　　　　D. 全部

9. 下列(　　　)说法不正确。

  A. 电子出版物存储容量大,一张光盘可以存储几百本长篇小说

  B. 电子出版物媒体种类多,可以集成文本、图形、图像、动画、视频和音频等多媒体信息

  C. 电子出版物不能长期保存

  D. 电子出版物检索信息迅速

10. 下述声音分类中质量最好的是(　　　)。

  A. 数字激光唱盘　　　　　　　　　　　B. 调频无线电广播

  C. 调幅无线电广播　　　　　　　　　　D. 电话

11. 下列说法错误的是(　　　)。

  (1) 图像都是由一些排成行列的点(像素)组成的,通常称为位图或点阵图

  (2) 图形是用计算机绘制的画面,也称矢量图

  (3) 图像的最大优点是容易进行移动、缩放、旋转和扭曲等变换

  (4) 图像文件中只记录生成图的算法和图上的某些特征点,数据量较小

  A. 仅(2)　　　　　　　B. (1),(4)　　　　　　C. 仅(3)　　　　　　　D. (3),(4)

12. 音频卡是按(　　　)分类的。

  A. 采样频率　　　　B. 采样量化位数　　　C. 声道数　　　　　D. 压缩方式

13. 数字音频采样和量化过程所用的主要硬件是(　　　)。

  A. 数字编码器

  B. 数字解码器

  C. 模拟到数字的转换器(A/D 转换器)

  D. 数字到模拟的转换器(D/A 转换器)

14. 视频卡的种类很多,主要包括(　　　)。

  (1) 视频捕捉卡　　　(2) 电影卡　　　(3) 电视卡　　　(4) 视频转换卡

  A. (1)　　　　　　　　B. (1)(2)　　　　　　C. (1)(2)(3)　　　　　D. 全部

15. 在多媒体计算机中常用的图像输入设备是(　　　)。

  (1)数码照相机　　　(2)彩色扫描仪　　　(3)视频信号数字化仪　　　(4)彩色摄像机

  A. (1)　　　　　　　　B. (1)(2)　　　　　　C. (1)(2)(3)　　　　　D. 全部

16. 下面硬件设备中哪些是多媒体硬件系统应包括的(　　　)。

  (1)计算机最基本的硬件设备　　　(2)CD-ROM

  (3)音频输入、输出和处理设备　　　(4)多媒体通信传输设备

  A. (1)　　　　　　　　B. (1)(2)　　　　　　C. (1)(2)(3)　　　　　D. 全部

17. 下面用于存储图像信息的文件格式中(　　　)一般不用在网页中。

  A. GIF　　　　　　　B. BMP　　　　　　　C. JPEG　　　　　　　D. PNG

18. 超文本和超媒体中不同信息块之间的连接是通过(　　　)连接。

A. 节点　　　　　　　B. 字节　　　　　　　C. 链　　　　　　　　D. 字

19. VGA 的中文名是（　　）。

　　A. 网卡　　　　　　　　　　　　　　　B. 声卡

　　C. 视频图形适配器　　　　　　　　　　D. 中央处理器

20. MPC 的中文名是（　　）。

　　A. 多媒体计算机　　　　　　　　　　　B. 多媒体个人计算机

　　C. 个人计算机　　　　　　　　　　　　D. 微机

二、简答题

1. 名次解释：媒体、超媒体、多媒体、多媒体技术。

2. 超文本和超链接的主要区别是什么？

3. 阐述多媒体计算机系统的组成。

4. 音频、图像、视频信息在计算机如何表示？它们常见的格式有哪些？

5. 阐述多媒体技术的主要应用。

6. 为什么要压缩多媒体信息？

7. 什么叫位图？什么叫矢量图？

8. 说出五种常用的多媒体设备。

三、上机练习题

1. 尝试组装一台多媒体电脑，注意分辨各种配件。

2. 尝试使用麦克风和声音工具录制和编辑声音。

3. 尝试使用 Photoshop 等图形图像工具编辑图片。

第 8 章 计算机网络基础与 Internet 应用

【本章要点】

本章介绍了计算机网络技术中最基本的一些概念和知识,并重点介绍了计算机局域网技术,同时也对计算机互联网络技术的相关概念及其应用做了介绍。

【核心概念】

计算机网络 通信协议 网络系统的体系结构 网络分层结构模型 ISO/OSI 模型 局域网 硬件的基本组成 局域网软件的基本组成 局域网的拓扑结构 局域网标准 IEEE802 客户机/服务器结构(Client/Server) 网络互联 中继系统 互联设备 TCP/IP 协议集 IP 地址 E-mail WWW FTP

8.1 计算机网络概述

8.1.1 计算机网络的产生与发展

自从世界上第一台计算机产生以来,它给人类社会带来了革命性的发展,它能帮助人们处理以前无法完成的问题。尽管计算机能够在很短的时间内处理大量的信息,但是它的工作范围毕竟是有限的。随着大量的计算机深入到人们的生活之中,如何简便地在计算机之间交换数据成为人们研究的对象,于是,计算机网络技术应运而生了。从实质上讲,计算机网络是信息处理技术和信息传播技术的结合,因此,可以说计算机网络是计算机技术和现代通信技术相结合的产物。

计算机网络的发展经过了以下的几个阶段:

(1)早期的计算机网络

早在 1951 年,美国麻省理工学院林肯实验室就开始为美国空军设计称为 SAGE 的半自动化地面防空系统。它被认为是计算机技术和通信技术结合的先驱。到了 20 世纪 60 年代初,美国建成了全国性航空飞机订票系统,用一台中央计算机联结 2000 多个遍布全国各地的终端,用户通过终端进行操作。这些应用系统的建立,构成了计算机网络的雏形。在那时的计算机网络中,计算机是网络的中心和控制者,终端围绕中心计算机分布在各处,而计算机的任务是成批进行数据的处理。

(2)计算机网络的成型时期

现代意义上的计算机网络是从 1969 年美国国防部高级研究计划局(DARPA)建成的 ARPANET 试验网开始的。当时网络上只有 4 个结点,分别是 UCLA、UCSB、SRI 和犹他大学,两年后建成了 15 个结点。此后,ARPANET 的规模不断扩大,很快就扩展到整个美国。到 20 世纪 70 年代后期,网络结点超过 60 个,主机 100 多台。ARPANET 的最大贡献可以说是研究出了 TCP/IP 协议,这为今后 Internet 的发展奠定了坚实的基础。那时的计算机网络是多台主计算机通过通信线路连接起来，其目的是相互共享资源。

（3）计算机网络的发展阶段

1983年1月1日TCP/IP成为ARPANET上唯一的正式协议之后，ARPANET的规模开始飞速的增长，1984年，ARPANET分为ARPANET民用科研网和MILNET军用计算机网，1986年美国国家科学基金会（NSF）建立了NSFNET，后来它接管了ARPANET，更名为Internet，从此，互联网的时代开始了。目前，计算机网络是一个热门课题，应用需求极为广泛。计算机网络伴随着计算机已成为人们工作、学习、生活中不可缺少的一部分。

8.1.2　计算机网络的概念与组成

究竟什么是计算机网络呢？简单地说，计算机网络指的是由通信线路互相连接的许多自主工作的计算机构成的集合体。其中"自主工作"就排除了计算机之间主从关系的可能性，也就是说，如果相互连接的机器中，除了一台可以自主工作，而其他的都必须受到这台机器的控制而不能自主工作，那么们就不将这些相互连接的计算机称为一个计算机网络。在典型的计算机网络中，信息是以包为单位进行传送的，包是用来将通过计算机网络传输的信息进行包装的一种数据结构，它主要由包头、数据和包尾构成。

计算机网络主要由三个部分组成，即主机、通信子网和一系列的协议，如图8-1所示。

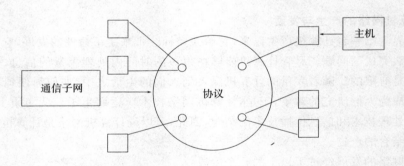

图8-1　计算机网络主要组成部分

图8-1中的主机主要是起到向用户提供服务的作用，是用户和网络之间进行交换的平台，它可以提供资源，也可以请求资源；通信子网（以下简称为"子网"）是由一些专用的结点交换机和连接这些结点的通信链路组成，它是用来保证整个计算机网络通信的传输部分，传送由信息组成的报文，并在相邻结点之间完成互相通信的控制，消除各种不同通信网络技术之间的差异，保证计算机之间通信的正确，可以说通信子网是计算机网络的核心部分；协议起到的是规范主机之间或主机和子网之间通信的作用，它是通信规则的集合，规定了通信双方所要完成的操作等。

最简单的计算机网络连接是两台计算机直接相互连通所形成的系统，而现实中，绝大多数计算机的连接不会是两台机器的互连，而是通过通信子网连接在一起，通信子网中结点的互连模式叫做子网的拓扑结构。任何一个计算机网络都可以用一个拓扑图来表示，常见的计算机网络拓扑结构如图8-2所示。

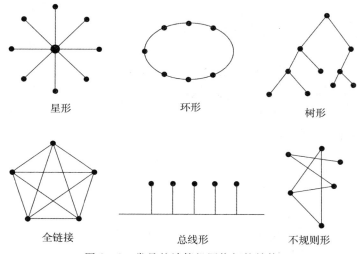

图 8-2　常见的计算机网络拓扑结构

8.1.3　计算机网络的分类

（1）按照网络的拓扑结构，可将计算机网络分为：星形网、环形网、树形网、全连接网、总线形网和不规则形网。它们都有各自的特点，如：星形网的特点是功能集中，有一定的集中控制能力，但扩充性差；总线形网结构简单易用，但是线路利用率低等。

（2）按照覆盖范围大小，可将计算机网络分为：局域网、城域网、广域网和互联网。它们各自的覆盖范围如表 8-1 所示。

表 8-1　计算机网络分类比较

网络分类	缩写	分布距离大约	计算机位于一个	传输速率范围
局域网	LAN	10m	房间	4Mbps ~ 2Gbps
		100m	建筑物	
		1000m	校园	
城域网	MAN	10km	城市	50Kbps ~ 100Mbps
广域网	WAN	100km	国家	9.6Kbps ~ 45Mbps
互联网	Internet	100km以上	全球	9.6Kbps ~ 45Mbps

（3）按照网络的使用范围，可将计算机网络分为：公用网和专用网。公用网一般指大多数人都可以使用的计算机网络，如：CHINANET（中国公用计算机互联网）、CERNET（中国教育和科研计算机网）等；而专用网指的是应某些要求而建立的只供少数人或单位使用的计算机网络，如：银行的内部网络等。

（4）按照交换功能，可将计算机网络分为：电路交换、报文交换、分组交换和混合交换。交换是计算机网络中一个非常重要的概念，由于信息在网络中要挑选较合适的线路从一台计算机传送到另一台计算机,中间要多次转发,网络中的结点将一个方向来的信息按当时网络状况将其切换到另一个方向传出,这个过程就叫做"交换"。

①电路交换:指的是在双方通话之前,主叫端首先发出呼叫,并等待被叫端响应,若呼叫成功,则在主叫端和被叫端之间建立一条实际的物理通路,然后双方进行通话,一旦连接建立了就不能被打断,直到通话结束。具体情况如图8-3所示。电路交换的特点是:有一个建立连接、传输数据、释放连接的过程,建立连接需要等待较长的时间,一旦建立,通路专用,不受干扰,适合传输大量数据。最简单的例子就是电话交换系统。

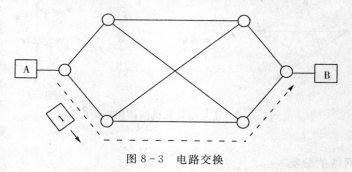

图8-3 电路交换

②报文交换:首先把要发送的信息组成一个数据包——报文,报文中含有目标结点,完整的报文在网络中一站、一站的发送,传输过程中,传到某一结点时,首先要将该报文存储在这个结点中,然后根据当时网络的情况选择下一结点,所以在每个结点上都有一个存储转发的过程。具体情况如图8-4所示。报文交换的特点是:不需要建立专用的线路,所以线路利用率较高,但是由于有存储转发的过程,而且是整个报文传送,所以要求交换结点要有足够大的存储空间。

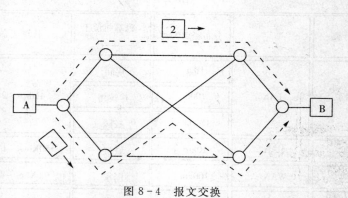

图8-4 报文交换

③分组交换:分为两种方式,一种叫数据报,一种叫虚电路。其中,数据报类似于报文交换,只是对数据包做了限制,将大的报文分割成一个一个小的包,即对报文进行分组,这样交换结点只要一个小的缓冲区就可以了。然后传输过程和报文交换一样,只是由于到达目的地时各分组的次序可能被打乱,所以在目标端要有重排功能,一般通信双方都有一个设备叫PAD(packet assembly and disassembly device,分组拆装设备),用来完成对报文进行分组和重装的功能,如图8-5所示。而虚电路则类似于电路交换,只是它采用虚呼叫,传输过程中线路可以共享。

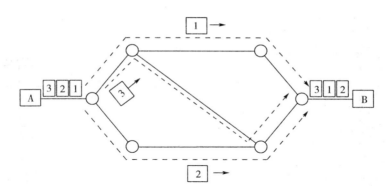

图 8 - 5　分组交换

8.1.4　网络体系结构与协议

（1）网络体系结构与协议

为了更好地描述复杂的计算机网络，以便将各种复杂的网络问题划分成许多较小的、简单的部分来处理，人们把一组相近的功能放在一起，形成网络的一个结构层次，这样，每一台网络计算机的网络通信部分都被划分成若干层次，每一个层次都能完成某一组确定的网络功能，这种分层的结构就叫计算机网络的层次化结构。

在计算机网络中协议起到规范主机之间或主机和子网之间通信的作用。所谓计算机网络协议，就是通信双方事先约定的通信规则的集合。例如：两个会中文的人能够交流，就是因为他们遵守了"中文"这个协议，网络通信也是同样的道理，两个端点能够相互通信，就必定要遵守同一个协议，否则就像一个只会英文的人和一个只会中文的人说话那样，无法交流。通常，一个网络协议主要包含以下三个要素：

①语法（syntax）：即数据与控制信息的结构和格式，包括数据格式、编码及信号电平等。

②语义（semantics）：是用于协调和差错处理的控制信息。如需要发出何种控制信息完成何种动作以及做出何种应答等。

③定时（timing）：即对有关事件实现顺序的详细说明，如：速度匹配、排序等。

通常将网络协议以及网络各层功能和相邻接口协议规范的集合称为网络体系结构。简单来说，网络体系结构是层次化的系统结构，它可以看作是对计算机网和它的部件所执行功能的精确定义。它把网络系统的通路，分成一些功能分明的层，各层执行自己所承担的任务，依靠各层之间的功能组合，为用户或应用程序提供访问另一端的通路。常见的计算机网络体系结构有 DEC 公司的 DNA（数字网络体系结构）、IBM 公司的 SNA（系统网络体系结构）等。为解决不同的计算机系统、不同的操作系统以及不同的网络之间的通信，国际标准化组织（ISO）提出了开放系统互联参考模型（ISO/OSI）。

（2）ISO/OSI 标准

ISO/OSI 模型是国际标准，它将计算机网络分为七层，从低到高分别为：物理层、数据链路层、网络层、传输层、会话层、表示层和应用层，如图 8 - 6 所示。

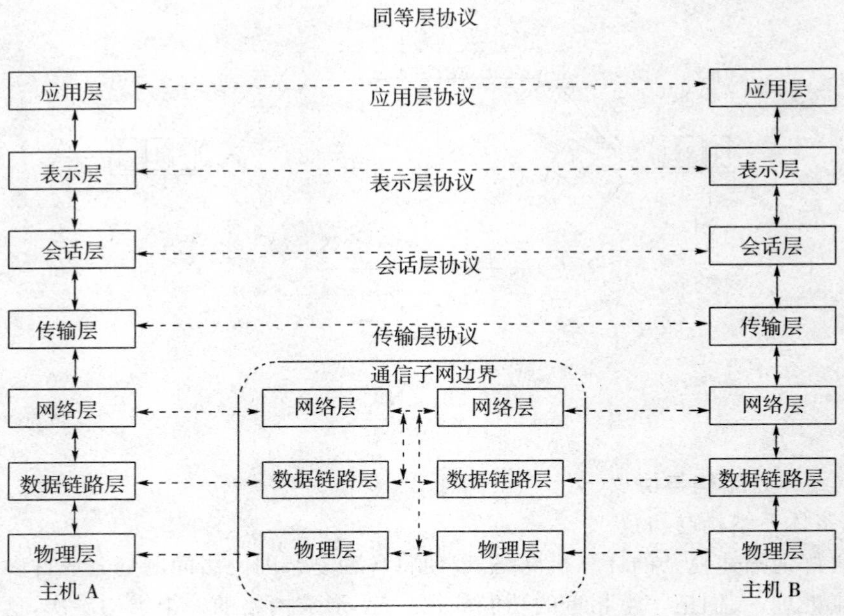

同等层协议

图 8-6　ISO/OSI 模型

ISO/OSI 的每个层次都有自己特定的功能,各层的主要功能如下:

①物理层:位于最底层的位置,承担每台计算机之间信息的实际传递,规定通信设备机械的、电气的、功能的和过程的特性,用于建立、维持和释放数据链路实体之间的连接。

②数据链路层:实现与相邻结点的无差错通信。为网络层提供设计良好的服务接口,确定如何将物理层的比特组装成帧,处理传输差错,调整帧的流速。

③网络层:控制子网的运行过程。主要解决如何将分组从源端路由到目标端的问题,也就是路由选择的问题。

④传输层:基本功能是接受来自上一层的数据,并且在必要的时候把这些数据分割成小的单元,并保证这些数据单元在两个端点之间可靠的、正确的传输。

⑤会话层:允许不同机器上的用户之间建立会话。会话通常指的是各种服务,包括:对话控制、令牌管理和同步功能。支持两个表示层实体之间的交互作用。

⑥表示层:表示层以下的各层关注的是如何传递数据,而表示层关心的是所传递信息的语法和语义,使应用层能够解释数据的含义。

⑦应用层:直接面对端用户,所完成的是计算机实际的工作。该层包含了各种各样的协议,而这些协议往往针对用户特定的需求。管理开放系统的互联,包括系统的启动、维持和终止。这一层的功能最强、最复杂同时也是最不成熟的一层。

目前在 Internet 上主要流行的是 TCP/IP 参考模型,与 ISO/OSI 模型相反的是,TCP/IP 模型本身并不是一个制订的标准,只是在广泛的应用中慢慢地变成普遍认可的标准。TCP/IP 模型与 IOS/OSI 模型的各层比较如图 8-7 所示。这里就不再详细介绍。

图 8 - 7　TCP/IP 模型与 ISO/OSI 模型比较

8.2　计算机局域网络

8.2.1　局域网概述

局域网(local area network,简称 LAN)又叫局部区域网,是一种在较小的地理范围内,利用通信线路和通信设备将各种计算机和数据设备互联起来,实现数据通信和资源共享的计算机网络。一般来说它覆盖的地理区域比较小,如:同一建筑、同一学校内等,连接到局域网上的不一定只限于计算机和网络设备,还可以有打印机、传真机以及其他一些外设。由于局域网连接简单、维护容易、成本低,所以发展很快。

(1)局域网特点

①主要联网对象是微机

LAN 中的计算机可以是微型计算机、小型机或大型机以及其他数据设备。但由于微机价格便宜、使用普遍而成为 LAN 的主要联网对象,而且可连接几百个相互独立的设备。

②网络覆盖范围小

LAN 的地理范围可以小到一个房间,一栋大楼,一个机关、学校,或者大到几公里的区域内。一般认为 LAN 的覆盖范围在 0.1km ~ 10km 之间。

③传输速率高

传输速率较高,其传输速率一般在 Mbps 数量级,高速 LAN 可达数百 Mbps 或更高。

④误码率低

由于 LAN 通信距离短,信道干扰小,数据设备传输质量高,因此误码率较低。一般 LAN 的误码率在百万分之一以下。

除此之外,局域网还有易于安装、配置和维护,能进行广播和组播等特点。

(2)局域网作用

①网络资源共享

LAN 内的硬件资源和软件资源都可以进行有效的共享。较贵的硬件资源如:打印机、传真机等,连入 LAN 便可以共享使用,既方便了用户,又提高了资源的使用率。软件资源包括各种数据资料(如数据库)、文件信息和各种应用软件等。网络中的各工作站在使用服务器端的软件资源时都可像使用本机的资源一样使用这些软件资源。

②信息发布

LAN 中的用户可以通过 Web 服务器,在 Web 页面上以图、文、声并茂的多媒体方式,向全 LAN 用户发布各种信息。

③电子邮件

E-mail 是 LAN 中必不可少的重要功能,是快捷方便、经济有效的一种通信方式,极大地方便了网络用户之间的通信联系。

④办公自动化

LAN 的用户可以通过办公自动化系统查看办公信息。各单位可以根据具体的工作方式自行定义办公流程,规范工作程序,提高办公效率。从而实现无纸化、现代化办公。

(3)局域网种类

局域网的种类是非常繁多的,分类的方法也有很多,最主要的还是按照拓扑结构来分类,主要有:星形、环形、双环形、总线形、树形以及网格形六种。如图 8-8 所示。

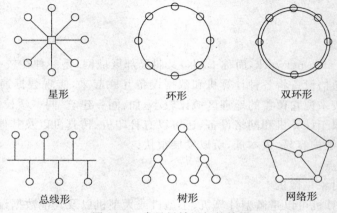

图 8-8　常见局域网拓扑结构

这几种局域网都各有优缺点,例如:对于星形局域网来说,其中一根电缆坏了,对整个网络没有影响,但是布线就会很多;而环形正好相反。所以建设局域网时使用何种拓扑结构,要按照应用的目的来选择。

8.2.2　局域网的参考模型

局域网出现以后,其数量和种类迅速增多,为了保证能在不同的局域网之间通信,这就需要一个局域网的标准。IEEE802 标准就是局域网所使用的标准,它是美国电气和电子工程师协会(IEEE,Institute of Electrical and Electronic Engineer)所制定的。由于一般局域网并不涉及网络层的相关工作,而是研究如何共享物理介质的,所以在 IEEE802 标准中,局域网的体系结构由三层协议构成,分别为:物理层、介质访问控制层(MAC,media access control)和逻辑链路控制层(LLC,logic link control)。

介质访问控制层主要是用于控制介质上信息如何传送,而逻辑链路控制层则用于建立相邻结点传输之间的虚拟链路,并对其进行传输控制,逻辑链路控制层可为网络用户提供两种服务:无确认无连接服务和面向连接的服务。

(1)无确认无连接服务:无需建立数据链路连接,源端点向目的端点发送独立的帧,而目的端点收到后也不做确认,帧丢失也不去恢复。

(2)面向连接的服务:必须先建立链路连接,才能进行帧的传送。它提供了建立、维持、复位和终止数据链路层连接的手段。还提供了数据链路层的定序、流量控制和错误恢复等功能。

这两层放在一起就相当于 ISO/OSI 模型中的数据链路层。如图 8-9 所示。

图 8-9　IEEE802 标准与 OSI 模型对应关系

IEEE802 标准是由一个协议系列组成的,主要包括本标准的体系结构、网络互连和网络管理、几种局域网的标准以及各种介质访问控制协议。具体内容如下:

① IEEE802.1:局域网概述、体系结构、寻址、网络互联和网络管理

② IEEE802.2:逻辑链路控制(LLC)

③ IEEE802.3:带冲突检测的载波侦听多路访问控制方法(CSMA/CD)和物理层协议

④ IEEE802.4:令牌总线网的介质访问控制方法和物理层协议

⑤ IEEE802.5:令牌环的介质访问控制方法和物理层协议

⑥ IEEE802.6:城域网,定义了城域网的介质访问控制和物理层协议

⑦ IEEE802.7:宽带局域网标准

⑧ IEEE802.8:光纤网标准

⑨ IEEE802.9:综合话音数据局域网

⑩ IEEE802.10:可相互操作的局域网的安全机制

⑪ IEEE802.11:无线局域网标准

⑫ IEEE802.12:星形拓扑网

⑬ IEEE802.14:有线电视网

随着局域网技术的发展,更多的协议还在加入之中。

8.2.3　局域网的组成

(1)资源硬件

①服务器

局域网中至少要有一台服务器,当然允许有多台服务器。因为服务器是局域网的核心,网络中共享的资源大多都集中在服务器上。所以对服务器的要求就是速度快、硬盘和内存容量大、处理能力强。

服务器中安装有网络操作系统的核心软件,所以它有网络管理、共享资源、管理网络通信和为用户提供网络服务的功能。同时服务器中的文件系统具有容量大和支持多用户访问等特点。

②工作站

联网的计算机中,除服务器以外的计算机都统称为网络工作站,简称工作站。一方面工作站可以当作一台普通计算机使用,处理用户的本地事务;另一方面,工作站能够通过网络进行彼此通信,以及使用服务器管理的各种共享资源。

(2)通信硬件

①网卡

网卡又叫网络适配器(network adapter),是计算机接入网络的接口电路板。它是最常见的通信硬件之一,现在上网的计算机除了极少数通过 modem(调制解调器)拨号上网以外,几乎都有网卡。

网卡是局域网的通信接口,实现局域网通信中物理层和介质访问控制层的功能,也就是说:一方面网卡要完成计算机与电缆系统的物理连接;另一方面,它要根据所采用 MAC 介质访问控制协议实现数据帧的封装和拆封,还有差错校验和相应的数据通信管理。例如:在总线局域网中,要通过网卡来进行载波侦听和冲突监测及处理。

②通信线路

通信线路是局域网的数据传输的通路,它包括传输介质和相应的接插件。局域网中常用的传输介质有双绞线、同轴电缆和光缆。

◆双绞线:采用一对互相绝缘的金属导线相互绞合的方式来抵御一部分外界电磁波干扰,实际使用时,有多对双绞线包在一个绝缘电缆套管里。典型的是四对。也就是平时使用的网线。双绞线的优点有:布线容易、接口便宜、合适短距离传输。缺点有:传输速率比光纤差,距离短,易受干扰。一般用于室内局域网的布线。

◆同轴电缆:由内导体芯线、绝缘层、外导体屏蔽层和外层套管组成。由于内导体芯线和外导体屏蔽层在同一轴心上,所以称它为同轴电缆。同轴电缆有高带宽和极好的噪声抑制特性。但是带宽取决于长度,长度越长,传输率越低。

◆光纤:通过特别的方法由纯石英拉成,直径比头发丝还细,但是传输速率非常的高。目前,光纤得到了非常广泛的应用,规模稍大一些的局域网中,都能看到光纤的应用。它的优点有:传输速率高、质量轻、不受电磁干扰、不导电,不容易被窃听,但是光纤价格贵,接口价格也较贵。

③通信设备

局域网中的通信设备主要是用于延长传输距离和便于网络布线,主要有如下几种:

◆中继器(repeater):只是对数字信号进行再生放大,并不对信号进行处理,用于对局域网的传输距离进行延长。

◆集线器(hub):也叫线路集线器。可提供多个接口,可以对网络进行扩展,可以连接多种网络设备,用于工作站集中的地方。

◆网络互联设备:网络互联设备有网桥、路由器、交换机、网关等。网桥、路由器和交换机都可以用于连接两个局域网,而网关主要是用来将计算机网络里不同协议之间的差异进行转换。通过这些网络互联设备,局域网与局域网之间就能够相互连接起来,从而扩大网络的范围。

(3)系统软件

操作系统是计算机系统的一种系统软件,是人与计算机之间的接口,是计算机系统软件资源和硬件资源的管理者,并控制程序的执行。而网络操作系统则是网络系统软件的重要组成部分,是网络系统管理软件和通信控制软件的集合,它负责整个网络系统的软、硬件资源的管理以及网络通信和任务调度,并提供用户与网络之间的接口。可以这样定义网络操作系统:网络操作系统是使网络上各计算机能方便而有效的共享网络资源,为网络用户提供所需要的各种网络服务的软件和有关规程的集合。一个网络操作系统一般都需要具有以下的功能:

①网络资源的调度与管理;

②网络通信;

③命名服务;

④网络安全机制;

⑤多协议支持;

⑥网络管理;

⑦网络互联。

目前比较常见的局域网操作系统都采用客户机/服务器模式,也就是 Client/Server 模式,如图 8-10 所示。服务器在网络上可以提供服务,而客户则可以向服务器发出服务请求,并等待服务器的响应。如果响应了,那该客户就可以使用服务器提供的服务,当然客户可以是多个。一般的局域网都是以文件服务器为核心提供各种网络功能,用户都可以向其请求服务。

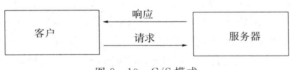

图 8-10　C/S 模式

8.2.4　局域网实例

(1)总线形局域网实例——以太网

以太网是一种使用广泛的、应用总线形拓扑的网络技术。连接在以太网上的计算机使用一种叫载波侦听多路访问/冲突检测(CSMA/CD)的技术来协调网络上信息的传播。这种技术其实非常简单,我们先来了解一下载波侦听多路访问(CSMA,Carrier Sense with Multiple Access),简单来说就是连在总线上的计算机想发送信息时想发就发,在总线上广播,但是有一个前提,那就是在发之前要听一听总线上有没有信息在发送,如果有那就先等待,继续侦听,一旦发现总线空闲,就立即发送。也就是说,如果一台计算机能够在总线上发送信息,那么它独占整个总线。

有时候会有这种情况出现,两台计算机同时侦听总线,发现这时总线空闲,那么它们就有可能同时向总线上发送信息,这时候就出现了冲突,发送信息的正确性就无法保证,冲突检测(CD,Collision Detect)就可以解决这种问题,因为对于以太网来说,发送信息时是在总线上广播,所以发送时也可以接收。如果有冲突发生,那么接收到的信息就会和发出的不同,这时就知道出现了冲突,立刻停止发送信息,并发出一个短的干扰信号,使所有站点都知道出现了"冲突"。在等待一个随机的延迟时间,然后再重新尝试发送。再发送时一般不会再发生冲突,如果再发生冲突,那么再等待一个更长的延迟时间,直到错开为止。

(2)环形局域网实例——IBM 令牌环

大多数环形拓扑的局域网使用一种令牌传送的存取机制,这种局域网叫做令牌传送环形网络,简称令牌环(token ring)。所谓令牌,其实是一种特殊的短报文,它既无目的地址,也无源地址,用来协调令牌环的使用。令牌总是高速不停地在环上运行。不是所有计算机在任意时间都可以发送信息,只有在它得到令牌之后才能发送,用完以后释放。这样可见令牌环网资源使用更加合理。但是它设备复杂,价格较贵,而且环上的站点数是有限的,这就限制了网络的规模。

8.3　Internet 基础

8.3.1　Internet 概述

因特网(Internet)是目前世界上最大的计算机网络,更确切地说是由很多的网络连接起来组成的网络,它几乎覆盖了整个世界。该网络组建的最初目的是为研究部门和大学服务,便于研究人员以及学者探讨学术方面的问题,进入 20 世纪 90 年代,因特网向社会开放,利用该网络开展商贸活动成为热门话题。随着大量的人力和财力的投入,使得因特网得到迅速的发展,成为人们日常工作、学习、娱乐中不可缺少的一部分。

Internet 最初起源于美国国防部高级研究项目署在 1969 年建立的一个实验性网络 ARPANET。该网络将美国许多大学和研究机构中从事国防研究项目的计算机连接在一起,是一个广域网。ARPANET 研究并开发了一种网络协议——TCP/IP 协议(Transmission Control Protocol/Internet Protocol:传输控制协议/互联网协议),使得连接到网络上的所有计算机能够相互交流信息。

1986 年建立的美国国家科学基金会网络 NSFNET 是 Internet 的一个里程碑,它将美国的五个超级计算机中心连接起来,该网络使用 TCP/IP 协议与 Internet 连接。NSFNET 建成后,Internet 得到了快速的发展。到 1988 年 NSFNET 已经接替原有的 ARPANET 成为 Internet 的主干网。1990 年,ARPANET 正式宣布停止运行。

近年来,随着 Internet 的不断发展,Internet 已经发展到各个国家的各个行业,Internet 为个人生活与商业活动提供了更为广阔的空间和环境。网络广告、电子商务、电子政务、电子办公已经成为大家所熟悉的名字术语。

Internet 基本上由以下三部分组成。

(1)物理网络

Internet 是将所有计算机通过成千上万根电缆、光缆或无线通讯设备以及连接器组成的一个有机的物理网络,如果没有物理网络,计算机之间的通信是无法实现的;物理网络是传播信息的真实载体。

(2)通讯协议

规范实体间通信规则的集合;在 Internet 上传送的每个消息至少通过三层协议:网络协议(network protocol),它负责将消息从一个地方传送到另一个地方;传输协议(transport protocol),它管理被传送内容的完整性;应用程序协议(application protocol),作为对通过网络应用程序发出的一个请求的应答,它将传输转换成人类能识别的东西。

（3）网络工具

为充分利用 Internet,必须具备一些基本工具,如网络浏览,资源搜索工具、远程登录、文件传输、电子邮件工具、网络聊天工具以及流媒体播放工具。有了这些工具,用户才能体会到网络在各方面的优势。

对于 Internet 未来的发展方向,有人提出了四个 any,也就是任何人（anybody）,在任何时候（anytime）、任何地方（anywhere）,都可以通过 Internet 做任何事情（anything）。到那个时候,人们可以随时随地地畅游 Internet,享受网络给我们带来的便利。

8.3.2　TCP/IP 协议

在 Internet 中,TCP/IP 协议已经成为标准连接协议,其实它是一个协议集,最主要的两个协议是:TCP 协议（Transmission Control Protocol,传输控制协议）和 IP 协议（Internet Protocol,互联网协议）。IP 协议用于在主机之间传送数据,TCP 协议则确保数据在传输过程中不出现错误和丢失。除此之外,还有多个功能不同的协议,例如:UDP 协议,FTP 协议,ARP 协议等,它们都工作在 TCP/IP 模型的不同层上。TCP/IP 协议集如图 8－11 所示。

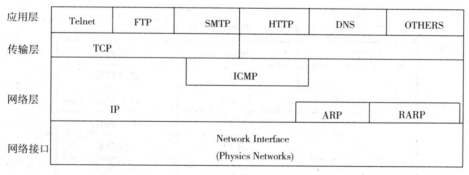

图 8－11　TCP/IP 协议集

Internet 中的信息传输如图 8－12 所示。

图 8－12　Internet 信息的传输

下面简单介绍 TCP/IP 协议集中的相关协议。

（1）TCP 协议

TCP 协议也叫传输控制协议，顾名思义，它是工作在传输层上的协议，它是专门设计用在不可靠的 Internet 上提供可靠的、端到端通信的协议。它主要负责创建进程到进程（程序到程序）的通信，TCP 是用端口号来完成这种通信。除此之外，它还要提供流量控制和差错控制机制，TCP 是用滑动窗口协议完成流量控制，它使用确认分组、超时和重传来完成差错控制。

在传输信息的时候，TCP 协议先在发送端接收端之间建立连接，并将数据流分割成为可运输的单元，将它们编号，然后逐个发送它们。然后接收端等待属于同一个进程的所有不同单元的到达，检查并传递那些没有差错的单元，并将它们作为一个流交付给接收进程。当整个流发送完毕后，运输层应当关闭这个连接，由此可见 TCP 协议是一个面向连接的、可靠的运输协议。

要想获得 TCP 服务，发送方和接收方必须创建一种被称为套接字的端点，每个套接字都有一个套接字号，也就是常说的端口。只有在发送机器的套接字和接收机器的套接字之间建立了一个连接，用户才能获得 TCP 服务。例如：使用 FTP 协议时，需要建立一个 TCP 连接，这时就通过发送机器和接收机器的 21 号端口建立连接，有些端口已经被保留下来用于一些标准的服务，这种端口称为"知名端口"，表 8-2 列出了一些已经被分配的端口及其用途。

表 8-2　常用 TCP 端口

端口	协议	用途
21	FTP	文件传输
23	Telnet	远程登录
25	SMTP	电子邮件
80	HTTP	万维网
110	POP3	远程电子邮件

（2）UDP 协议

UDP 协议（User Datagram Protocol，用户数据报协议）也是一个传输层的协议，与 TCP 协议不同的是，UDP 协议是无连接的、不可靠的运输服务。但是它在发送数据的时候无需建立连接。这样可以避免建立和释放连接时的麻烦，也可以说 UDP 以牺牲了可靠性为代价，换取了较高速度。

究竟是使用 TCP 协议还是 UDP 协议，就要视情况而定了，如果是少量的、非常小的数据，就可以使用 UDP 协议，这时候速度是比较重要的，但是如果是大量的、比较大的数据，就应该选择 TCP 协议，因为这个时候可靠性是第一位的。

（3）IP 协议和 IP 地址

将整个 Internet 粘合在一起的就是 IP 协议（Internet Protocol 互联网协议），它是一种不可靠的无连接数据报协议——尽力而为的服务。尽力而为的意思是 IP 协议不提供差错检测或跟踪。只是尽力而为的将数据传输到目的地，在传输过程中，IP 数据报可能会丢失、重复传输、延迟和乱序,IP 服务本身不关心这些结果,也不将结果通知收发双方。所以当可靠性很重要时,IP 协议必须与一个可靠的协议(如 TCP 协议)配合起来使用。

IP 协议为网络硬件提供了一个逻辑地址,那就是 IP 地址,它包括网络号和主机号两个部分。现在常见的 IP 地址是 IPv4(IP 第 4 版本)地址,它是一个 32 位的二进制(4 个字节)地址,通常用 4 个十进制来表示,十进制数之间用"."分开,如:172.21.83.13。IP 地址全局唯一的定义了因特网上的主机或路由器。一个 IP 地址只能被一个网络设备所使用,但一个网络设备可以同时使用多个 IP 地址。

8.3.3　Internet 域名系统

大家知道可以用 IP 地址来识别 Internet 上的主机,早期的网络很小,人们可以记住它们的 IP 地址,但是现在 Internet 已经非常的庞大,不可能记住那么多的 IP 地址,而且如果不能集中管理的话,网络就会变得非常的混乱,这就需要一个方法来解决这些问题,于是,人们发明了 DNS(Domain NameSystem,域名系统)。

DNS 的本质是一个分层次的、基于域的命名方案。它的主要用途是将主机名和电子邮件目标地址映射成 IP 地址。通过采用层次树状结构的命名方法如图 8-13 所示。任何一个连接在 Internet 上的主机或路由器,都有一个唯一的层次结构的名字,即域名(Domain Name)。域(Domain)是名字空间中一个可被管理的划分。域还可以继续划分为子域,如二级域、三级域等。域名的结构由若干个分量组成,各分量之间用点隔开。

……. 三级域名. 二级域名. 顶级域名如:computer. hfut. edu. cn

每一级的域名都由英文字母和数字组成(不超过 63 个字符,且不区分大小写)。完整的域名不超过 255 个字符。要注意的是,域名只是一个逻辑概念,并不反映出计算机所在的物理地点。

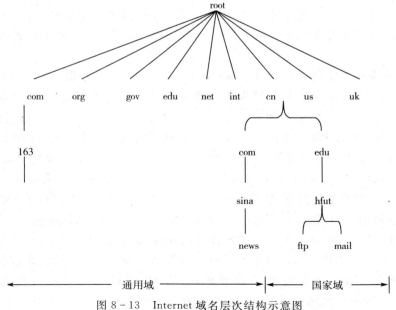

图 8-13　Internet 域名层次结构示意图

从概念上来说,Internet 被分成 200 多个顶级域,每个域包含多个主机。每个域又分成若干的子域,子域还能进一步划分。顶级域一般有两种:通用域和国家域。常见的通用域如表8-3所示。而每个国家都有一个国家域,表8-4列举了一些国家的国家域。

表 8-3 常见通用域

域名	含义
com	商业组织
edu	教育机构
gov	政府机构
mil	军队组织
net	网络供应商
org	非赢利性组织
int	国际组织

表 8-4 常见国家域

域名	含义
cn	中国
us	美国
jp	日本
uk	英国
kr	韩国
ca	加拿大
au	澳大利亚

8.4 Internet 的应用

在 Internet 上有很多的应用服务,它们都是由 ISP(Internet Service Provider,因特网服务提供商)提供的。用户接入到 Internet 中就可以享受 ISP 提供的相关服务。一般来说用户接入 Internet 的方法有以下几种:

(1)电话拨号上网

这种上网方式现在已经不常见了,因为拨号上网的网速较慢,根本就无法满足一些网速要求很高的服务,譬如说:视频点播,网络会议等,但是在早期,Internet 刚刚普及的时候,电话拨号上网是非常普遍的。电话拨号上网需要一个装有 Modem 的计算机,一条电话线,一些相关的网络软件,现在有些人还在使用电话拨号上网,因为设备非常便宜,也无需到相关部门登记注册,对于要求非常简单的网络用户,电话拨号上网还是一种不错的选择。

(2)ISDN 上网

ISDN 综合业务数字网(Integrated Services Digital Network)很早就已经出现,它可以提供 64kbps 或 128kbps 的连接。早先人们使用电话拨号上网时,电话就会被占用,ISDN 的设计目标就是"既可以上网,又可以打电话"。早年电信部门宣传的一线通,就是 ISDN 中的一项应用。想要通过 ISDN 上网,用户使用计算机还需要一个 ISDN 卡。ISDN 卡非常类似于调制解调器,但并不是调制解调器。ISDN 卡的作用是在 ISDN 线路上发送和接收数据,它使用了全数字化技术,而普通的调制解调器是将数字信号转换成模拟信号后进行传输。ISDN 提供六种标准化信道,分别是 A 类、B 类、C 类、D 类、E 类和 H 类,常见的应用就是 2B+D 的这种组合,它称为基本速率,最多可以达到 128Kbps 的传输速率。

ISDN 可以用一个网络为用户提供各种通信业务:语音、数据、传真、电子信箱、会议电视和语音信箱等。对于用户来说,ISDN 通过一对电话线路实现上面所述的多种综合业务,为用户带来许多方便。虽然与电话拨号相比,ISDN 的速度有一定的提高,但是这种 128Kbps 的基本速率仍然满足不了用户对高速度的要求,所以 ISDN 并没有在用户中得到普遍的应用。

（3）ADSL 上网

ADSL（asymmetric digital subscriber line，非对称数字用户线路）是目前最常见的上网方式，它的速度已经能基本满足用户的需求，其下行最大的速率为 8Mbps，而上行最大速率为 1Mbps，上行、下行的速率不同，这也是它被称为非对称的原因。

想通过 ADSL 上网，就必须到相关部门进行申请，除此之外还需要 ADSL Modem 这样的设备，要注意的是如果用户要安装 ADSL 的地方，离电信端局很远的话，ADSL 的速度就无法得到保证，用户就无法安装，这也是 ADSL 一个缺陷，而且使用 ADSL 的费用也是比较高的，但是总的来说，ADSL 是目前上网的最佳选择之一，它可以提供较高的速率和性价比。

8.4.1　电子邮件服务

电子邮件（electronic mail），简称 E-mail，它是用户上网最常见的应用之一，E-mail 是指用户可以利用计算机网络相互交换电子信件，进行联络的方式。与传统的邮件相比，电子邮件速度快，不管向哪发送 E-mail，最多只要几秒时间；使用方便；操作简单；而且价格非常低廉。这都是电子邮件的优势。

电子邮件的传输是通过 SMTP（simple mail transfer protocol，简单邮件传输协议）这一系统软件来完成的，它是 Internet 下的一种电子邮件通信协议。而接收电子邮件则通过 POP3（post office protocol 3，邮局协议 3）来进行。

用户可以上网申请免费的电子邮箱，现在网络上的免费邮箱都高达几百 M，也可以申请收费信箱，可靠性就可以得到更好的保证。由于电子邮件的通信是在信箱之间进行的，所以在使用时，用户首先开启自己的信箱，然后通过键入命令的方式将需要发送的邮件发到对方的信箱中，邮件在信箱之间进行传递和交换。用户也可以使用一些电子邮件软件，譬如说：微软的 Outlook，Foxmail 等，通过它们，收信、写信、发信的过程可以非常的方便，不需要打开页面就能够对电子邮件进行操作了。

8.4.2　WWW 服务

WWW（World Wide Web），也叫万维网。作为 Internet 的应用之一，可以说 Internet 有现在的发展，WWW 起到了很大的推动作用。Internet 网中的客户使用浏览器只要简单地点击鼠标，即可访问分布在全世界范围内 Web 服务器上的文本文件，以及与之相配套的图像、声音和动画等，网络的精彩瞬间就展现在你的面前。可以说，如果没有 WWW，那么 Internet 是黑白的，是无法吸引人的。

1989 年，瑞士日内瓦 CERN（欧洲粒子物理实验室）的科学家 Tim Berners Lee 首次提出了 WWW 的概念，采用超文本技术设计分布式信息系统。当时就是为了实时方便地交换研究信息。到了 1990 年 11 月，第一个 WWW 软件在计算机上实现。一年后，CERN 就向全世界宣布 WWW 的诞生。1993 年第一个图形界面的浏览器——Mosaic 发布了，使得WWW 得到发展。1994 年，Internet 上传送的 WWW 数据量首次超过 FTP 数据量，成为访问 Internet 资源的最流行的方法。1995 年微软公司免费发放浏览器程序 Internet Explorer，正式加入争夺浏览器的市场，进一步推动 WWW 发展。随着 WWW 的兴起，在 Internet 上大大小小的 Web 站点纷纷建立，势不可挡。如今 WWW 几乎都成为网络的代名词，它为网络上庞大的资料共享开辟了一条可行的统一道路，推动着 Internet 的发展。

从用户的角度来看,WWW 是由一个非常大的、全球范围的 Web 页面集合而成的,每个 Web 页面中可以包含指向其他任何地方的 Web 页面的链接,通过一种被称为"浏览器"的程序来浏览 Web 页面,通过点击链接来跳转到链接所指向的页面。这种让一个页面指向另一个页面的想法称之为"超文本",而那些链接称之为"超链接",其实超链接不仅仅是指向另一个页面,它也可以指向任意一个文件,譬如说:电影文件,MP3 文件等等。下面就让我们一起来了解一下与 WWW 相关的概念。

(1)超文本、超文本传输协议和超文本标记语言

超文本(hyper text),它不同于普通的文本,实际上它是一种具有链接的文本,大家平常看书的时候一般都是一页一页地看下去,按照一定的顺序去阅读,但是超文本则不同,它没有严格的顺序,我们平时上网的时候都有这样的体会,可以任意打开想看的页面,而不是说非要看过这个页面才能看下个页面。从结构上看,超文本中的链接(link)可以指向任意的文件,就是通过这些链接实现了页面之间的跳转。

超文本传输协议(hyper text transport protocol),简称 HTTP,是上网时最常见的标准传输协议之一,它的作用就是提供浏览器与 WWW 服务器之间的通信。HTTP 通常建立在 TCP 的基础之上,采用 Client/Server 模型。这样一个服务器可以为分布在世界各地的许多客户服务。总的来说,HTTP 是一个非常简单的协议,为了使 Web 服务器能高效地处理大量请求,客户机要连接到服务器,只需发送请求方式和 URL 路径等少量信息。HTTP 最常用的内部请求命令有三种:GET、HEAD 和 POST,每一种请求方式都允许客户以不同类型的消息与 Web 服务器进行通信,Web 服务器也因此可以是简单小巧的程序。由于 HTTP 协议简单,HTTP 的通信与 FTP、Telnet 等协议的通信相比,速度快而且开销小。

超文本标记语言(hyper text markup language),简称 HTML,是编写超文本页面时所使用的语言。它是一种标记语言,也就是说,通过在普通文本中插入一些标记(Tag)来控制文本的显示属性。刚出现的时候,HTML 只是一个简单的语言。慢慢地越来越多的功能加入其中,譬如说:图像、声音之类的多媒体功能,表格功能以及一些编程功能等等。早期的HTML 只是想着如何表现文字、图片、动画,以及如何建立文件之间的链接。一般来说,编写出来的页面只有文字和静态的图片,这类网页称之为"静态网页"。随着 Internet 应用的不断深入和网页设计技术的不断发展,一方面信息的不断增加和变化,使 Web 站点不得不经常修改它们的网页,特别是基于数据库驱动的 Web 站点更是如此;另一方面静态网页由于不能与浏览器进行有效的交互,使人们感到越来越乏味,而不愿意再次访问该站点。因此,开发动态网页就显得越来越重要。要编写动态网页,就一定编写程序。因此,一些诸如JavaScript、VBScript、CGI 和 ASP 等新的编程技术应运而生,它们将传统的静态网页变成了绚丽多彩、充满互动性的动态网页。

(2)统一资源定位

Internet 是如此的庞大,当用户访问网络资源的时候,就需要能够唯一标志它的办法,就像我们所住的房间都有一个唯一的门牌号一样,只有有了这个标志,用户才能够在 Internet 内找到它。这种唯一标志资源的方法,用户称之为——统一资源定位(Uniform Resource Location),简称 URL。

URL 也称 Web 地址,俗称"网址"。也就是我们在 WWW 上浏览或查询信息时,在浏览器上输入的查询目标的地址,例如,http://www.microsoft.com。URL 的完整格式如下

所示：

协议＋":://"＋主机域名(IP 地址)＋端口号＋目录路径＋文件名

主机名表示客户所要访问的计算机，一般来说是域名的形式，也可以使用 IP 地址的形式；端口号表示服务器提供哪个端口用于协议的连接。对于常见的服务，一般端口号可以省略，如：HTTP 使用 80 端口，FTP 使用 21 端口等，特殊情况下，就要指定端口号；路径和文件名表示客户所要浏览的文件所处的路径和名字。例如：

http://www.hfut.edu.cn/computer/index.htm

在上面的例子中，使用的是 http 协议，要浏览的主机是 www.hfut.edu.cn，端口号省略，要访问的文件就是在 computer 目录下的 index.html 文件。

（3）WWW 的使用

使用 WWW，首先要具备的就是 WWW 浏览器，目前最流行的 WWW 浏览器就是 Microsoft 出品的 Internet Explorer 和 AOL 的 Netscape。以下以 IE 为例简单介绍如何访问 Internet 上的页面，以及如何使用搜索引擎。

要访问 Internet 上的页面，首先就要在 IE 的地址栏中输入网址，以百度为例，用户要访问百度这个网站，就要在地址栏中输入 www.baidu.com，然后按回车，就会打开百度的页面，如图 8-14 所示。

图 8-14　百度网站页面

百度是 Internet 上比较流行的一个中文搜索网站，假如用户要搜索有关篮球的页面，就可以在百度页面中的文本框中输入"篮球"，然后点击百度搜索按钮，或者直接按回车，百度就会为用户搜索到有关篮球的页面，如图 8-15 所示。

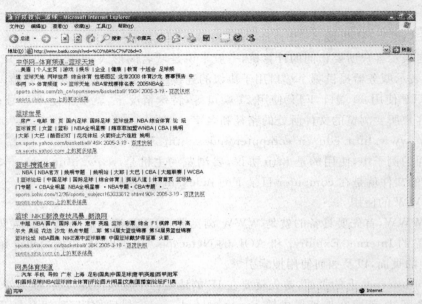

图 8-15　搜索后页面

　　然后点击页面中的任何一个超链接都能打开一个与篮球相关的页面。这只是有关搜索引擎的简单使用方法，较高级的使用方法，每个搜索网站上都有详细的帮助页面，可以供用户学习，著名的搜索网站有：www. google. com，www. yahoo. com 等。

8.4.3　TELNET、FTP 以及其他一些 Internet 应用

　　（1）TELNET

　　TELNET 提供的是一种远程登录服务，远程登录就是指用户由本地机来通过网络，登录到远程的计算机上，作为远程主机的用户，像操作本地机一样使用远程主机。远程登录消除了用户与远端计算机的距离。一般来说，TELNET 的服务过程分为三个步骤。

　　①本地用户在本地机上对远程计算机进行登录；

　　②将本地计算机的键盘输入，逐键地传到远端；

　　③将远端计算机输出送回本地计算机上。

　　TELNET 的格式为：telnet 远端主机名端口。

　　（2）FTP

　　FTP（File Transfer Protocol）是文件传输协议的英文缩写。在计算机系统中，文件是信息存储、处理和传输的主要形式。FTP 提供的服务就允许用户从远程计算机上获得一个文件副本传送到本地计算机上，或将本地计算机上的一个文件副本传送到远程计算机上。也就是通常所说的"下载"和"上传"，这也是 FTP 最主要的功能。

　　FTP 采用"客户机/服务器"工作方式，客户必须要在自己的计算机上安装 FTP 客户程序才能使用 FTP 传送任何类型的文件，如文本文件、二进制文件、声音文件、图像文件和数据压缩文件等。FTP 有两种传输模式：ASCII 传输模式和二进制数据传输模式。相比之下，后者直接传输未经转换和格式化的二进制数据，故传输效率高于前者，因而一般都使用后者来传输文件。

FTP 命令的格式为:ftp 远端主机名

(3)其他 Internet 应用

Internet 向人们提供一种新的沟通方式,用户可以通过网络,相互之间进行交流,在虚拟的网络上发表自己的意见,结交朋友。通常在网络上交流的方式有:通过 BBS 发表帖子和回复帖子、在聊天室里聊天和通过网络聊天工具进行交流。

BBS(Bulletin Board System)也叫电子公告板,是一个多人参与,多向交流的网络平台。它和现实中的公告板的作用是一样的,大家可以发表文章,阅读文章、回复文章、修改文章,如果有权限的话,还可以删除文章。

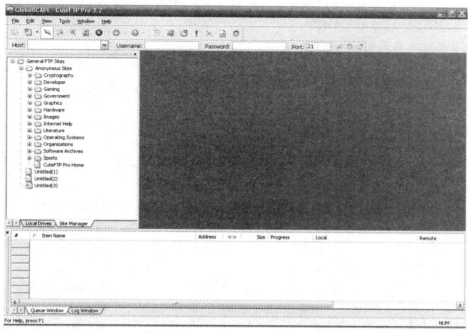

图 8-16　cuteftp 界面

电子商务指的是交易双方以电子交易方式而不见面进行的任何形式的商业交易,其简单应用如网上购物等,现在网上购物渐渐地走进人们的生活,被人们慢慢地接受,国外的 Amazon,Ebay,国内的易趣、淘宝网等都是电子商务中的佼佼者,它们为我们提供了一个足不出户就可以购买物品的平台,非常方便。当然,电子商务也面临着很多的问题,譬如说:安全性问题、支付问题以及物流问题。尽管如此,相信电子商务必将成为今后的热点领域。

练　习　题

一、单项选择题

1. 一座大楼内的一个计算机网络系统,属于(　　　)。

A. PAN　　　　　　B. LAN　　　　　　C. MAN　　　　　　D. WAN

2. 在 OSI 七层结构模型中,处于数据链路层与运输层之间的是(　　　)

A. 物理层　　　　B. 网络层　　　　C. 会话层　　　　D. 表示层

3. 完成路径选择功能是在 OSI 模型的（　　　）

    A. 物理层　　　　　B. 数据链路层　　　C. 网络层　　　　　D. 运输层

4. 在 OSI 参考模型的各层次中，（　　　）的数据传送单位是报文。

    A. 物理层　　　　　B. 数据链路层　　　C. 网络层　　　　　D. 运输层

5. 在如下网络拓扑结构中，具有一定集中控制功能的网络是（　　　）。

    A. 总线型网络　　　B. 星形网络　　　　C. 环形网络　　　　D. 全连接型网络

6. 控制相邻两个结点间链路上流量的工作在（　　　）完成。

    A. 链路层　　　　　B. 物理层　　　　　C. 网络层　　　　　D. 运输层

7. 一般来说，用户上网要通过因特网服务提供商，其英文缩写为（　　　）

    A. IDC　　　　　　B. ICP　　　　　　C. ASP　　　　　　D. ISP

8. 数据链路层的数据单位是（　　　）。

    A. 比特　　　　　　B. 字节　　　　　　C. 帧　　　　　　　D. 分组

9. TCP 协议在每次建立或拆除连接时，都要在收发双方之间交换（　　　）报文。

    A. 一个　　　　　　B. 两个　　　　　　C. 三个　　　　　　D. 四个

10. 目前网络应用系统采用的主要模型是（　　　）。

    A. 离散个人计算模型　　　　　　B. 主机计算模型

    C. 客户/服务器模型　　　　　　D. 网络/文件服务器模型

11. 管理计算机通信的规则称为（　　　）。

    A. 协议　　　　　　B. 服务　　　　　　C. ASP　　　　　　D. ISO/OSI

12. 用于电子邮件的协议是（　　　）。

    A. IP　　　　　　　B. TCP　　　　　　C. SNMP　　　　　D. SMTP

13. Web 使用（　　　）进行信息传送。

    A. HTTP　　　　　B. HTML　　　　　C. FTP　　　　　　D. TELNET

14. 在 Internet 中，按（　　　）地址进行寻址。

    A. 邮件地址　　　　B. IP 地址　　　　　C. MAC 地址　　　　D. 网线接口地址

15. 下述论述中不正确的是（　　　）。

    A. IPV6 具有高效 IP 包头　　　　　B. IPV6 增强了安全性

    C. IPV6 地址采用 64 位　　　　　　D. IPV6 采用主机地址自动配置

16. 令牌环（Token Ring）的访问方法和物理技术规范由（　　　）描述。

    A. IEEE802.2　　B. IEEE802.3　　C. IEEE802.4　　D. IEEE802.5

17. ISDN 的基本速率为（　　　）

    A. 64kbps　　　　B. 128kbps　　　　C. 144kbps　　　　D. 384kbps

18. 这两个域名 www.hfut.edu.cn 与 www.cam.ac.uk 哪部分是相同的（　　　）

    A. 最高层域　　　　B. 子域　　　　　　C. 主机域　　　　　D. 国家域

二、简答题

1. 什么是计算机网络？计算机网络由哪些部分组成？

2. 电路交换和分组交换有何不同？

3. 请回答在 ISO/OSI 模型中计算机网络是由哪七层构成的？

4. 局域网按照拓扑结构可以分为哪几类？

5.请简述面向连接服务和无连接服务的区别。

6.通常 IP 地址可以分为几类？ 它们的范围分别是什么？

7.下面有个 URL 的例子,请分析它的结构。

　　ftp://computer. hfut. edu. cn/upload/newmovie/1. rm

三、上机练习题

1.请尝试使用搜索引擎,并总结,如何搜索才能更精确的得到自己想找的内容。

2.使用 Internet Explorer 浏览 www. microsoft. com 主页,并将该主页添加到收藏夹中。

3.使用 Out Express 向朋友发 E-mail,祝他们一切顺利。

4.在 Internet Explorer 浏览器中,将当前字体设置为最小,语系设置为英文,并清除所有历史记录。

第 9 章　网页制作

【本章要点】

掌握网页制作技术,网页发布技术和网站的管理和维护。

【核心概念】

FrontPage　网站　热点　超链接　网页发布

在万维网(World Wide Web)中,网页是一种超文本信息系统。由于 Internet 的快速发展,目前 Internet 上已有数以万计的万维网站点,而建立在各站点上的网页更是难以计数。网站的建立、网页的制作成为当今的热门技术。

9.1　使用 FrontPage 制作网页

FrontPage 是微软公司的产品,它与 Word、Excel 一样属于微软的 Office 家族。FrontPage 操作简单,使用方便,最适合初学者,即使没有网络编程经验的创作者也可以创建出相当吸引人的站点。

9.1.1　FrontPage 概述

(1)启动 FrontPage

启动 FrontPage 的方法与启动其他应用程序的方法基本相同,单击桌面“开始”按钮,在弹出的“开始”菜单中选择“程序”,然后在从“程序”级联菜单中选择“Microsoft FrontPage”。如果桌面上有“Microsoft FrontPage”的快捷方式,只需要双击快捷图标。

(2)FrontPage 窗口

FrontPage 启动之后会自动创建一个文件名为“new_page_1. htm”的网页文件,如图 9 -1 所示,FrontPage 窗口的组成部分主要包括:标题栏、菜单栏、常用工具栏、格式工具栏、视图栏、编辑区、滚动条以及状态栏等。

①标题栏:用于显示应用程序名称 Microsoft FrontPage 和当前打开的网页文件,默认网页文件名为“new_page_1. htm”。右端的三个按钮分别为:最小化、最大化/还原、关闭按钮。

②菜单栏:在标题栏下面的是菜单栏,每个菜单都包括一个下拉菜单。打开下拉菜单后,有些选项是黑色字体,有些选项是灰色字体,其中黑色字体选项是可执行命令,而灰色字体属于不可执行命令。

③常用工具栏:主要提供一些可以直接执行的工具按钮,如“新建”、“打开”、“保存”等。

④格式工具栏:主要提供可以设置常用字符和段落格式的按钮和选项,如:字体、字号、字体颜色、加粗等。

⑤视图栏:位于 FrontPage 窗口的左边竖排栏。单击视图栏上的按钮可以切换到站点的各种不同视图,如文件夹视图和超级链接视图等,选择不同的视图方式,可以方便用户管

理自己的站点。

图 9-1　FrontPage 窗口

⑥编辑区:位于 FrontPage 窗口中的空白区域,用户可以在该区域中输入文本、插入图片、表格等内容。打开一个新网页文件时,在编辑区的左下方显示网页视图切换标签: ,单击某个视图标签之后,系统就会在对应的视图中显示当前的网页信息。

⑦滚动条:位于编辑区右侧和底部,分别称为垂直滚动条和水平滚动条。

⑧状态栏:状态栏位于 FrontPage 窗口的底部,用于显示当前操作的相关信息,超链接的 URL 地址以及 Num Lock 键的状态等信息。

9.1.2　站点的基本操作

首先我们要知道,通常说的个人主页,说专业一点,应该说是个人网站,因为一个网站,是由许许多多的网页、图片等组成的,我们说的主页,其实是指某个网站的第一页。

(1)创建站点

①运行 FrontPage,在"文件"菜单栏里选择"新建→站点",如图 9-2 所示,出现如图 9-3 所示的"新建"对话框;

图 9-2　"新建站点"菜单

图 9-3　"新建"对话框

②FrontPage 自带有一些网站的模板,用户可以从中选择用来创建新站点的模板,一般我们选择"空站点";

③在右边的"选项,指定新站点的位置"框中输入想保存这个网站的路径及名称,一般第一次使用 FrontPage 的时候它自动就生成了一个新站点,保存在"我的文档"的"My Webs"文件夹中。也可以重新建立一个文件夹作为网站的存放点。

④单击"确定"按钮。

建立好了新站点,用户会发现 FrontPage 2003 的标题栏就变成是"C:\My Documents\My Webs"。

(2)打开站点

①选择"文件"菜单里面的"打开站点"命令,如图 9-4 所示;

图 9-4　"打开站点"菜单

②在出现的"打开站点"对话框中的"查找范围"中选择需要打开的站点,如图 9-5 所示;

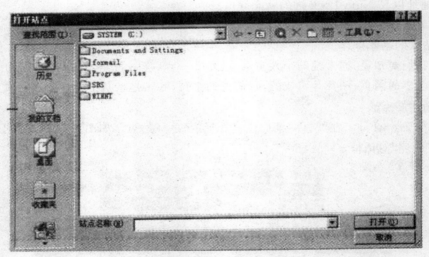

图 9-5　"打开站点"对话框

③单击打开;

④关闭站点。

关闭站点的步骤很简单,只需要选择"文件"菜单中的"关闭站点"命令。

9.1.3　网页的基本操作

下面介绍网页的新建、编辑、保存等操作。

（1）新建网页

启动 FrontPage 之后，自动创建一个临时名称为"new_page_1.htm"的空白网页文件，用户可以直接在该文件中输入相关信息。如果重新创建一个空白的网页，可以按照以下步骤：

①单击文件菜单的"新建"命令，选择"新建网页"，在"新建"对话框里，可以看到 Front-Page 提供的许多网页模板，如图 9－6 所示，可以用这些模板来建立相应的网页；也可以选择"常用"工具栏的"新建"按钮"[]"来新建网页、站点、文件夹和任务，默认状态下是新建网页；

②在"常规"标签中选择"普通网页"图标；

③单击"确定"按钮，FrontPage 将基于"普通网页"模板创建一个空白的网页，如果用户选择的是"两栏正文"网页，这样就创建了一个新的分为两栏的网页。

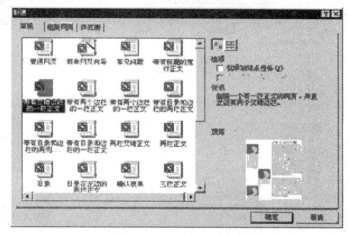

图 9－6　"新建"对话框

（2）保存网页

①选择"文件"菜单中的"保存文件"（或按组合键 Ctrl＋s），出现如图 9－7 所示的"另存为"对话框；

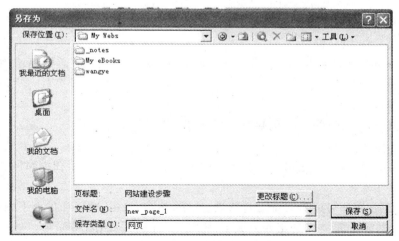

图 9－7　"另存为"对话框

②下方的"文件名"文本框中输入网页文件的名称；

③在上方的"保存位置"下拉列表框中指定网页文件保存的位置；

④单击"保存"按钮。

若要保存已有的网页，可以选择"文件"菜单中的"另存为"命名，或者单击"常用"工具栏中的 ![]按钮，即可将当前的网页直接保存起来。

（3）打开与关闭网页

①打开网页

选择"文件"菜单中的"打开"命名，出现如图 9-8 所示的"打开文件"对话框之后，找到需要打开的文件之后，单击"打开"按钮。

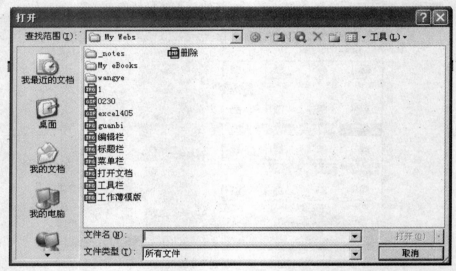

图 9-8　"打开文件"对话框

②关闭网页

要关闭网页，可以选择下述方法中的一种：

◆选择"文件"菜单中的"关闭"命令；

◆单击网页窗口右上角的 ⊠按钮；

◆按 Ctrl＋F4 组合键。

如果在关闭网页之前没有进行保存，FrontPage 将弹出一个对话框提示用户是否对修改过的网页进行保存。

（4）编辑网页

下面介绍网页的编辑操作，包括对文本、图形、表格等。

①文本操作

◆输入文本：在编辑区中出现一个闪烁的插入点，用户可以直接在编辑区中输入文本或插入各种网页元素。

◆编辑文本：用户可以对文本进行移动、复制、粘贴、加粗、倾斜和加上下划线等操作，在进行这些操作之前一定要先选定相关文本，也就是"先选后操作"的原则。进行上述操作可以有下面几种操作方法：

使用常用工具栏和格式工具栏上的快捷按钮；选定相关文本之后单击鼠标右键，然后选择"字体"选项；选定相关文本，选择菜单栏中的"格式"菜单，然后在下拉菜单中选择"字体"选项，出现"字体"对话框，如图 9－9 所示。

图 9－9　"字体"对话框

②设置段落格式

一个网页可以认为是由若干个段落组成的，因此，设置好段落格式对网页的美观是非常重要的。

◆段落缩进：缩进是调整文本和页面边界的距离。在 FrontPage 窗口中，单击格式工具栏中的"减少缩进"▉和"增加缩进"▉按钮，可以使段落进行相应的缩进调整。

◆使用"段落"对话框

除了使用格式工具栏设置段落的缩进、对齐方式外，用户可以使用"段落"对话进行设置。具体操作步骤同 Word 2003 相关内容。

③主题的使用

对于熟练使用 Windows 系统的用户而言，对于主题并不会陌生。当用户在 Windows 中选择一个主题时，桌面的墙纸、图标、鼠标指针的形状和屏幕保护程序都会随之改变。

同样，为了创建图文并茂的网页，FrontPage 也提供了套用主题功能，用系统提供的主题，可以使创建的网页具有该主题的基本特征。

◆如果将主题应用在一个网页，可以打开该网页；若应用于若干网页，可以在文件夹视图中显示站点中的网页并选定相关的网页名称；若应用于整个站点中的所有网页，可以直接打开该站点；

◆选择"格式"菜单中的"主题"命令。

◆在出现的"主题对话框"中选择"主题应用到"下面的单选按钮中进行选择，如果选择"所有网页"单选按钮，则将该主题应用到当前站点的所有网页中，如果选择"所选网页"单选按钮，则将该主题应用到正在编辑的网页中。

◆在主题列表框中选择某个主题,可以在右侧的"主题示例"框中查看该主题的效果。

◆要设置当前主题的外观,可以在主题列表框下面选择适当的复选框,例如,选中"背景图片"复选框,可以使用主题默认的背景图片。

◆单击"确定"按钮,就会将用户选择的主题应用到网页中。

(5)图片的使用

在网页中使用图片,能够使网页变得更加美观,提高网页的访问量,但同时也增加了网页的大小,使得网页文件的下载速度变慢。GIF 和 JPEG 的图形文件成为页面的一部分,优点在于这两种图形格式不仅应用广泛,而且有利于节省存贮空间。

①插入图片

◆将插入点定位在要插入图片的位置。

◆选择"插入"菜单的"图片"命令,单击"来自文件"选项。出现"图片"对话框。

◆单击"图片"对话框中的"从计算机上选择一个文件"按钮,出现如图 9-10 所示的"选择文件"对话框。

图 9-10　"选择文件"对话框

◆选择图形文件,单击"确定"按钮。

如果要插入剪贴画,只需要选择"插入"菜单的"图片"命令,单击"剪贴画"选项,出现如图 9-11 所示"剪贴画库"对话框。单击某个类别,选择要使用的剪贴画,从弹出的菜单中单击"插入剪辑"按钮。

图 9-11　"剪贴画库"对话框

②图片的基本操作

插入图形只是网页中运用图形的第一步，在 FrontPage 中，还有许多对图形的设置功能。

◆设置图形透明

单击插入的图形，FrontPage 窗口下又多了一个工具栏，我们称它为"图形"工具栏。如图 9-12 所示。

图 9-12　"图形"工具栏

单击"透明"按钮 ，对插入的图形单击，图片就会被设置成透明了

◆改变图形大小

选择需要改变的图形，出现"绘图"工具栏。单击"绘图"工具栏的"剪裁"按钮 。这时图形四周的小点变为了黑色，下面还出现了一个剪切框，调整剪切框到合适的大小，再把它移动到合适的位置，单击"剪切"按钮，图片剪切完毕。

◆在图形上添加文本

选中图形，单击图形工具栏"文本"按钮 A ，图形中会出现一个文本框，输入文字，调整文本框到合适的位置，单击页面其他区域，文字添加成功。

如果要修改文本，单击一下要修改的文字，这时文字作为一个整体被选中，再单击一下文字，这时文本框里有光标闪烁，用户可以重新编辑文本。

（6）表格的使用

①创建表格

◆使用"插入表格"按钮

单击"常用"工具栏"插入表格"按钮 ，拖动鼠标，直到高亮的格子的行列数与你要插入的表格相同为止。如图 9-13 所示。

◆使用"表格"菜单

选择"表格"菜单的"插入"命令，单击"表格"命令，出现如图 9-14 所示"插入表格"对话框，设置相应的行数、列数、边框粗细和单元格间距等，单击"确定"按钮。

图 9-13　"插入表格"按钮

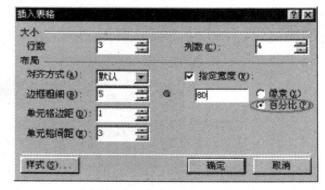

图 9-14　"插入表格"对话框

◆手绘表格

单击"手绘表格"按钮 ✐，拖动鼠标画出一个表格。双击鼠标退出画表格状态。如果绘错，可以单击"擦除"按钮 ⬙，在要擦除的线条上拖动，这时线条会变红，释放鼠标，线条就会被擦除。

②单元格属性设置

要调整单元格的格式，单击鼠标右键，选择"单元格属性"命令，会出现如图 9-15 所示的"单元格属性"对话框，在这里用户可以设置水平对齐方式、垂直对齐方式、边框以及背景等。

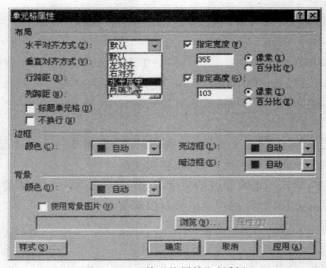

图 9-15　"单元格属性"对话框

◆合并单元格

用户可以把几个连续单元格合成一个单元格，操作方法是：选定要合并的单元格，选择"表格"菜单的"合并单元格"命令。

◆拆分单元格

用户也可以把一个单元格分成几个单元格，操作方法是：把插入点放到要拆分的单元格里，选择"表格"菜单的"拆分单元格"命令，出现如图 9-16 所示的"拆分单元格"对话框，在"拆分单元格"对话框里用户可以设置是拆分成行还是列，并且选择相应的行数或列数，单击"确定"按钮。

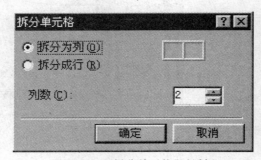

图 9-16　"拆分单元格"对话框

◆插入行列

将插入点置于表格中要插入的位置,选择"表格"菜单中的"插入"命令,从"插入"级联菜单中选择"行或列"命令,会出现"插入行或列"对话框,从中设置需要插入的行或列数,单击"确定"按钮。

③表格属性

在表格上单击鼠标右键,选择"表格属性"命令,出现如图 9 - 17 所示的"表格属性"对话框,用户可以根据需要设置表格的对齐方式、边框粗细、颜色、背景颜色等。

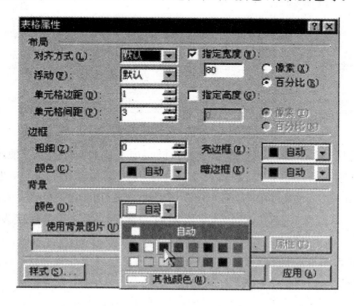

图 9 - 17　"表格属性"对话框

9.1.4　建立超链接

(1)对文本和图形建立链接

超链接的载体可以是文本或图片等。Web 浏览器通常把文本形式的超链接加上下划线,对于图形形式的超链接,通过把鼠标指针改变成手形来告诉用户是超链接。如果用户想对文本创建超链接,可以选定所需要的文本;如果是对图片建立超链接,则选择图片。选定建立超链接载体之后可以按照如下方法建立超链接。

选择"插入"菜单的"超链接"命令;或者单击"常用"工具栏中的"超链接"按钮，出现如图 9 - 18 所示的"创建超链接"对话框,选择超链接指向的网页或文件,单击确定按钮。

用户也可以将超链接指向其他站点的网页,在"创建超链接"对话框中的 URL 地址栏直接输入要连接的网页或网站的地址。如果不清楚要建立超链接的地址,只要单击 URL 地址框后面的放大镜按钮就可以用浏览器在 Internet 上查找要链接的网页,FrontPage会自动记录你找到的地址。

用户要想改变已经设置好的超链接。首先确认是普通模式,在要改变的超链接下单击鼠标右键,选择"超链接属性"命令,输入新的 URL 地址即可。

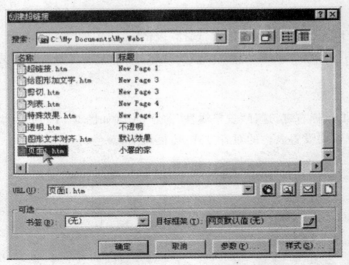

图 9-18 "创建超链接"对话框

在"创建超链接"对话框的按钮 ✉ 可以用来链接电子邮件,这样可以使你的网上朋友通过 E-mail 及时与你联系。建立方法是:首先选中要作为超链接的文本,一般文本就是你的邮箱地址,单击"超链接"按钮,单击"信封"按钮 ✉,输入你的邮箱地址,单击"确定"按钮。切换到预览模式,单击邮件链接,Outlook 会被自动激活,用户可以直接发 E-mail 到你的信息。

(2)删除文本或图片中的超链接

①选定要删除超链接的文本或图片;

②选择"插入"菜单的"超链接"命令,打开"编辑超链接"对话框,如图 9-19 所示;

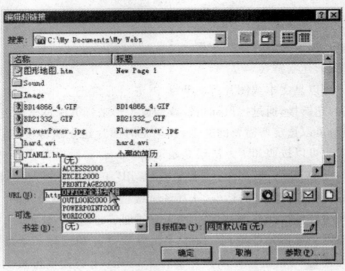

图 9-19 "编辑超链接"对话框

③在"编辑超链接"对话框中,将 URL 文本框中的所有文本清除;

④单击"确定"按钮,删除当前选定文本或图片包含的超链接。

重复执行步骤(2)~(5),可以在当前图片上创建其他的站点。

9.1.5　框架网页

框架网页是一种特殊的 HTML 网页,能够将 Web 浏览器窗口分成几个独立并且相互联系的区域,每个区域都称为一个"框架",正确使用框架可以使网页变得更加清晰紧凑,使访问者更方便、更快捷地访问到他们所需要的信息。

(1)创建框架网页

FrontPage 为创建框架网页提供了多个模板,用户可以利用这些模板很容易创建出框架网页,操作步骤如下:

①选择"文件"菜单的"新建→网页"命令,打开"新建"对话框,如图 9-20 所示;

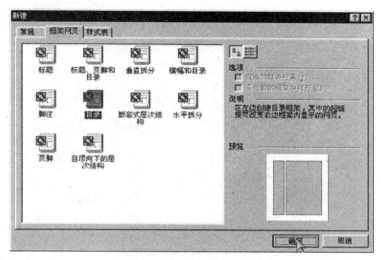

图 9-20　"新建"对话框

②单击"框架网页"标签;

③选择相应的模板,在预览区中显示该模板框架地布局;

④单击"确定"按钮,系统会根据用户选择的模板创建相应的框架网页;

⑤选择"文件"菜单中的"保存文件"命令,保存创建的框架网页。

(2)框架的基本操作

模板框架有时并不能完全符合用户的要求,因此用户需要掌握对框架的基本操作,下面介绍拆分框架、删除框架等操作。

①拆分框架

用户可以使用鼠标或者菜单命令来拆分框架。

使用鼠标拖动进行拆分框架时,将鼠标指针移动到需要拆分的框架的边框上,此时系统会在指针的下方显示出一个操作提示"按住 Ctrl 并拖动可以拆分框架",用户可以根据提供将其拆分成两个框架。

使用菜单命令时,先单击要进行拆分的框架,选择"框架"菜单中的"拆分框架"命令,出现"拆分框架"对话框,要将当前框架拆分为两个竖排的框架,可以选择"拆分为列"单选按钮,要将当前框架拆分为两个横排的框架,可以选择"拆分成行"单选按钮。

②删除框架

要删除框架网页中的框架,可以按照如下步骤进行:

◆单击要删除的框架;

◆选择"框架"菜单中的"删除框架"命令。

框架被删除之后,用户并不能够通过"编辑"菜单中的"撤消"命令恢复,因此,用户在删除框架之前应慎重考虑。

(3)设置框架的初始网页

利用模板创建框架网页后,系统将在网页的每个框架中显示"设置初始网页"和"新建网页"两个按钮,如图 9-21 所示。

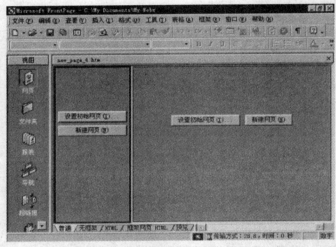

图 9-21　框架网页

单击"设置初始网页"按钮,可以打开"创建超链接"对话框,让用户指定该框架要链接的网页,可以在框架中插入一个已经事先编辑好的网页,甚至能够插入一个 Internet 上的网页,如图 9-22 所示。

图 9-22　"创建超链接"对话框

单击"新建网页"按钮,可以在当前框架中创建一个新的空白网页。

当 Web 浏览器打开这个框架网页时,就会自动打开该框架的初始网页,如图 9-23 所示的浏览效果。

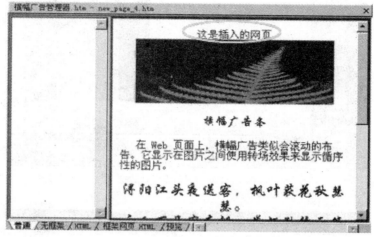

图 9-23　框架网页实例

(4)保存框架网页

框架网页的保存与普通网页的保存方法稍有差异,下面介绍框架网页的保存方法。如图 9-24 是一个新建立的双框架网页,单击"保存"按钮■或选择"文件"菜单中的"保存"命令,会出现如图 9-25 所示的"另存为"对话框。

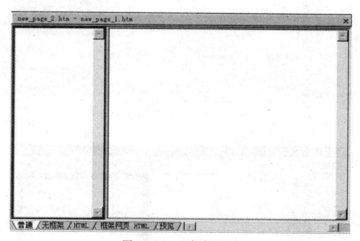

图 9-24　双框架网页

一个双框架网页由三个网页构成,一个用来定义每个框架,也就是框架网页,还有两个是内容网页。"另存为"对话框右侧的图片表示现在要保存的是左框架的内容网页,因为左框架蓝色高亮显示,输入网页的名称"left.htm"。单击"保存"按钮,接下来会出现如图 9-26 所示的对话框,表示要保存的是右框架的内容网页。输入文件名称"right.htm",最后要保存整个框架网页了,如图 9-27 所示,整个框架都选中了,输入框架网页的名称"main.htm",单击"保存"按钮,这时框架网页才保存完毕。

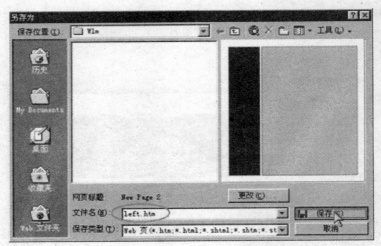

图 9-25 "另存为"对话框

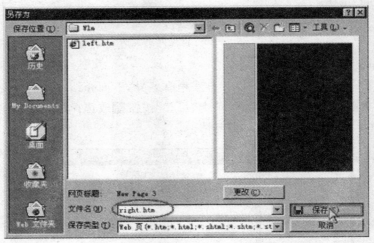

图 9-26 "另存为"对话框

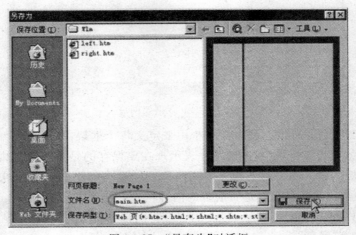

图 9-27 "另存为"对话框

如果只想保存框架中的某一个内容网页,比如只保存左框架的内容网页。其操作方法是单击左框架内容网页,选中左框架,打开"框架"菜单,选择"保存"命令,这时左框架的内容网页就保存了。

9.1.6 在网页中插入组件

通过 FrontPage 组件,用户无需进行编程就可以在网页上实现一些特殊的功能。例如,在网页中插入横幅广告管理器、插入字幕、站点计数器和悬停按钮等,使得网页的设计更为简单,方便。

(1)使用字幕

①把插入点放到要使用字幕的位置;

②选择"插入"菜单的"组件"命令,单击"字幕"选项,出现如图 9-28 所示的"字幕属性"对话框;

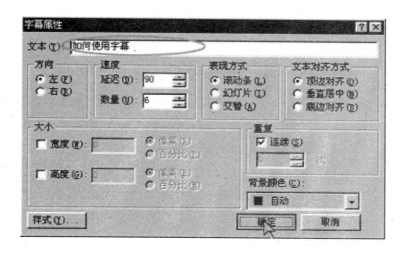

图 9-28 "字幕属性"对话框

③在文本框中输入要滚动的文字,单击"确定"按钮。

单击"预览"选项卡切换到预览视图,字幕的滚动效果就呈现出来了。

字幕的字体、字号、字颜色是可以调整的,与前面介绍的对文本字体的操作方法是一致的。可以通过单击鼠标右键选择"字体"命令进入"字体"对话框来进行操作。

另外,在"字幕属性"对话框中可以调整字幕的背景颜色、滚动速度以及表现方式等,下面我们介绍一下"字幕属性"对话框中的相关选项的功能。

(2)悬停按钮

悬停按钮不同于普通按钮,它有一个到其他网页和文件的超链接。

插入悬停按钮的步骤如下:

①将插入点放到要插入悬停按钮的位置;

②选择"插入"菜单的"组件"命令,单击"悬停按钮"选项,出现如图 9-29 所示的"悬停按钮属性"对话框;

③在"悬停按钮属性"对话框的"按钮文本"框中输入"click me!",单击"确定"按钮。

图 9-29　"悬停按钮属性"对话框

单击插入的悬停按钮,拖动它周围的小黑点,我们就改变了它的大小。

要对插入的悬停按钮进行设置,可以在悬停按钮上单击鼠标右键,选择"悬停按钮属性"命令,同样会出现如图 9-29 所示的"悬停按钮属性"对话框,在链接到文本框中输入链接目标的地址,也可以单击浏览按钮选择要链接的网页来对悬停按钮设置超链接。也可以对按钮的颜色等进行设置。

9.1.7　表单的使用

使用过 Internet 网的用户大多已经使用过表单,如:调查表、聊天室等。表单是一种特殊的网页元素,主要用于收集和整理信息。图 9-30 就是一个使用表单的实例。

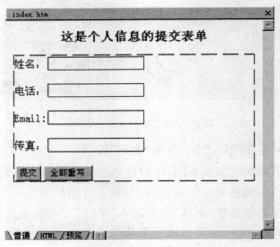

图 9-30　使用表单的网页

可以看到,图中的表单是由标签、文本框、按钮等多个表单域组成。通过站点访问者在表单域中输入各种信息,逐步完成网页制作者希望表单实现的功能,如收集用户信息、接收在线订单等。

（1）创建表单

① 使用向导创建表单

使用向导创建表单网页,操作步骤如下:

◆单击"文件"菜单的"新建"项,选择"网页"命令,打开"新建"对话框;

◆在"常规"选项卡里选择"表单向导";

◆单击"确定"按钮,用户根据屏幕上的提示完成表单网页的创建工作。

利用向导创建表单,用户可以创建几乎所有的表单;另外,用户还可以在"常规"选项卡里看到"搜索网页"图标、"意见册"图标、"意见簿"图标、"用户注册"图标,选择这些图标就选择了特定的模板来创建相应用途的表单。如果用户单击"意见簿"图标,在"新建"窗口的右方就说明了这一个模板的用途,它是用来收集浏览者对站点的意见的。

②创建空白表单

在 FrontPage 中,用户可以在网页的任何位置创建一个表单。其操作步骤如下:

◆将插入点置于要创建表单的位置;

◆选择"插入"菜单的"表单"命令,再从"表单"级联菜单中选择"表单"选项,系统将在当前位置插入一个空表单,如图 9 - 31 所示。

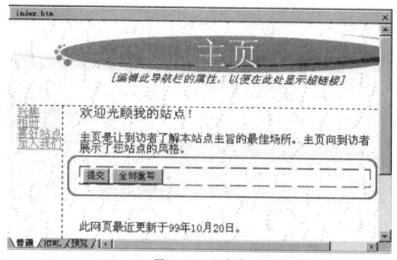

图 9 - 31 空表单

页面中多了一个虚线框,在框里有"全部重写"和"提交"按钮。这个虚线框实际上是一个空表单,它不能让用户输入任何数据,但是我们可以添加其他表单字段到这个空表单中。在矩形框内按回车键,逐步添加表单内容,可以插入:"单行文本框"、"滚动文本框"、"复选框"、"单选按钮"、"下拉菜单"以及"按钮"等。

(2)以插入"单行文本框"为例说明建立方法

①单击空表单,将插入点置于要插入的位置。

②选择"插入"菜单的"表单"命令,选择"单行文本框",一个新的单行文本框就插入到表单里了。

插入其他表单域的方法和插入"单行文本框"的方法基本相同。

9.2　网页的发布

当网页制作、测试后,应该如何将其送到远端的服务器或网站上呢? FrontPage 自带上传功能,简单易用,可以很方便地进行网页的发布,供人们浏览。

9.2.1　申请服务器空间

要发布网页,首先必须申请服务器空间,服务器空间有付费的和免费的两种,目前,在Internet 上提供免费空间的站点很多,如:www. chinaren. com 等。其申请方法与免费电子邮件的申请方法是相同的。如以用户名"student"在中国人网站上申请免费空间后,你的网站域名是:www. student. chinaren. com。

9.2.2　上传网页

上传网页是将制作好的网页发送到申请的免费空间上。上传网页的方法有很多种,如:使用 FrontPage、使用 Dreamwaver、使用各种 FTP 软件或使用 Windows 系统自带的发布功能上传等,在这里我们使用 FrontPage 来上传网页,其操作步骤描述如下:

(1)单击"文件一>发布站点"命令或工具栏中的"发布站点"按钮,弹出"发布站点"对话框。如图 9-32 所示。

图 9-32　"发布站点"对话框

(2)在"指定发布站点的位置"文本框中输入用户申请的免费主页的上传地址,这里为http://ftp. student. chinaren. com。

(3)单击"选项"按钮,展开对话框,选择网页的发布方式,是发布新网页还是发布所有的网页,以及是否包含子站点等,然后单击"发布"按钮。

(4)出现对话框,要求用户输入申请时的用户名和密码,正确输入后,单击"确定"按钮,系统即开始自动上传网页。

网站建成之后,要对网站进行大力度的推广,将域名印刷在企业的宣传品、名片、信封、稿纸以及广告中,有必要时还可专门对网站进行广告宣传,将其连接在国内外知名的各大的搜索引擎上,是一种费用低廉又有效的方法。只有扩大和建立起网站的知名度,网站才能吸引人们的访问。许多门户网站都有自己的搜索引擎,如搜狐、百度、Google 等,其中包括免费服务和付费服务。加入的方法很简单,一般在这些门户网站的主页中选择"网站登录"或"网站推广"之后,根据相关提示填入你的网站信息即可,成功之后,你就可以通过搜索引擎来搜索你的网站了。

练　习　题

一、选择题

1. 创建空白站点,"新建"命令在(　　　)。

   A. "文件"菜单　　　　　B. "编辑"菜单　　　　　C. "查看"菜单　　　　D. "插入"菜单

2. 拆分框架时,按住(　　　)键,在框架边缘向下拖动鼠标,可以水平拆分。

   A. Shift　　　　　　　B. Ctrl　　　　　　　　C. Center　　　　　　D. Alt

3. 在 FrontPage 2003 中,提供了(　　　)个框架结构模板。

   A. 5 个　　　　　　　B. 6 个　　　　　　　　C. 8 个　　　　　　　D. 10 个

4. 如果网页中的文字内容比较多,为了搜索段落方便可以插入(　　　)。

   A. 图片　　　　　　　B. 文字　　　　　　　　C. 动画　　　　　　　D. 书签

5. 创建电子邮件的链接地址前应该以(　　　)开始。

   A. Mailto　　　　　　B. Mail to　　　　　　C. To　　　　　　　　D. Mail from

6. 文字建立链接后通常在文件下方会产生(　　　)。

   A. 波浪线　　　　　　　　　　　　　　　　B. 下划线

   C. 圆圈　　　　　　　　　　　　　　　　　D. 以上都不正确

7. 网页中可以插入(　　　)。

   A. 图片　　　　　　　　　　　　　　　　　B. 动画

   C. 音乐　　　　　　　　　　　　　　　　　D. 以上都可以

8. 排版漂亮的网页都会用很多(　　　)来控制文本、图片、动画及视频位置。

   A. 表格　　　　　　　B. 段落　　　　　　　　C. 层　　　　　　　　D. 章节

9. 在 FrontPage 2003 中,一般常用的动画文件格式有(　　　)格式。

   A. Flash　　　　　　　B. gif　　　　　　　　C. Flash 和 gif　　　　D. jpg

10. (　　　)是 WWW 的灵魂。

    A. 文字　　　　　　　B. 图片　　　　　　　　C. 动画　　　　　　　D. 超级链接

11. (　　　)是一种独特的页面组织方式,它在一个窗口中包括了几个单独的 WEB 网页。

    A. 框架网页　　　　　B. 表格　　　　　　　　C. 图片　　　　　　　D. 动画

12. (　　　)是利用框架进行网页制作的基本元素。

    A. 文字　　　　　　　B. 图片　　　　　　　　C. 音乐　　　　　　　D. 页面

13. 在网页中(　　　)可以建立超链接。

    A. 文字　　　　　　　　　　　　　　　　　B. 图片

    C. 电子邮件　　　　　　　　　　　　　　　D. 文字、图片、电子邮件

14. "超链接"在(　　　)菜单中。

    A. 文件　　　　　　　B. 编辑　　　　　　　　C. 插入　　　　　　　D. 工具

15. 在网页属性对话框中,下列(　　　)是没有的。

    A. 常规　　　　　　　B. 背景　　　　　　　　C. 边距　　　　　　　D. 数据源

二、判断题

1. 网页是网络信息的载体。　　　　　　　　　　　　　　　　　　　　　　　　(　　　)

2. 网页是一种基于文本方式的文档。　　　　　　　　　　　　　　（　　　）

3. 没有只有一个网页的站点。　　　　　　　　　　　　　　　　　（　　　）

4. FrontPage 2003 也有"所见即所得"的特点。　　　　　　　　　（　　　）

5. 网页中最实用的工具是文字段落。　　　　　　　　　　　　　　（　　　）

6. 网页中的图片越大其浏览的速度越快。　　　　　　　　　　　　（　　　）

7. 在图片文件夹中,单击图片文件名可以看到预览图案。　　　　　（　　　）

8. 文字建立链接前后颜色一样。　　　　　　　　　　　　　　　　（　　　）

9. 每一个框架是一个页面文件。　　　　　　　　　　　　　　　　（　　　）

10. 与 Internet 的连接可以通过电话线和调制解调器,也可以通过局域网连接。

　　　　　　　　　　　　　　　　　　　　　　　　　　　　　　（　　　）

11. 建立了电子邮件的链接后,单击此链接就会自动启动默认的邮件收发工具。

　　　　　　　　　　　　　　　　　　　　　　　　　　　　　　（　　　）

12. 表格可以选择插入行或列。　　　　　　　　　　　　　　　　　（　　　）

三、操作题

按要求完成下面各小题。

1. 新建一个空白网页,文件名为"index. htm"。

2. 在页面顶部插入一个 3×4 的表格,并居中。

3. 对整张表格设置蓝绿色的背景,在表格顶格插入一个紫色底纹的"欢迎光临"的字幕,字幕的字体为:黑体,加粗,18 磅,字幕的宽:1000 像素、高 30 像素,文本对齐方式为垂直居中。

4. 表格的左下格插入一 GIF 图片。

5. 设置网页背景为橄榄色。

6. 新建一个含两个框架的框架网页,文件名分别命名为"left. htm"、"right. htm"和"main. htm"。

第 10 章　信息安全与职业道德

【本章要点】

本章主要介绍了有关计算机安全的一些知识，讲述了信息安全的概念、计算机安全等级等，重点讲述了计算机网络安全方面的内容，如：密钥算法及一些网络安全技术；同时还介绍了有关计算机病毒的相关知识。

【核心概念】

计算机信息安全　　　计算机网络安全　　　对称密钥算法　　　公开密钥算法　　　访问控制口令技术　　　防火墙技术　　　数字签名　　　计算机病毒

10.1　计算机信息系统安全概念

随着计算机应用的日益广泛和深入以及信息社会化的趋势，尤其是 Internet 应用的普及，各行各业对计算机网络的依赖程度也越来越高，这种高度的依赖使计算机系统变得很容易受到攻击。攻击可以造成系统的不正常、数据的丢失和篡改，轻者不能正常工作，重者危及国家安全。高科技是一把双刃剑，它给人类带来巨大效率的同时，如果不加以正确的控制，也会带来损失。因此，信息安全变得日益重要。

信息安全的需求在过去的几十年中发生了巨大的变化，随着计算机技术的发展，人们越来越依赖于用计算机等自动化设备来存储文件和信息。但是计算机存储的信息，特别是分时的共享系统的信息都存在一种新的安全问题。一般把保护计算机中所有信息以及信息的存储设备所采用的手段称为计算机安全。

分布式系统和通信网络的出现和广泛使用，在当今信息时代起着越来越重要的作用。随着全球信息化过程的不断推进，越来越多的信息将依靠计算机来处理、存储和转发，信息资源的保护又成为一种新的问题。它不仅涉及传输过程，还包括网上复杂的人群可能产生的各种信息安全问题。用于保护传输的信息和防御各种攻击的措施称为网络安全。

所谓计算机信息系统是指由计算机及其相关设备、设施(含网络)构成的，按照一定的应用目标和规则对信息进行采集、加工、存储、传送、检索等处理的人机系统。信息系统的安全问题是一个十分复杂的问题，可以说信息系统有多复杂，信息系统的安全问题就有多复杂。

信息系统安全包括实体安全、信息安全、运行安全和人员安全等几部分。信息安全是通过技术的、道德的、法律的手段保证信息在存储、处理以及传输时的安全可靠。

10.1.1　计算机信息系统的实体安全

计算机信息系统是由计算机及其相关的设备、设施所组成的，这些部分称为计算机信息系统的实体。只有保证计算机实体安全才能保证计算机信息系统安全可靠的运行，也就是说要确保计算机信息系统在对信息进行采集、处理、传送、存储过程中，不受到人为(包括未授权使用计算机资源的人)或自然因素的危害，避免造成信息丢失、泄漏或破坏。

影响计算机系统实体安全的主要因素有：计算机系统本身存在的脆弱性因素、各种自然灾害导致的安全问题、由于人为的错位操作以及各种计算机犯罪导致的安全问题。

实体安全包括环境安全、设备安全和媒体安全。

10.1.2 计算机信息系统的运行安全

保证计算机系统的运行安全是计算机安全领域中最重要的环节之一,因为只有保证了计算机信息系统在运行过程中的安全,才能完成对信息的正确处理,达到正常发挥计算机信息系统各项功能的目的。

计算机信息系统的运行安全包括风险分析、审计跟踪、备份与恢复、应急等方面的内容。

(1)风险分析

风险分析是一种保证计算机信息系统运行安全的常用且有效的技术手段,是指用于估计威胁发生的可能性以及由于系统易于受到攻击的脆弱性而引起的潜在的损失。风险分析是为了将风险降低到可接受的程度而选择安全防护,常见的风险有:后门或陷阱门、自然灾害、错误信息、逻辑炸弹、程序编制错误、计算机病毒等。

(2)审计跟踪

审计跟踪的主要功能是:记录和跟踪系统状态的各种变化、实现对各种安全事故的定位、保存维护和管理审计日志。利用审计方法,可以对计算机信息系统的工作过程进行详细的审计跟踪,同时保存审计记录和审计日志,从中可以发现问题。

(3)应急计划和应急措施

为了减少意外事件对计算机系统的损害,管理者有必要制定万一发生灾难事件的应急计划。应急计划应建立在风险分析的基础上。应急计划至少应该考虑三个因素:紧急反应、备份操作、恢复措施。

10.1.3 计算机信息系统的信息安全

信息安全是防止信息财产被故意的或者偶然的非法授权、泄漏、更改、破坏,或使信息被非法系统辨识、控制。信息安全的目的是保护在信息系统中存储、处理的信息的安全,确保信息的完整性、保密性和可用性。

一般将计算机安全分为 8 个等级,由低到高分别为 D1、C1、C2、B1、B2、B3、A1 和 A2。各等级主要考虑系统的硬件、软件和存储的信息免受攻击的程度。这些级别均描述了不同类型的物理安全、用户身份认证、操作系统软件和用户应用程序的可信任性。

计算机信息安全的需求可以分为以下三个方面。

(1)保密性:保密性指系统中的信息只能由授权的用户访问。

(2)完整性:完整性指系统中的资源只能由授权用户进行修改,以确保信息资源没有被篡改。

(3)可用性:可用性指系统中资源对授权用户是有效可用的。

10.2 计算机网络安全技术

网络为资源的共享打开了一条方便的通路,但是伴随着信息共享而来的就是各种各样的信息安全问题,可以说,网络上处处面临着风险。而风险主要来自:未授权的外部访问、数据被破坏、泄密、网络被破坏、地址欺骗等等。随着 Internet 的发展,网络安全进一步引起人们的关注,到目前为止,由于对 Internet 的非法入侵或人为的故意破坏已经造成了巨大的损失。如:1998 年,美国康奈尔大学的研究生罗伯特·莫里斯向 Internet 上传了一个"蠕虫"病毒程序,造成了 1500 万美元~1 亿美元的损失;1999 年 4 月 26 日,通过网络传播的台湾大同工学院资讯工程系学生陈盈豪制造的"CIH"病毒发作,至少有 6000 万台计算机受到损害;2000 年 5 月 4 日,"ILOVEYOU"病毒开始发作,席卷全球,至少造成 100 亿美元的损失。以上触目惊心的数据,充分说明了保证网络安全的紧迫性和必要性。所以计算机网络安全技术,已经成为人们研究的热点。下面简单介绍有关计算机网络安全的有关知识。

10.2.1　计算机网络安全简介

计算机网络是由三部分组成的,由于协议只是虚拟的、不可见的部分,而且不可能被篡改,所以计算机网络安全主要针对两个部分:一是计算机,另一个就是通信子网,因而计算机网络安全包括计算机安全和网络安全两个部分。

国际标准化组织 ISO 对计算机安全的定义是:计算机安全是指为了保护数据处理系统而采取的技术的和管理的安全措施,保护计算机硬件、软件和数据不会因偶尔或故意的原因而遭受到破坏、更改和泄密。关于计算机安全主要涉及的方面有:

(1)计算机硬件安全

主要是对计算机硬件设备的安装和配置的安全性要求;是确保计算机安全的环境条件

(2)计算机软件安全

保护计算机的系统软件、应用软件和开发工具等;保证它们不被非法复制、修改和感染病毒。

(3)数据安全性

保护数据不被非法访问,保护数据的完整性等。

(4)计算机运行安全性

保证计算机在运行期间的安全,在遭受突发事件(如停电等)时的处理。

计算机网络安全的另一个方面就是网络安全,它指的是通过采取各种技术的和管理的安全措施,确保网络数据的可用性、完整性和保密性,其目的是确保经过网络交换的数据不会发生增加、修改、丢失和泄漏等。关于网络安全的特性主要表现在以下几个方面。

(1)保密性:指网络信息不被泄漏给非授权的用户、实体或过程。即信息只为授权用户使用。不能保证保密性的网络肯定是不安全的。

(2)真实性:指用户的身份是真实的。用户的身份不能被冒充,设计到身份验证的问题。

(3)完整性:指网络信息未经授权不能进行更改。即网络信息在传输或者存储的过程中其内容和顺序都不能被伪造、乱序、重置、插入或修改。保密性可以达到一定的完整性,但是保持完整性的信息可能是不保密的。

(4)可靠性:指系统能够在规定条件和规定的时间内完成规定的功能的特性。可靠性是系统安全的最基础要求之一。

(5)可用性:指当用户需要使用网络的时候,网络能够及时地提供服务。病毒常破坏可用性,使系统不能正常运行,使数据文件面目全非。

(6)不可否认性:也称为不可抵赖性,在网络信息系统进行信息交互过程中,确信参与者的真实同一性。即所有参与者都不可能否认或抵赖曾经完成的操作和承诺。数字签名技术是解决不可否认性的手段之一，后面将介绍有关内容。

（7）可控性：指对网络信息的传播及内容具有控制能力的特性。不允许不良内容通过公共网络进行传输。

总的来说，网络安全的问题分为四个相互交织的方面：保密、鉴别、不可否认性控制和完整性控制。其实在网络的每层都可以采取一定的安全控制手段。例如：在物理层，可以使用安全的物理信道，不使用容易被窃听的信道；在数据链路层，可以对点到点的链路进行加密；在网络层，可以使用防火墙；在传输层，可以对端到端的通信进行加密，而在应用层措施就更多，身份验证、访问控制、数据保密等等都是保证网路安全的手段。实际上，网络上大部分的攻击事件都是内部人员所为，严格的人员管理制度才是最主要的，其次才是技术层面上的安全性措施，而这些措施中，除了物理层以外，几乎所有都建立在密码学原理的基础上。下面就对密码学以及在其基础上建立的一些保证网络安全的方法，做一些简单的介绍。

10.2.2　密码学基础和密钥算法

密码学的历史非常的久远，可以追溯到几千年前，密码学发挥最大作用的地方，往往是在战争中，或者是间谍活动中。看过《风语者》这部电影的大概都能了解到密码学在战争中是多么重要，美国使用一种印第安人使用的纳瓦霍语作为战场上使用的编码，日本人一直都无法破解这种编码，它为美国在太平洋战争中获得胜利起到了很大的作用。

简单来说，密码学就是对一段消息进行加密，使得不知道如何解密的用户无法得知其内容。待加密的消息称为明文；经过一个以密钥为参数的函数变换，这个过程就称为加密；加密后的信息称为密文。假设密钥为 K，加密方法为 E，解密方法为 D，明文为 P，那么就有下面的关系：$D[E_K(P)]=P$，其中 E 和 D 是两个数学函数，K 表示为参数。

密码学的基本规则就是，必须假设密码分析者知道加密和解密所使用的方法。依靠加密算法本身来保持秘密是不可行的，著名的 Kerckhoff 原则说："让密码分析者知道加解密算法，把所有的秘密信息全部放在密钥中去"。也就是说，所有的算法都公开，只有密钥是保密的，这充分说明了在密码学中密钥的重要性。这是因为，如果依靠算法来保证保密性的话，一旦算法泄漏，那么就需要花很大的努力来重新设计、测试和安装新的算法。下面介绍两种基本的密钥算法。

（1）对称密钥算法

之所以称为对称密钥算法，是因为这种密钥算法使用同样的密钥来完成加密和解密操作。也就是说，发送方对明文 P 进行以密钥 K 为参数的加密操作 E，然后通过网络传输，接收方接收到密文以后用同样以密钥 K 为参数的解密操作 D，就会得到明文 P。其原理如图 10 - 1 所示。

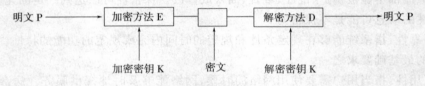

明文 P ————→ 加密方法 E ———— 密文 ———— 解密方法 D ————→ 明文 P

加密密钥 K　　　　密文　　　解密密钥 K

图 10 - 1　对称密钥算法原理

常见的对称密钥算法有：DES（数据加密标准）、AES（高级加密标准）等。对称加密密钥算法的最薄弱环节在于密钥分发阶段,由于使用同样的密钥进行加密、解密,所以通信双方必须要进行密钥交换,这个过程最容易使得密钥泄漏,一旦泄漏整个系统就会毫无价值,针对这个问题,人们又研究出一种密钥算法——公开密钥算法。

(2)公开密钥算法

公开密钥算法中有两个密钥,加密密钥和解密密钥,两者是不同的,而且不可能轻易地从加密密钥导出解密密钥。加密密钥(简称"公钥")和加密算法公开,解密密钥(简称"私钥")和解密算法保密。当向某个用户发送信息时,首先用该用户公开的公钥和加密算法对信息进行加密,当这个用户收到加密的信息后,就用自己的保密的私钥和解密算法对密文进行解密。这个过程就避免了密钥的分发过程。图 10-2 表示了公开密钥算法的原理。

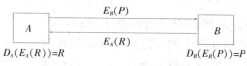

图 10-2　公开密钥算法原理

上图中,A 向 B 发送信息 P 时,先用 B 的公钥对 P 进行加密,B 收到密文后用自己的私钥进行解密,最终获得明文 P。反过来 B 向 A 发送信息 R 的过程也是一样的。这里加密算法 E 和解密算法 D 需要满足三个要求:

①$D[E(P)]=P$,这里 P 为明文;

②从 E 推断出 D 非常的困难;

③用选择明文攻击不可能破解 E。

如果没有第一个要求所要求的特性,那么接收方就不可能用自己的私钥解开密文了。如果能很简单的从 E 推断出 D,那么这个算法就根本没有安全性可言。最后一个要求是防止入侵的必要条件。

常见的公开密钥算法有:RSA,基于椭圆曲线的公开密钥算法等。一般来说,公开密钥算法可以分为两大类:一是基于"大数难以分解"的基础上的算法,二是基于"以大素数为模来计算离散对数的困难度"的基础上的算法。这都是数学上非常难以解决的问题。

10.2.3　常见网络安全技术

(1)访问控制和口令技术

这是网络安全中最基本的技术,它设计管理方面的内容比较多。访问控制除了控制外部无授权的用户通过网路服务(如:FTP,TELNET,WWW)对主机进行访问以外,更重要的是控制内部人员对网络系统的访问。同一组织内部人员根据身份和工作范围不同,他们的访问权限就应该不同。譬如说:一般工作人员就不能访问只有经理级人员才允许看到的内部资料;后勤人员就不能访问只有财务人员才允许接触的财务报表等等。设置不同的访问权限,是对内部人员进行有效管理的方法之一。

口令是访问控制中最简单的方法,只要口令不泄漏,非授权用户就无法进入,但是一旦口令泄漏,那么它就不能再提供任何安全保障了。所以,系统口令的维护是非常重要的。对于口令来说,首先要做到的,就是要选择一个合适的口令,一般来说,有一下几个原则:

①选择长的口令,越长被破译的几率就越低;

②最好是英文字母、数字、标点符号的组合；

③不要取和个人信息有关的（如：生日、名字等）字符序列，不要用简单的英语单词；

④不要对所有系统都使用同样的口令。

做到以上几点，就能选择出一个较为难以破译的口令了。但是并不代表万无一失，接下来还要做好对口令的管理：

①应该定期更改口令；

②某账号长期不用应该删除，人员离开单位后，应该及时删除该人员的账号；

③在传送口令时，要注意安全性。要时刻注意对口令的保密。

（2）防火墙技术

防火墙（firewall）原本是建筑学中的一个术语，是用来防止火灾从建筑物中的一个区域传播到另一个区域的设施。从网络安全的理论上来讲，Internet 防火墙服务也属于类似的目的。狭义上讲，防火墙是指在两个网络之间加强访问控制的一个或一系列网络设备，是安装了防火墙软件的主机、路由器或多机系统；广义上讲，防火墙还包括了整个网络的安全策略和安全行为，是一整套保障网络安全的手段。它通过在被保护网络和外部网络之间建立一道屏障，强制所有的访问或连接都必须经过一个检测系统的检查和连接，来达到防止那些不可预知的、潜在的入侵，保护内部网络的目的。防火墙结构如图 10-3 所示。

图 10-3　防火墙结构示意图

防火墙的主要功能有：

①控制不安全的服务：指不允许未经授权的协议和服务通过防火墙访问子网，从而提高网络的安全度。

②控制访问站点：对站点进行访问控制，拒绝认为是不安全的访问。譬如：一些网站的FTP 服务器、WWW 服务器和 MAIL 服务器能够被外部网络访问，但是对某些服务器的访问则是不允许的。

③集中式安全保护：对一个网络来说，使用了防火墙就可以对整个网络进行安全保障，而不再需要到网路中的每台主机上安装安全性软件了，这样会更经济一些。

④增强私有资源的保密性。

除此之外，还有网络日志、使用统计等功能。

通常按照防范的方式和侧重不同，防火墙可以分为：数据包过滤、应用级网关和代理服务这三类。其中应用级网关和代理服务方式的防火墙大多是基于主机的，价格比较贵，使用和安装也比数据包过滤的防火墙要复杂，但是性能好。

（3）数字签名、信息摘要

数字签名是建立在密钥算法之上的一种网络安全技术，它保证：接收方可以验证发送方的身份；发送方不能否认该消息的内容；接收方不可能自己编造这种消息。由于密钥算法有两种，所以数字签名一般也有两种：一是基于对称密钥算法的对称密钥签名，另一个是基于公开密钥算法的公开密钥签名。对称密钥签名的做法是设立一个人人都信任的权威机构，每个用户选择一个密钥,只有用户和该机构知道,发送的信息由这个机构签名。而公开密钥签名则是利用与公开密钥算法中 $D[E(P)]=P$ 特性相对应的 $E(D(P))=P$ 特性。具体情况这里就不再详细介绍了,有兴趣的同学可以去查阅有关资料。

对数字签名的一个批评就是,它通常将认证和保密这两种不同的功能耦合在了一起,通常情况下,认证是必要的,而保密性不一定必须,对整个明文加密没有必要。因此就产生了消息摘要这种技术,它不对整条消息进行加密,而是从明文中计算出一个固定长度的位串,这个位串就被称为消息摘要。这个位串要满足以下条件:给定明文,可以很容易的计算出消息摘要;但是给定一个消息摘要,却很难计算出对应的明文;而且不可能有两个不同的明文计算出的消息摘要是一样的;当明文中即使只有一位变化,也会导致产生完全不同的消息摘要。使用消息摘要能节省加密时间和消息传输的时间。

网络安全涉及的范围是非常广泛的,不仅仅是技术方面,还包括一些社会问题,只有严格的管理,再加上先进的网络安全技术,这样网络的安全性才能得到更好的保障。

10.3　计算机病毒及其防治

计算机病毒是计算机安全中的一大毒瘤,已成为当前计算机信息安全的一个重要问题,令大部分计算机用户畏惧,因为病毒可以在瞬间损坏文件系统,使计算机陷入瘫痪。本节介绍计算机病毒的基础知识,使读者认识和了解计算机病毒,以便防御和抵挡计算机病毒。

10.3.1　计算机病毒的产生和发展

1983 年美国计算机专家首次提出了计算机病毒的概念,但没有引起人们的重视。1988年 11 月,美国康奈尔大学一年级研究生罗伯特·莫里斯写了一个蠕虫程序。该程序利用Unix 系统中的某些缺点,破译用户口令,利用邮件系统复制、传播本身的源程序,然后在网络另外的结点编译生成代码。莫里斯蠕虫程序使得互联网上 6000 多台计算机受到感染,许多机器被迫停机,直接经济损失 6000 万美元以上。这次事件引起了世界范围内对计算机病毒的重视。我国于 1989 年在计算机界发现病毒。至今,全世界已经发现数万种计算机病毒,并且每天以 5～7 种的速度增加。计算机病毒的花样不断翻新,编程手段越来越高明。特别是 Internet 的广泛运用,使得计算机病毒的传播速度惊人,通过网络病毒能够在几个小时内传播到世界各地,而且病毒更加复杂,带有黑客性质的病毒和特洛伊木马等有害代码大量涌现。

10.3.2　病毒的定义及特点

所谓计算机病毒,其实是一种特殊的计算机程序。它能够通过自我复制感染其他程序,并随着被感染程序的运行进入内存窃取系统的控制权,从而破坏计算机系统的功能或者数据,影响计算机的使用。这种自我繁殖和感染(扩散)并能破坏计算机系统的特点与生物病毒的特点极为相似,所以人们形象地把这些程序称作计算机病毒。

计算机病毒一般具有以下特征:

(1)传染性:计算机病毒可以从一个程序传染到另一个程序,从一台计算机传染到另一台计算机,从一个计算机网络传染到另一个计算机网络,同时使被传染的计算机程序、计算机、计算机网络成为计算机病毒的生存环境以及新的传染源。

（2）破坏性：计算机病毒感染系统后，被感染的系统在病毒发作条件满足时发作，就表现出一定的症状，如：屏幕显示异常、系统速度变慢、文件被删除等。

（3）激发性：激发性是计算机病毒危害的控制条件，其实是一种"逻辑炸弹"。计算机病毒一般在一定的条件下激发，开始发作并达到预定的破坏目标。激发条件可以是系统时间、自带的计数器、用户的特定操作（如：按了特定的键、对磁盘进行读写等）等等，而且现在越来越多的病毒使用多个条件的组合作为激发的条件。

（4）潜伏性：计算机病毒在传染计算机系统后，病毒的触发是由发作条件来确定的。在发作条件满足前，病毒可能在系统中没有表现症状，不影响系统的正常运行。

（5）隐蔽性：计算机病毒本身是一段可执行的程序，但大多数计算机病毒隐藏在正常的可执行程序或数据文件里，不易被发现。计算机病毒的这种隐蔽性掩护了病毒的传播，保护了病毒自身，给查毒和杀毒带来了困难。

10.3.3　计算机病毒的症状与传播途径

当计算机出现以下症状时，就有可能已经被感染上病毒了。

（1）屏幕上出现了异常现象，例如：奇怪的图形、提示或者异样的雪花点。

（2）系统运行异常，例如：运行速度慢，出现蜂鸣声或者其他异样声；系统不能正常启动，经常死机，内存或硬盘容量变小，文件数无故增多，不正常地读写磁盘或者光盘。

（3）程序运行异常，例如：程序装入时间变长，程序无故变大或被修改，程序不能正常运行。

（4）打印机出现了异常现象，例如：打印速度变慢、打印异样字符等。

计算机病毒的传播途径主要有以下几点：

（1）使用已感染病毒的软盘；

（2）使用已感染病毒的盗版光盘；

（3）通过计算机网络传播病毒。

10.3.4　病毒的结构和分类

计算机病毒的特点是由其结构决定的。一般来说，计算机病毒包括三大功能模块，即引导模块、传染模块和表现（或破坏）模块。后两个模块各包含一段条件检查代码，当隔断检查代码分别检查出传染和表现或破坏触发条件时，病毒才会进行传染和表现或破坏。当然，不是所有病毒都包含这三个模块。

从已发现的计算机病毒来看，小的病毒程序只有几十条指令，不到上百个字节，而大的病毒程序可由上万条指令组成。有些病毒传播的很快，并且一旦侵入计算机就立即摧毁系统；而另一些病毒则有较长的潜伏期；有些病毒感染系统内所有的程序和数据；有些病毒只对某些特定的程序或数据感兴趣；有些病毒则对程序或数据毫无兴趣，只是不断自身繁殖，抢占磁盘空间，其他什么都不干。

计算机病毒一般可分为三种类型：引导区型、文件型、混合型。

（1）引导区型病毒

引导区型病毒浸染软盘中的引导区，并蔓延到硬盘，感染硬盘中的"主引导记录"。一旦硬盘中的引导区被病毒感染,病毒就试图浸染每一个插入计算机的软盘的引导区。

(2)文件型病毒

文件型病毒运作在计算机的存储器中,通常感染扩展名为".COM"、".EXE"、".DRV"、".BIN"、".OVI"、".SYS"等文件。每一次它们激活时,感染文件把自身复制到其他文件中。

(3)混合型病毒

混合型病毒有引导型病毒和文件型病毒两者的特征。

10.3.5　计算机病毒的实例

这里介绍几种病毒。

(1)网络蠕虫病毒:2000 年至今这种病毒经常大闹 Internet。目前,该病毒有多种变种产生,不断地到处危害网络和计算机地安全。

新阴谋(Worm Redesid):蠕虫病毒。利用邮件系统的漏洞,在网络中大量繁殖自己,导致邮件服务器瘫痪。并在下次启动计算机的时候,自动格式化 C 盘,从而破坏用户的操作系统,导致用户资料丢失。

圣诞老人(Worm Maldala):蠕虫病毒。此病毒启动后会显示一幅很漂亮的圣诞老人的图片,之后用户的键盘就会失灵,造成无法正常使用计算机。

(2)宏病毒:主要破坏具有宏功能的应用程序产生的文档,如:Word 的".doc"、Excel 的".xls"和 Access 的".mdb"文档等。感染后的文件保存了一系列称为"宏"的指令。宏实质上是一种微型程序,所包含的合法指令通常用来自动生成文档。但宏病毒中的宏是具有破坏性的。宏病毒目前占全部病毒量的 80%。与其他类型的病毒不同,宏病毒与操作系统无关,它能通过电子邮件、软盘、Web 下载、文件传输和合作应用进行传播。

(3)CIH 病毒:它是一种运用最新技术、会格式化硬盘的病毒。

(4)特洛伊木马:虽然不是病毒,但可以让其他人拥有用户的计算机和其中存储的信息,实际上是计算机安全的最大威胁。

10.3.6　日常防治病毒措施

计算机病毒出现以来,病毒技术与反病毒技术的斗争就一直进行,由于这两种技术实际上都是以软件编程技术为基础的,在现有的计算机体系结构和软件技术的条件下,病毒的预防和清除工作也将持续下去。

计算机的病毒预防和清除包含两重含义:其一是建立法律法规制度,提高教育素质,从管理上规范;其二是加大技术投入和研究力量,开发和研制出更新的防治病毒的软件、硬件产品,从技术上防范。

(1)病毒的预防

管理方面的预防应注意如下事项:

①任何情况下,应该保留一张无病毒的系统启动盘,用于清除计算机病毒和清理系统。

②不要随意下载软件,即使下载,也要使用最新的防病毒工具来扫描。

③备份重要数据,数据的备份是防治数据丢失最保险的途径。

④重点保护数据共享的网络服务器,控制写的权利,不在服务器上运行可疑软件和不知情软件。

⑤尊重知识产权,使用正版软件。

⑥只要计算机连在网络上,就有被病毒传染的可能,因此应该注意不去打开来路不明的文件或电子邮件,以免感染病毒。

（2）计算机病毒的检测与清除

使用杀毒软件,是检测与清除计算机病毒的最常见方法。

目前常用的杀毒软件有:中国公安部开发的"KILL"、北京江民新技术有限责任公司开发的"KV3000"、北京瑞星电脑科技开发公司开发的"瑞星"等,其他常见杀毒软件还有:诺顿、金山毒霸、卡巴斯基等等。

杀毒软件可以监视常驻内存的程序,防止可执行文件被修改,禁止程序直接写入磁盘引导区等。它主要根据病毒的特征标识识别病毒并予以清除。

杀毒软件一般具有被动性和滞后性,它是在对已知的病毒进行特征分析后编制的,因此只能检测并清除已经认识的病毒,对于新出现的病毒或某些病毒的变种则无能为力。由于每天都有可能产生新的病毒,所以即使有了杀毒软件,也要定期进行版本升级和病毒特征库更新。

练 习 题

一、单项选择题

1. 计算机病毒是一种_____,这好像微生物病毒一样,能进行繁殖和扩散,并产生危害。

　　A. 计算机命令　　　　B. 人体病毒　　　　C. 计算机程序　　　　D. 外部设备

2. 为了防止系统软盘或重要数据感染病毒,一般要_____。

　　A. 打开写保护标签　　B. 格式化软盘　　C. 贴上写保护标签　　D. 进行复制

3. 仅当改变软盘上内容时才_____。

　　A. 格式化软盘　　　　B. 贴上写保护标签

　　C. 建立子目录　　　　D. 打开写保护标签

4. 计算机病毒是_____。

　　A. 一种生物病毒　　　B. 人为开发的程序

　　C. 软件失误产生的程序D. 硬件的故障

5. 计算机病毒具有_____,能够将自身复制到其他程序中。

　　A. 破坏性　　　　　　B. 传染性

　　C. 潜伏性　　　　　　D. 隐藏性

6. 计算机病毒按传染程序的特点分类,可以分为_____。

　　A. 恶性病毒　　　　　B. 良性病毒

　　C. 操作系统型病毒　　D. 文件型病毒

7. 下面的_____不能被称为计算机病毒。

　　A. 宏病毒　　　　　　B. CIH 病毒

　　C. 蠕虫　　　　　　　D. 特洛伊木马

8. 下列叙述错误的是_____。

A. 计算机病毒删除硬盘上的文件

B. 计算机病毒造成计算机运行速度减慢甚至死机

C. 计算机病毒减少磁盘的可用存储空间

D. 计算机病毒损坏计算机硬盘

二、简答题

1. 什么是计算机信息系统？计算机信息系统安全包括哪几个部分？

2. 计算机安全等级有哪些？

3. 什么是计算机网络安全？

4. 请简述网络安全的特性。

5. 密钥算法有哪几类？它们各自的原理是什么？

6. 根据文中提示，试分析公开数字签名的原理，查阅有关资料，看看自己的想法是否正确。

7. 什么是计算机病毒？它有哪些特征？

8. 如何判断计算机已经感染病毒？如何预防、检测、清除计算机病毒？

三、上机练习题

1. 安装最新瑞星杀毒软件，并清除计算机病毒。

2. 浏览相关防病毒网站。

3. 在网上查阅国际国内关于信息安全的相关法规。

4. 在网上查阅最新病毒及其防范措施。

参 考 文 献

[1]肖华．精通 Office 2003．北京：清华大学出版社，2004

[2]程承士．计算机应用基础．合肥：安徽大学出版社，2000

[3]钟玉琢．多媒体技术基础及应用．北京：清华大学出版社，2000

[4]林福宗．多媒体技术基础．北京：清华大学出版社，2000

[5]刘义兵．多媒体技术及其应用．北京：清华大学出版社，2004

[6]Andrew S. Tanenbaum．计算机网络(第四版)．北京：清华大学出版社，2004

[7]郑纪蛟．计算机网络．北京：中央广播电视大学出版社，2000

[8]浦江，焦炳连．计算机网络应用基础(第二版)．北京：机械工业出版社，2003

[9]李明．计算机文化基础．合肥：中国科学技术大学出版社，2003

[10]本书编委会．新编计算机基础培训教程．北京：电子工业出版社，2003

[11]白光丽，孙全党．新世纪计算机应用基础教程．北京：电子工业出版社，2003

[12]安徽省中等职业学校计算机应用基础教材编写组．计算机应用基础．合肥：安徽教育出版社，2002

[13]吴国凤．计算机应用能力教程．合肥：合肥工业大学出版社，2004

[14]黄云森，陈柏荣，王志强等．计算机基础教程．北京：清华大学出版社，2004

[15]杨振山等．计算机文化基础．北京：高等教育出版社，2002

[16]陈桂林等．计算机文化基础．西安：西安电子科技大学出版社，2004

[17]柳青等．COMPUTER 计算机文化基础教程．合肥：中国科学技术大学出版社，2005

[18]尤洪君．Windows 2000 中文版实用教程．北京：中国水利水电出版社，2000

[19]卢湘鸿．计算机应用教程(Windows 2000 环境)．北京：清华大学出版社，2001

[20]丁文华．计算机文化基础．武汉：武汉理工大学出版社，2004

[21]谭浩强．计算机应用基础．北京：中国铁道出版社，2003

[22]丁爱萍．计算机公共基础．北京：清华大学出版社，2004

[23]神龙工作室．Access 2003 公司数据库管理范例应用．北京：人民邮电出版社，2006

[24]郑小玲．Access 2003 中文版实用教程．北京：清华大学出版社，2004

[25]吴权威，王绪益．Access 2003 中文版应用基础教程．北京：中国铁道出版社，2005

[26]赵乃真．Access 数据库基础教程．北京：清华大学出版社，2006